マーク・ビトナー：著
小林正佳：訳

都会の野生オウム観察記

お見合い・リハビリ・個体識別

築地書館

Japanese translation by Masayoshi Kobayashi
Published in Japan by Tsukiji Shokan Publishing Co., Ltd., Tokyo

都会の野生オウム観察記　目次

序

私は今、サンフランシスコの街の一角、テレグラフヒルにある古いコテージの玄関前のデッキに立っている。ツタが絡みつき崩れ落ちそうなコテージは、丘の東側の急斜面を転がり落ちるように広がる、乱雑に草木が生い茂った大きな庭の緑の中に埋まっている。私のすぐ右側の大きな鳥籠に、サクランボのように赤い頭をしたライムグリーンのオウムが三羽。籠の上を、別のオウムが自由にゴソゴソ動きまわる。左手に持ったカップにはヒマワリの種がいっぱい入っていて、二羽のオウムがしがみつき、素早く巧みにそれをついばむ。右手にも、両肩にも、頭にも、オウムたち。

目の前の灌木の枝に十羽以上のオウムがとまり、私が手一杯の種を差し出すのをじっと見つめている。その中の一羽が注意を惹こうと意を決し、盛んに翼をばたつかせ、足元の細い枝が上下に大きく揺れる。デッキの手すりの上で、五羽のオウムが小さな種の山をついばむ。ずっと右手、手すりを越えて鬱蒼《うっそう》と伸びたツタの上にも大きなお皿が置かれ、皿の上の種のまわりに十五羽ほどの一団が群れている。さらに、十羽が頭上の電線にとまり、全部で五十羽以上のオウムが私を取り囲む。

電線にとまった鳥たちが執拗なキーキー声のスタッカートを刻みはじめ、その声がさらに大きく切実なものになるにつれ、下にいる鳥たちが次第にそれに加わる。旅行者たちの一団が魅入られたように顔を輝かせ、立ち止まって眺めている。キーキー声があまりに大きくなり、旅行者の中には耳を覆わなければならない人がいるほどだ。

「どこかへ行ってしまったりしないの？」

「僕の鳥じゃない」。私は、笑いながら大声で答える。

「野生の鳥ですよ」

「野生って？……本気なの。サンフランシスコに、野生のオウム？」

私が答える前に、オウムたちの叫び声はピークに達し、群れ全体が突然飛び立った。飛び立つ際の混乱の中で二、三羽のオウムが旅行者に追突しそうになり、驚いた旅行者が身を屈める。こわばったような羽を狂わんばかりにばたつかせ、オウムは叫び続け、木々の列の隙間を抜け、視界から消えていく。

そう、サンフランシスコに棲む、野生のオウムたち。

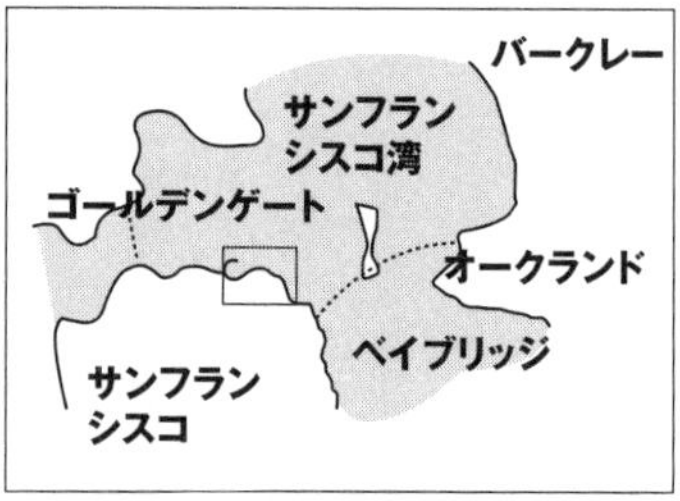

サンフランシスコ周辺

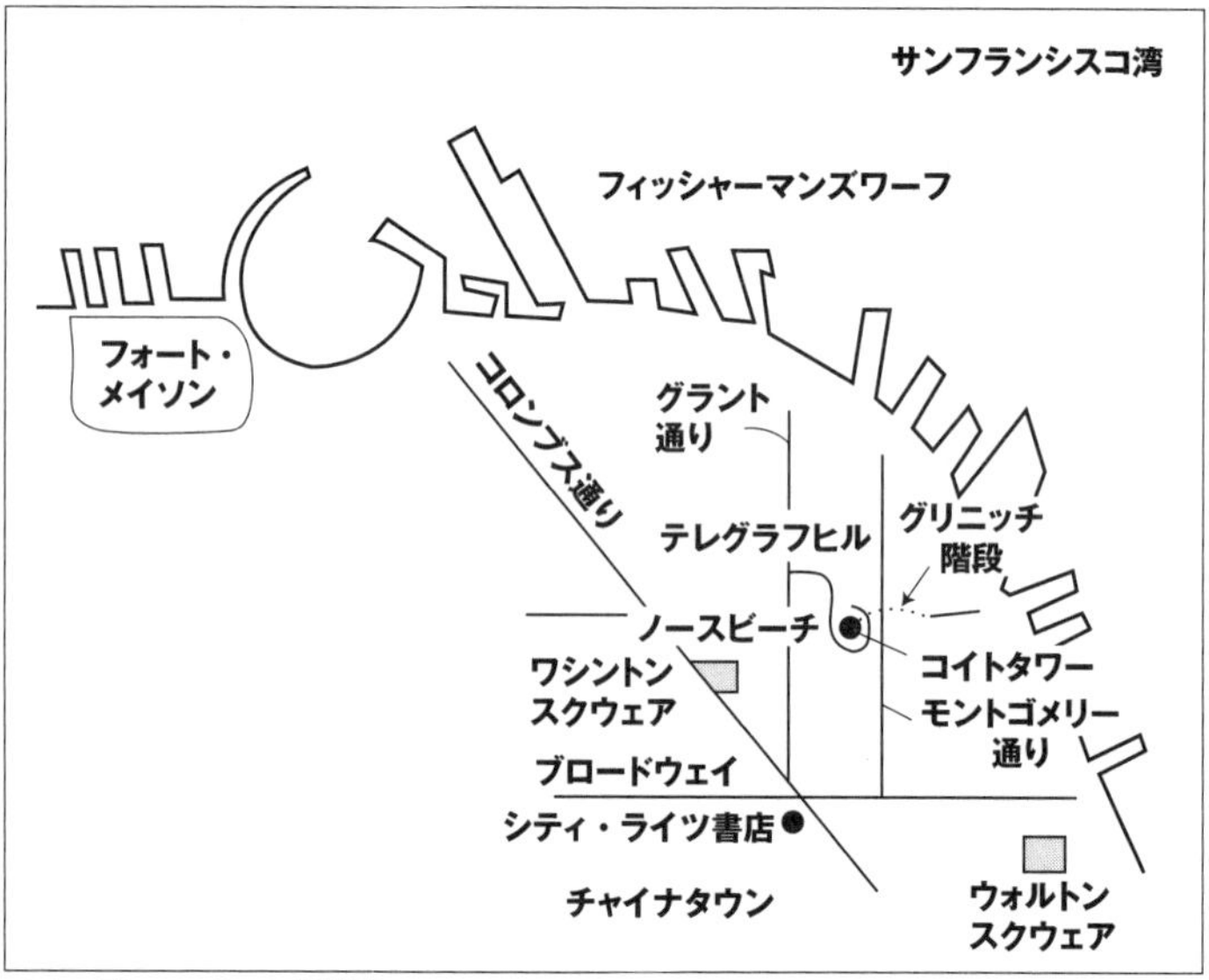

テレグラフヒル周辺

ローリングストーン

初めてオウムを目にしたのは、ラッシャンヒルで家掃除の仕事をしていた時のことだ。床に膝をついてサイドテーブルのホコリを払っていると、居間の窓のすぐ外にぶら下げられた小さな餌箱に、四羽の明るい色の鳥がぶら下がっているのに気がついた。最初、自分が何を目にしているのか分からなかった。それから、ぼんやり気がついた。オウムじゃないか。鳥の方も、私の興奮を感じ取ったに違いない。すぐに飛び立った。急いで立ち上がって窓際に走ったけれど、鳥たちの痕跡はぶらぶら揺れている餌箱だけだった。

二、三週間後、同じ四羽の鳥を見てびっくりした。今回は、間借りしているテレグラフヒルの部屋の、すぐ外にある木の葉っぱの中。四羽は生い茂った枝のあちこちに踞《うずくま》り、小さな丸い木の実を食べている。すっかり当惑し、鳥たちを驚かせないようにしながらできるだけ近くまで歩み寄った。私は鳥について詳しいわけではない。そこで、自分には答えられないさまざまな疑問が浮かんできた。どうやってサンフランシスコまで来たのだろう。誰かのペットだったのだろうか。どんな種類の鳥だろう。どうやって、寒さに耐えられるのか。その、最後の疑問が、最も大きな謎だった。サンフランシスコの気候は、一年を通しておおむね穏やかといえる。とはいえ、暖かい家の中から出たら、熱帯の鳥は死んでしまうだろうに。きっと、オウムなんかじゃない。それまで私は、オウムというのはうんと大きな鳥だと思っていた。しかし、これは、三十センチほどしかない。しかも、その内の半分近くは尾っぽだ。それにしても、確かに、オウムのような鮮やかな色をしている。緑色の体、赤い頭、羽の赤い縁どり。そして、オウムのように、カギ型に曲がった滑稽なほど大きな嘴。その眼はあまりに表情豊かで、離れたところからさえ、個性を備え、知性的に見える。その眼には、どこか風変わりなところがあった。まるで、何かの冗談の、最後のとどめのひと言を覆い隠しているかのようだ。

突然、鳥たちの和やかな気分が消えた。食べるのをやめ、今や不安いっぱいの眼で辺りをうかがいはじめている。羽毛をぴったり体に引き寄せ、呼吸が荒い。四羽のうちの一羽が低い声を発し、それからみんな、騒々しく、ドタバタ、パニック状態で飛び上がった。庭を見まわしてみても、鳥たちを驚かせそうなものは何も見当たらなかった。

その後二、三週間、ずっと四羽のオウムはこの界隈を通りかかった。飛んでいる間中キーキー言っているから、やって来るとすぐに分かる。声が聞こえると、何をしていようと中断し、私は鳥を見に外に駆け出した。彼らはほかの鳥たちと違っている。あまりに違っていて、鳥だと思うのがまったくむずかしいほどだ。鳥というより猿のように見える。時々電線にとまり、どんな理由か分からないまま素っ頓狂な叫び声を上げる。逆さまにぶら下がるのも好きで、しばしば二羽が並んでぶら下がり、ヒステリックに叫んでは互いに顔をつつこうとしたりもする。

後になって、オウムたちがその界隈にやって来るのは、たくさん木が生えているからであることを知った。私は鳥について知らないのと同じくらい、木についても知らない。そこで、私の部屋の上に住んでいるヘレン・アーピンに、オウムたちが口にしている木の名前を尋ねてみた。ビャクシンの木だという。ほかにもオウムがもっと好きな木があって、ビワという名のアジアの木で、実がなる。ビワの実なら、すでに私も知っていた。ビワの実を食べない時も、オウムはしばしばその木で眠る。その葉は幅が広くて長く、ほとんどオウムと同じほどの長さだ。鳥の羽毛とビワの葉は色がよく似ていて、内側の枝にとまっていると、ほとんど完全にカモフラージュされて分からなくなる。そこにいることがはっきり分かっている時でさえ、姿を確かめることがむずかしかったりする。そのうち、木の梢から真っ赤な頭がとびだし、鳥の姿が再び確かめられるのだ。

私は一度、ビワの木のてっぺんから頭を突き出したことがある。危うく路上に墜落するところだった。

オウムに出会った時から遡ること十六年、一九七四年の春、私はサンフランシスコのノースビーチの一角に駐められたままの壊れたフォルクスワーゲンのバンに住んでいた。当時、二十二歳、ダルマ・バムの生活を送っていた。「ダルマ・バム」とは詩人ゲーリー・スナイダーの造語で、「ホームレスの真理の探求者」を意味している。バンの持ち主のアランとは、その前の年の春、そこに来る前に住んでいたバークレーで知り合った。アランは装身具を作り路上で売っているヒッピーで、私は路上のミュージシャン。彼が私の音楽を気に入ってくれて、ふたりは知り合いになった。しかし、私のミュージシャンとしてのキャリアは突然終わり、それが、バンに住むようになった理由だった。

少年だった頃の私は、私立探偵、野球選手、宇宙飛行士といったありふれた野心を抱いていた。しかし、十四歳になった頃、自分はどこかほかの人と違っていて、決して「当たり前の」人生を送ることはないだろうという気がした。それで、より自分にふさわしく思える職業に切り替えた。「偉大な小説家」になろうと決心したのだ。私は書くことが好きだった。しかし、心穏やかならぬ発見がそれに続いた。私が賞賛する小説家たちは皆、結局アルコール依存症に陥り、貧乏に苦しめられ、気が変になるか、あるいは自殺に至っている。誰ひとり、健康でまともな人間はいない。そこで、私は、もっといい職業と思われるものを選ぶことにした。ロックミュージシャンだ。

その当時、ロックンロールは最も創造的な絶頂期にあり、極めて魅力的に思われた。書くことへの愛を小説から歌に転じることができるだろうと、私は考えた。が、ものごとはそのように進まなかった。音楽への私の愛は真正なものだったけれど、心の中で、なぜか、自分を真のミュージシャンとしてすんなり感じとることができなかったのだ。自分の誠実さに対する疑いは内的葛藤を引き起こし、絶えず私を悩ませた。それなのに、正直に問題に向き合うことを拒み、そうした拒絶が私を無気力にさせ、ギターを手にする意志さえ見出すことができなかった。次第に、本当に次のステップに動き出すか、目標を捨て去るか、どちらかにしなければならない地点に立ち至っていた。

当時私はシアトルに住んでいて、もしも自分が何者かになろうと思うなら、別の都会に行かなければならないことが分かっていた。そして、それがどこなのか、微塵も疑いを抱かなかった。サンフランシスコだ。ことさらそのボヘミアン的な香りに惹かれていて、サンフランシスコには、イカした小さな家に住み、禅を学ぶ芸術家たちが溢れていると心に思い描いていた。それでも直接その地に引っ越しするのに怖じ気づき、先ずはサンフランシスコ湾の反対側、バークレーで様子を見ることにしようと決めた。しかし、そこに行き、何とか音楽で身を立てていたとはいえ、それで自分の疑いが和らげられたわけではない。心理的ストレスは、とうとう頭をいかれさせてしまうほどにふくらんだ。結局、私には、音楽をあきらめる以外選択肢がなかった。

それまで音楽の世界で身を立てることだけに打ちこんでいたので、目標が崩壊した時、それに代わるものが何もなかった。自分がしたいと思うことを、ほかに見つけることができなかったのだ。私にとって、極めて暗い時代だった。あまりに落ち込んで、ほとんどやっていけなくなった。ある晩、ぼんやりと自殺を考える気分に捉えられ、心のうちでしばらく問答した挙げ句、自殺防止センターに電話した。電話口の男性の声は、疲れ切って苛立たしそうだった。

「おやおや、君。電話で話すには、何とも悪い時間を選んだもんだ。明日の朝まで待って、もう一度電話してくれないか」

私は黙り込み、それから答えた。「ええ、そうします」。男はそのまま受話器を置いた。

そんな折り、まるで運命が私を見張ってでもいたかのように、姉のベスがやって来た。彼女はサンフランシスコに引っ越すことに決め、途中バークレーに立ち寄って、私を訪ねてくれたのだ。事情を話すと、もう一度私がしっかり落ち着くまで面倒を見ようと言ってくれた。

その当時、すっかり人生に行き詰まったような場合、人々はしばしば東洋の宗教に目を向けた。私自身、常々内的な探索は信じていたけれど、「宗教的になる」のは逃避的人間のすることだと、何となく思っていた。私にとって唯一意味のある精神的な格闘は、芸術家の苦闘だけだった。それでも以前、あなたの宗教は何かと尋ねられ、「タオイスト」と答えたことがあった。もちろん、道教について何か知っていたわけではない。ただ、それは、たくさんの規則や儀式に煩わされるのはやめにして自分自身の道に従いなさいと言っている、というような、表面的な理解をしていたに過ぎない。それを宗教と考えたことさえなく、実際私の頭の中で、宗教でないということは好ましいことだった。それで、道教をもっと真剣に見てみようというのが、私にとっては至極容易な第一歩になった。道教はボヘミアンたちの間でいい評判を得ていたし、私は自分をほかの何ものより第一にボヘミアンと見なしていた、ということもある。最初に道教の主要書『道徳経』を読みはじめた。ある箇所は理解不可能だったけれど、ある箇所は美しい意味を持っている。私は、その精神性の率直な面が気に入った。読み進むにつれ、ますます引き込まれた。難解であっても十分読みごたえがありそうに感じ、続けて、『易経』、『論語』、『ダンマパダ・発句集』、『ウパニシャッド』、『バガバッドギータ』、ルーミーの著作など、別の精神書も読みはじめた。聖書さえ読んだ。また、瞑想も試みはじめた。最初、座ることは極めて苦痛だった。あまりに収まりが悪く、一度に数分間以上じっとしていられない。しかし、少しずつ慣れてきて、次第に長く座っていられるようになった。

私を受け入れて五ヶ月後、ベスは彼女自身の次の行動に移ることに決めた。私にとってそれまでは、集中的な内的格闘と修行の期間だった。とうとう、自分自身の問いと真剣に向き合うようになったのだ。自分は誰なのか。何をしているのか。どこへ行こうとしているのか。いったんそうした道に踏み出したからには、歩みを止めることは危険な感じがする。それを続けていくことができる、こじんまりとした場所が必要だ。ベスと一緒に暮らしている間はほとんど完全な隠遁者で、唯一サンフランシスコで交流があったのはアランだけだった。彼に状況を話すと、自分のバンで暮らすよう申し出てくれた。私は、その機会に飛びついた。

バンは、アランが住んでいるノースビーチのアパートの前に駐めてあった。不幸なことに、隣人のひとりは、人生を正しく歩もうと格闘する迷える魂に対しまったく同情的でなかった。隣人のモーリンにとって、私は、ダルマ・バムだろうと何だろうとただの年嵩のフーテンに過ぎない。家を出たり帰宅したりするたびに、私がバンの後部に座り、神のみぞ知る何かをしているのを目にする。それが、彼女をカッカとさせた。私は、そのことを知らなかった。

その春、私はしばしば断食した。時には精神的な理由で、時にはお金がなくて。食べていくために、少しずつ自分の持ち物を売り払った。しかし、買いたいと思う人がいそうなものは尽きかけている。無料の食事が、世界の何ものより私を幸福にしてくれた。

バンのすぐそばにビワの木が生えていた。実は、小さくて水分たっぷりの黄色いボールのようだ。それまでビワを食べたことなどなかったけれど、食べてみるととても美味しい。下の枝の実が熟してくるのを手はじめに、順番につまんで食べていく。手が届くところの実を全部食べ尽くし、木をよじ登りはじめた。日ごとに高く、高く登り、ある朝てっぺんに到達した。私の頭が木の上に突き抜けたちょうどその時、モーリンが食器を洗っていて、たまたま台所の窓から外を見ていた。突然びっくり箱のように現われた私は、初め彼女をびっくりさせ、それからかんかんに怒らせた。もう我慢できない。彼女はすぐに隣のアランのところに押し掛けると、私をバンから追い出すように要求した。アランは気が進まなかったけれど、選択の余地はない。

その夜、私にその悪いニュースを伝えてくれた。

強烈な一撃だった。どんな問題があるのか、何も思い浮かばない。私が読んでいた本は、確かにどんなに辛い苦難でも、それを回避することは間違いであると論じている。「道」の知性と慈悲に信をおき、ものごとが自然に展開し開かれていくのに任せるなら、それがそれぞれの人生の道筋なのだ。ディレッタント以上の何者かであろうとするなら、学んだことを自分の人生に適用しなければならない。とはいえ、それは、道に放り出されるままになることを意味しているように思われる。そうなりたいとは思わない。ほかにどうしたらいいのか思いつかなくて、斧が振り下ろされる前に何とか解決するだろうと願いながら、単純にそのままバンに住み続けた。

私が時間稼ぎをしていることに、モーリンはすぐに気がついた。ある朝、モーリンはアランを引きずってバンのところにやって来ると、私を追い出すよう彼に要求した。避けられない事態をできるだけ遅らせようとして、私は『易経』に相談してみてよいか尋ねた。私の馬鹿さ加減にお手上げしながら、しかし彼女は最後の頼みを聞いてくれた。

「いいわ。でも、その後、出ていかなくちゃだめよ」

中国のコインを三つ取り出し、それを空中に六度放り投げ、一回ごとに示された裏表を書き留める。自分が得た六芒星を見るため指標に当たり、本の当該ページを開き、ゆっくり慎重に読みはじめた。アランとモーリンがバンの開き戸のところに立ち、黙って眺めている。まるで、自分が動物園の動物になってしまったような気分だ。私の方に動きがないまま数分間が過ぎ、モーリンはじりじりしはじめた。

「さあ、何て言ってるの?」

私が得たのは三十三番目の六芒星の易で、最初の行に「退却」と強調されている。

退却の列の尾にあり。危険。

何かを企てたいと思ってはいけない。

退却の列にあっては、先頭にいるのが有利である。しかしここでは、退却の後方にあって、追いすがる敵と直接接している。これは危険であり、このような状況にあって、いかなる企ても勧められない。じっとしていることが、脅威となっている危険から逃れる最も容易な道である。

彼女に何と告げたらいいのか分からない。それを大声で読みあげることは、この上なく無礼であるように思われる。それで、占いの勧告を、自分には外交的な様式と思える形で要約した。

「これによれば、当面私は、何もするべきではない」

モーリンは私の言ったことの意味を探ろうと、不思議そうに頭を片方に傾けた。突然、顔を真っ赤にし、怒ってアランに向かって叫びはじめた。

「何もしない、ですって！　何もしないって、どういうこと？　出て行くんでしょうね。出て行くんでしょう。出て行かせてちょうだい、今、すぐ！」

アランにはそれ以上迷惑をかけたくない。私はわずかばかりの持ち物をまとめ、二人の目を避けながらバンを這い出し、黙って道路の方に向かった。

路上生活の始まり

美しい春の日だった。新鮮で、空気は澄み、暖かい。しかし、私は、ボンヤリそれを意識しているだけだった。神経を張りつめ、自分の中のパニックが溢れ出さないよう集中する。どこかで歩みを止め、気持ちを落ち着けなければと感じた。道を二ブロック行くと大きなワシントン・スクウェアがあり、並木に囲まれた芝生が広がっている。そこに行き、バックパックと寝袋を地面に置き、芝生に腰を下ろした。広場のあちこちに近所の人たちの小さなグループが散らばり、日光浴をしたり、おしゃべりやフリスビーに興じたりしていた。誰かのところに歩み寄って、助けを求めたい。しかし、何と言っていいのか分からない。草の上でのんびりしていても、何の役にも立たなかった。逆に、不安が募ってくるだけだ。その時、何か食べ物を求めてゴミ箱をあさっている男に気がついた。あれが、自分の行く末の姿だろうか？　そんな考えが浮かんできて、私はパッと立ち上がった。持ち物をつかむと、避難所を求め、落ち着きなく近所をグルグル歩きまわりはじめた。

目的もなく数時間歩きまわっているうち、お腹の中でひもじさが私を苛みはじめた。何とかしなければ。泥棒はできないし、物乞いは問題外だ。一度、バークレーで、ほんの実験と思ってやってみたことがある。しかし、私が近づいて行った最初の男から、顔に唾を吐きかけられた。両親に電話しようと思えばそうすることもできるし、そうしたら助けてもらえるだろう。でも、自分自身の道を見つけなければ。あれこれ自分が陥った窮地に思い巡らしていると、ふと、駐車場のパーキングメーターの下に五セント硬貨が落ちているのが目に留まった。それに啓示を受け、もっと落ちていないか探しはじめた。一時間ほど溝を探って歩くうち、近くのパン屋でロールパンを買えるほどの小銭が貯まっていた。

お腹を宥《なだ》めてしまうと、今度はどこで寝ようかあれこれ考える。自分の姿がすっかり隠れるような場所でなければならない。誰かに殴られることは心配しなかったけれど、路地で寝ている自分を発見した誰かに辱めを受けることはもっと恐ろしい感じがする。差し当たり見つけたのはワシントン・スクウェアの中の植え込みだけで、そこだと体をスッポリ隠すほど木が茂っていない。さらに何時間か近所を放浪してみたけれど、どこも、ちょうどよさそうに見えない。午後遅くになる頃には、腰も足も疲れて痛くなっていた。

奇妙なことに、ほんの一年前なら、お前は無一文でノースビーチの路上で暮らさなければならなくなると誰かに言われたら、元気づけぐらいに受け取ったことだろう。その頃の私は、路上での生活に対し理想主義的な、あるいは、人はロマンティックと言うかもしれないような、憧れを感じていた。人間の意識のあり方に関して抱いている理想に結びついていたからだ。ほんの若者で、見るもの聞くものに魅了され、そんな考えを抱いたのだと思う。精神には日々の日常生活で経験する以上の高いレベルがあると信じていたし、そうした高いレベルをいかに獲得するかについての理論も磨き上げていた。

そこには、ひとつの原型的なパターンがありそうに思われた。若者として、芸術家は避けがたく危機に陥る。そんな時、真正で由緒正しいやり方は、路上に歩み出ることだ。高速道路だろうと路地だろうと構わない。大切なのは、古びた心地よさと、生活を維持する手段を捨て去ること。面と向かって恐怖心に向き合うことを強いられる、底の底まで身を落とさなければならない。全き孤独の中で自己の本質にまで零落する地点に至った時、己のミューズ、愛し、愛される美しい女性に出会うだろう。そしてそこから、精神の最も不可思議なレベルへのドアを押し開く、人生を変える体験に遭遇する。

それを裏付け強化してくれる証拠も見つけていた。ジャック・ケルアックの小説『路上』、ボブ・ディランの唄『ライク・ア・ローリングストーン』、ウォルト・ホイットマンの詩『開けた道の歌』、パリの路上での自身の生活を綴ったヘンリー・ミラーの作品、などなど。ヴァン・モリソンのアルバム『アストラル・ウィークス』を発見し、私の中で切れ切れだった糸が全部繋がった。彼の歌の多くは北アイルランドの都市ベルファストの裏道で歌われ、深く神秘的な何かとしてロマンティックな愛を描いている。次いで、アルチュール・ランボーの詩に出会い、おそらく彼が、みすぼらしさこそ洞察に至る道だと考えさせてくれる源だったと思う。確かにランボーは、貧しさを生き切ることにおいて、ほかの誰よりも先に進んでいた。それで、私は、目覚めたボヘミアン芸術家の、多少なりとも秘密に満ちた友愛組織があるのだと確信した。私自身そうなりたかったし、それこそが、可能な限り最高のことだと信じた。しかし、自分にはそうした危険に賭ける勇気があるだろうか、強い疑いもあった。ランボーの人生が辿った破滅的道筋について読むことが、私を躊躇させた。それでも、試みないことには人生のすべてが失敗に終わってしまう。そんなことがあって、私はわずかずつ、路上に向かって歩みを進めてきていたのだ。

瞑想し、東洋哲学について読みはじめて、自分がそれまで理解しようとしていたことは、まったく芸術と関わりを持たないことを知った。実のところ、芸術は、悟りを求めるホームレス求道者――ゲーリー・スナイダーの言うダルマ・バム――による探求の、ひとつの偏ったバージョンに過ぎない。ダルマ・バムは、底を求めない。山に登る者たちだ。悟りの源泉としての貧民街というヴィジョンは、芸術家の発明だったのだ。ホームレスの境遇が知恵に導いてくれるというアイデアに私が出会った経緯のひとつは、敬愛する芸術家たちが東洋の哲学に関心を抱いていたからだった。しかし、今にして思うと、道を求めて家を捨てるというのは普遍的なパターンで、特に東洋的なものではない。そうした人物の痕跡は、当然のことながら、より深い覚醒を探し求めるどんな人の作品の中にも表われる。とはいえ、私がその何がしかを認識することができても、何の慰めにもならなかった。それはすべて大きな思い違いだったのだ。私は、ダルマ・バムになりたかったのではない。ガールフレンドだってほしかったし、幸せになりたかった。

ノースビーチはテレグラフヒルの西の斜面の裾野にあり、宵闇が落ちる前に、丘の頂上にちょうどよい寝場所が見つかった。その翌朝、寝袋から這い出し、ホコリを払い、再び下の街路に戻った。

それまでノースビーチには七ヶ月住んでいたけれど、ほとんど隠遁者のようなもので、隣人たちをあまり知らなかった。その場所は、私が成長した時代、すでに伝説的な場所になっていた。ビートニクの本拠地、西海岸のグリニッチビレッジだったのだ。若者だった頃の私の英雄の多くがその路上を歩いてきていたし、当時も歩いていた。ジャック・ケルアック［ビートニクを代表するアメリカの小説家・詩人］、アレン・ギンズバーグ［ビートニクとカウンターカルチャーを導いたアメリカの詩人］、グレゴリー・コルソー［ビートニク世代の最も若い詩人のひとり］、レニー・ブルース［一九五〇年代以降毒舌で知られたコメディアン］といった人々だ。ボヘミアンたちの聖地のひとつ、シティ・ライツ書店はノースビーチにある。私が育った時代に、ヒッピーたちが生まれてきた。私はそれに影響され、しかし、ビートニクにも染まっていた。文化的に言うなら、ヒッピーとビートの中間のどこかに位置していたと言える。ビートニクはあまりに閉じられていると感じられることが時々あったし、ヒッピーはあまりに軽すぎて儚そうに思われた。いずれにせよ、両者は両極端で、その真ん中で、両方とも本質的にはひとつの運動だと私は見なしていた。

私は再び、グラント通りの側溝沿いでコインを探すことから一日をはじめた。グラント通りは狭い道で、両側に三階建てのエドワード朝様式の建物が並んでいる。上の階はアパートや安い長期滞在者用のホテルになっていて、そこには地元の住民たちが暮らし、一階は小さな商店やバーやレストランやカフェになっている。ノースビーチにはサンフランシスコに住む人たちがほとんど毎日パーティーにやって来て、前の晩食べたり飲んだりした大勢の人々が落としていった小銭を、こうして漁っているというわけだ。ロールパンを買うのに必要な二十五セントが貯まると、急いでイタリアンベーカリーに向かった。奇妙なことに、私の注文を受けた女性はカウンターの背後を行き来し、違う箱のところに止まっては大きな袋にパンやお菓子をいっぱい入れている。強いイタリア語なまりがあったから、きっと注文を誤解したのかもしれない。こちらに戻ってきた時、私は二十五セントを渡した。彼女は袋を手渡し、次のお客さんのところに行く。面食らってしまった。何か勘違いしているのだ。ドアを出る前にそれに気づかれるのを恐れ、急いでベーカリーを出た。

まっすぐワシントン・スクウェアに行き、草の上に腰を下ろし、袋の中身を点検した。彼女が渡してくれたものは、信じられなかった。前の日の古いパンどころではない、新鮮なパンだ。しばらくお腹いっぱい食べたことなどなかったので、むさぼるように食べた。そして、バンを追い出されて以来初めて、ほんの少しリラックスした気持ちになった。

袋のパンは一日いっぱいあったけれど、翌朝になると、また一日、どうやって食べようか再び算段しなければならなかった。同じやり方が二日続けてうまくいったのだし、私はまた小銭を探しはじめた。今回も鉱脈にぶつかり、二十五セントを手にしてベーカリーに戻った。今回は、同じイタリア系の違う女性が応対してくれて、私は再びロールパンを頼んだ。驚いたことに、彼女もまた前の日の女性と同じようにするではないか。あちこち箱を見て歩き、大きな袋をパンとお菓子でいっぱいにしてくれる。そのベーカリーには、五人の中年のイタリア系女性が働いていた。それからの二、三週間、ひとりを除く全員が袋を満たしてくれた。一番親切だったのはマリアで、彼女には旧世界風な威厳と優雅さがある。大きな心を持ち、私に応対する時も終始微笑んでいた。ベーカリーの女性たちには、口には出さないひとつの規則があった。ただ店に入ってきてねだっただけではだめで、少なくとも、何かひとつ買わなければいけない。路上で暮らすようになった最初の何週間か、私は自分の生き残りを彼女たちに依存していた。それに気づいていたとしても、彼女たちは決してそれを表に出さなかった。彼女たちはいつも、ほかのお客さんに接するのと同じように私を扱ってくれた。

ベーカリーで受けた親切な扱いは、驚きだった。というのは、私が路上で学んだ最初のことは、自分の姿が人の目に映らなくなったということだったからだ。人々は、まるで私など存在していないかのように側を通り過ぎる。逆に、もしもほんの少しでも注意を引きたいと思うなら、会社のオフィスかどこかに入り込みさえすればいい。ある場所はほかの場所より寛容だ。忙しく、うるさく、カウンターがあるだけのコーヒーショップは最大の匿名性を与えてくれる。それで私は、日中の一部をそこで過ごすようになった。風や太陽からしばし身を隠す必要があったほか、食事にありつく幸運に巡りあえる可能性がいつもあったからだ。お金を払わずとも、お皿をポイと渡してもらったりする。そうしたカフェのひとつは、まさしく天の賜物だった。ノースビーチのたいていのカフェと同じく、カフェ・マルヴィーナの持ち主もイタリア系で、フランコ・ブルーノという名のシチリアから来た移民だ。フランコは物静かで、隣近所で最も親切な人々のひとりと言っていい。しばしばお客は食べ残しの食事を置いていき、もしも近くのテーブルのお客が新聞を読んでいたり会話に夢中だったりすると、私は残されたお皿をそっと自分のところに持ってくる。フランコは私のすることに気づいていて、それでも何も言わなかった。時々誰かにちょっとした雑用を頼みたいことがあると、私に、食事代を稼ぎたくないか尋ねたものだ。彼が、ほかの人たちを助けているのを目にしたこともある。しかも、決してそうしたことを大袈裟にしなかった。彼が亡くなって数年後、彼の息子が、フランコは第二次世界大戦の間とても苦労した中産階級の家族の出だと話してくれた。戦争が終わってからアメリカにやって来て、懸命に働き、自力で身を立てた。しかし、成功しなかった者を決して蔑んだりしなかった。貧困は単純に人生の一要素で、本質的に恥ずべきことではないと認める十分の知恵をそなえていた。

一番厄介だったのは、私の仲間、生粋のアメリカ人たちの方だ。それまでの人生、私はただのひとりの白人、中産階級の普通の人間として扱われてきた。だから、今自分が通常嫌われ者のホームレスのひとりとして見下されていることは、私にとっては、人間性を疑われているといった次元の問題だった。いまどきの自由な人間と見なされている多くの人たちも、私を見下した。ある者は、無作法を通り越していた。ある暑い日、私は不快なまでに喉が渇き、勇気を奮い起こしてバーに入って行った。バーの主人は気品のある、髪の白い紳士で、水をもらえるかどうか尋ねると、頭を後ろに反らし、遠近両用眼鏡で私を見下ろしながらこう言った。

「身分証明書は持っているか」

真面目にそう言ったと思ったので、私はバックパックからパスポートを取り出して手渡した。彼は疑わしそうにそれを点検し、それから戻してくれた。

「ここでは、水は出さない」。彼はそう言うと、背を向けて向こうに行ってしまった。

長く路上で暮らせば暮らすほど、エネルギーを節約することが重要になってくる。毎晩テレグラフヒルを頂上まで歩いて行くのは大変だ。カフェ・マルヴィーナのすぐ脇にカデル・プレイスと呼ばれる狭い路地があって、一日の多くをカフェで過ごしているうち、その路地が寝場所として自分を招いているような気がしてきた。時間の経過とともに、ホームレスとして暮らすのに十分なスタミナがなくなってきているように感じられる。とにかくどこかで寝なければならないのだし、その路地でもいいじゃないか。というわけで、二、三週間の間、何の問題もなくカデル・プレイスで寝ていた。ある朝、繰り返し足を叩かれて目を覚ました。寝袋から頭を出すと、ふたりの警察官が見下ろしているのが目に入った。ひとりが警棒で足を叩いている。彼は大袈裟な微笑みを浮かべ、馬鹿にしたような陽気な声で話しはじめた。

「おはよう。気分はどうだね、友達」

彼は、脳みその霧を払い、何が起こっているのか理解するチャンスを私に与えてやろうとでもいうように、そこで間を置いた。

「ところで、お前さんに、ひとつニュースがある。お前さんは今後、この路地で寝るわけにいかない」

言葉の効果を確かめるため、彼はもう一度間を置いた。私はただただその場に凍りつき、ポカンと彼を眺めるばかりだ。すると、彼の声が幾分威嚇的になった。「もしもお前をこの場でもう一度見かけたら、ブタ箱行きだ」。そう言うと、彼とパートナーは背を向けて立ち去った。私は寝袋から飛び出し、急いで持ち物をかき集め、まさに路地を飛び出ようとした途端、ヒッピー風の男に呼び止められた。

「ヘイ、あんた。タワーホテルの屋上に行ってみな。ほかのみんなも、そこで寝ている」

「タワーホテルってどこだ」

彼は街角を指差した。「グラント通りを左に曲がると、そこのブロックの中ほどだ」。彼は、その建物の中に入ったらどこへ行ったらいいかまで教えてくれて、何も問題はないと念を押し、それから、そのまま立ち去った。

居場所を見つける

それまで何度もタワーホテルの入り口の前を行き来していたはずなのに、あまりに目立たない建物で気がつかなかった。ドアにカギがかかっていたので、辺りでブラブラしながら誰かが建物から出てくるのを待った。数分後、ドアが勢いよく開いた。私と同じ年頃の男で、私たちはかなりよく似ている。肩までの長い髪、ヒゲ、ブルージーンズ。唯一の違いは、私の方がわずかだが薄汚れていることと、自分の財産を全部身につけていること。私が「路上生活者」であることで、彼はうろたえたりしなかった。私のために、ドアを押さえてくれさえする。私は階段を上った。完全に静かに動こうとしていたけれど、人目を忍んでも意味がない。階段の一番上で、廊下で話し込んでいる間借り人たちの小さなグループの脇を通り抜けなければならなかった。横を通り過ぎると、彼らは素早く、無関心な風に頷き、そのまま会話を続けている。そのまま廊下の端まで行って、暗闇の中を屋上の小屋に通じている階段を上った。そこの鉄製のドアを押し開くと、再び朝の光の中に踏み出していた。屋上の向こう端では、男たちの一団が笑いながらワインの瓶をまわし飲みしている。私に挨拶し、それから、廊下にいた人々のように会話に戻り、屋上をぶらつきまわる私にはお構いなしだった。

屋上を探索しながら、ブレインストーミングを味わっていた。そこには絨毯が積み重ねられ、四、五メートルのロープが階段のある小屋から通風パイプまで張り巡らされていた。絨毯は大きくて重く、太いロープはピンと張られている。私はロープの下に絨毯を広げ、もう一枚をロープの上に載せた。それから、垂れ下がった上側の絨毯の四隅を屋上のあちこちに落ちていた廃品で押さえると、到着後一時間足らずのうちにテントが手に入った。屋上の住人たちが、新しい住まいの様子を見にきた。みんな、素敵で、面白いと思ったようだ。私のテントの話はホテル中に広がり、それからほどなくホテルのマネージャーが訪ねてきた。自分の居場所を失うことになるのだろうかと心配したけれど、マネージャーのエイプリルは私が何を作ったのか知りたかっただけで、中に入り、私たちは親しみ溢れる会話を交わした。彼女は自分自身路上生活のベテランで、私がどれほどテントを必要としていたか理解してくれた。実際口に出してそう言ったわけではないけれど、歓迎されていることは明らかだ。

タワーホテルへの到着で、文字通り路上で暮らした三ヶ月間は終わりを告げた。しかし、それからの十四年間、私は常に、路上生活に舞い戻るほんの一歩手前に身を置くことになる。その間私は精神的な旅に関わり、私の見るところ、それが正規の仕事から私を引き離した。しかも、どんな哲学的原則からなのか、とにかく雇用主は住所と電話番号をほしがり、私には両方ない。それでもなお、依然食べなければならなかったし、臨時の雑用仕事の方が最も多くの自由を許してくれたので、私は機会さえあればいつでも引き受けた。それは使い走りから始まった。近所に友達ができるにつれ、ある人は私を仕事の代役に使ってくれた。皿洗い、カフェのカウンター、バーの雑役、彼らの仕事の空きを埋めるため何でもした。ノースビーチにはたくさんのシングルマザーがいて、その何人かのベビーシッターも勤めた。しばしば家のペンキ塗りもしたし、アパートの掃除もした。その上私は数年間イタリア語を自習し、実際教えることができるほど堪能にもなった。どの仕事も給料は安かった。収入の多い年でも二千ドルを越えたことはない。それでも、食べてゆくことはできる。家賃を払えるほどたくさん稼ぐことはなかったので、ずっとどこかの一角から別の一角へ移動する暮らしだった。廊下、地下室、屋上の洗濯小屋、物置などで寝た。時には家の留守番を引き受け、ガールフレンドが泊めてくれることもあった。毎年春になると、今年こそ本当の仕事を見つけなければと自分に言い聞かせる。もしも、自分がどれくらい長くそんな暮らしをすることになるのかあらかじめ分かっていたら、それに耐えることができたかどうか分からない。私はことさら質問することもなく私の生き方を受け入れてくれる友達が持てて、幸運だった。

この頃に関して最も残念に感じることは、自分がそんなに貧しかったということではなく、瞑想をやめたことだ。いったん自分の屋上のテントに落ち着くや、それまでの勢いが霧散してしまった。私は、自分が姉のところやバンの中で過ごした時のすべてを本当には理解していなかったのだ。私には大きなパズルの何千ものピースがあって、すべてごた混ぜになっていた。その当時、自分がすべきことととして理解できたのは、それらを知的に整理しはじめることだけだった。それで、瞑想する代わりに、とにかく考えることに舞い戻った。しかし、それは明らかに、それまでしてきたことに及びもつかぬほど劣っていた。

勢いを失ったのは、私ひとりではなかった。ノースビーチに孤立して残っていたボヘミアンの一団からも、精神は消え去りつつあった。ノースビーチだけではない。カウンターカルチャーはどこでも死んでいこうとしていたのだ。それを喜ぶ人々もいるけれど、私には悲しかった。欠点も含め、カウンターカルチャーは物質主義以外の何かに基礎を置いて人生にアプローチしようと格闘する人々の共同体だった。その同じたくさんの人々が、今ではそれぞれのアパートに引きこもり、テレビの前で自分自身を失ってしまっていた。

ノースビーチには、新しい世代が移り住んできた。ヒッピーからヤッピーへの変化だ。新しい仲間のほとんどは、隣人たちの過去について多くを知らない。ノースビーチは金融街に近く、かっこよく見える。彼らにはそのことだけがすべてで、彼らにはお金があり、おかげで家賃が跳ね上がった。小さな住居用ホテルのオンボロの小部屋でさえ、多くの昔からの隣人たちには手が届かなくなった。次の数年のうちに、友人たち――私を支えてくれるシステム――の多くは、サンフランシスコから追い出されてしまった。私自身、今後どれくらいここに住み続けることができるか不安だった。

ある春、ちょうど寝泊まりしていた倉庫を失おうとしていた時、人生がまったく予想できない方向に大きく転換した。ひとりの友人が、彼女が目にした広告のことを話してくれたのだ。年老いた夫人、マクシン・パリッシュが、家を掃除し、使い走りをし、車を運転してくれる人を探しているという。そのかわり、自分の家の隣にあるスタジオスペースを提供してくれる。面会するとマクシンは気に入ってくれて、私はその仕事を得た。スタジオは、それまで住んでいたところを遥かに凌駕していた。トイレもシャワーもあるし、電気も通っている。そして、その取引の最もすばらしい点は、それがテレグラフヒルの東側の斜面の庭の中に位置していることだった。

テレグラフヒルは、サンフランシスコの街が建つ半島の北東の角に聳《そび》えている。今やその一角は、世界中に知られたサンフランシスコの顔と言える。丘の南面の麓は、ダウンタウンの高層建築群から二ブロックしか離れていない。丘の南西の角にチャイナタウンがあり、その西側の斜面に沿ってノースビーチがある。丘の北側は観光客たちが行き交うフィッシャーマンズワーフで、東側は古い港の波止場になっている。

ヨーロッパ人が最初に到着した時、テレグラフヒルはほとんど不毛の荒れ地だった。地質は岩石と砂が多く、自然に生育しているのは草と野生の花と低木だけ。元々の丘は今より大きく、もっとやさしい輪郭をしていた。一八四九年にゴールドラッシュが始まると、サンフランシスコは重要な港になった。必需品を運んできた船の帰りの積み荷がほとんどなかったので、丘の東斜面の岩を切り出して出発の際の底荷にした。一八五〇年、てっぺんに二本の腕木をつけた背の高い信号用の柱が立てられた時、丘はテレグラフヒル、すなわち「通信の丘」と名づけられた。船が来ると見張り人が信号機の腕木の位置を調節し、船の到着と船の種類を町の人々に伝えたのだ。

一八五〇年代、サンフランシスコの人口は爆発的に増加した。波止場の上手に当たる丘の斜面は、すぐに移民や労働者のその場凌ぎの住宅で埋め尽くされた。船長などのための立派な小さな一戸建てもいくつかあったけれど、大半は安普請の掘っ建て小屋や仮小屋で、波止場で働く港湾労働者、積み降ろし作業員、漁師、相場師、倉庫労働者などが住んだ。長持ちする建物はほとんどなかった。あるものは薄っぺらだったし、あるものは下の石切り場での作業で削り取られ、絶壁から崩れ落ちた。採石は、船の脚荷の必要がなくなる一九一四年まで続いた。切り取られた岩や掘り出された残りは、みんな、道を造るには急すぎる丘の東斜面いっぱいにそのまま取り残された。唯一モンゴメリー通りが一本通っているだけで、その地域を歩きまわるには張り巡らされた木の階段と泥道を行くしかない。ほとんどスラム街と変わらなかった。そこら中ゴミが散らばり、汚水がドブに溢れている。丘の住人たちが飼っていた豚、鶏、ヤギがいた。ギャングたちさえいた。

一九二〇年代、安い家賃とサンフランシスコ湾の素晴らしい景色が、街に住むボヘミアン芸術家たちを惹きつけた。一九三〇年代に入り、次から次とやって来る芸術家たちの存在がその場所を金持ちたちにとって魅力あるものにした。道路が舗装され、古い一軒家が改装され、新しいアパートが建てられ、芸術家たちの多くは経済的に耐え切れなくなって追い出された。一九三三年、最もよく知られたサンフランシスコの目印のひとつが丘に建てられた。コイトタワーだ。塔は、コンクリートを使ったものの中では、私がこれまで目にしたものの中で最も美しい。二十四の垂直な装飾溝と、ひと続きのアーチが展望台の頂きに彫り込まれている。ギリシャの円柱を思い起こさせ、それが醸し出す柔らかな外観は、まるでマックスフィールド・パリッシュ［十九世紀から二十世紀に活躍したアメリカの画家。挿絵やポスターを多く描き、特にその青色で知られている］の絵から抜け出してきたみたいだ。その穏やかな半古典的雰囲気は、時間が止まったような印象を丘に与えている。

塔は五十四メートルで、周囲の木よりも常に飛び出すよう十メートルほどの基壇の上に設置された。また、市はその周辺に塔より高い建物を建てることを禁止する条例を作り、従って今日でも、テレグラフヒルの建物は街のほかの部分より一層人間的なサイズを保ち続けている。

丘の東斜面の最も素晴らしい点は、広大に広がるたくさんの庭園だ。ひとつのブロックを挟んで、二本の長い木製の階段が麓から頂上まで続いている。それぞれの階段の両側の敷地に植物が植えられ、今では、丘を登る庭園の回廊が頂上まで連なって伸びている。新しい我が家は、二本の階段の幾分北側に位置していた。厳密に言えば階段はグリニッチ通りの一部だ。しかし、通りといっても最後の二ブロック分三百八十七段の階段が続き、幅はわずか一・五メートルで歩くことしかできない。地元の人たちは、その場所をグリニッチ階段と呼んでいる。階段はモンゴメリー通りで二分され、私は、いまだに古い掘っ建て小屋や一軒家がたくさん残っているグリニッチの下半分の側に引っ越すことになっていた。古い家々と巨大な庭の組み合わせは、シアトルにいた時分サンフランシスコに対して抱いていたイメージに合致する魔術的性質を近所一帯に与えていた。ドアを一歩入れば、中には作家や画家や、あるいは仏教徒が住んでいるだろうと容易に想像することができた。

スタジオは一部屋で、近所の人たちが通常コテージ(小屋)と呼んでいる建物、実際には二階建ての掘っ建て小屋の、下の階に取り敢えず作りつけたものに過ぎない。それがいつ建てられたのか、誰も知らなかった。一八八六年の地図にすでに記されている。コテージは斜面に建てられ、東と北の角が二本の垂直の支柱で支えられている。おかげで、コテージの床の下に縦横六メートルほどの空間があった。一九一〇年以前のある時、この下の部分が水に洗い流された。部屋には何年間も住む人がなかったので、初めてドアを開けた時、強いカビの臭いがツーンと鼻を打った。断熱材はなく、壁の背後の湿った土を感じることができる。絨毯は白カビで覆われ、クローゼットはあまりに湿っぽくて使えない。洗面所の壁には、紙のようなカビが何層にもこびりついている。そこらじゅう蜘蛛の巣だらけ。建物には本当の土台というものがなかったので、壁には幾筋も亀裂が入っていた。電気の配線ブレーカーは壊れ、水道配管は詰まっている。たいていの人なら、とても住めたものじゃないと思うかもしれない。しかし、私には天国だった。何年間も限界ぎりぎりのところで暮らしてきて、とうとう安全な場所を手に入れたのだ。

コテージの私の部屋の上に、ヘレン・アーピンが住んでいた。三十年近くそこで暮らし、古くからの丘の住人のひとりだった。私が引っ越した時、家主のマクシンは、コテージの上の借家人はいささか怒りっぽく、議論がましいから注意するよう警告してくれた。ヘレンの目に映る人間は、彼女自身と同じ右寄りの共和党員か、さもなくば社会主義者のどちらかだ。かつて彼女は、シティ・ライツ書店を訪ねてみたいと街の外からやって来た何人かの友達を案内して、ノースビーチを訪れた。友達を連れては行ったけれど、「あの共産主義者の書店」などに、断固足を踏み入れようとはしなかったそうだ。マクシンは、政治的には、私もそうであろう、幾分左寄りのどこかに位置している。それで、ヘレンとは政治的な会話は避けるよう私に頼んだ。私はそうしたけれど、しかし後になって、ヘレンはとてもよい隣人であることが分かった。

家主のマクシンは、年齢にもかかわらず――ほぼ九十歳になろうとしている――他人の手を借りることを嫌い、私にもそれほど仕事を要求しなかった。ほとんどの時間、私は何をしようと自由だ。引っ越してしばらく後、ある人から自転車をもらった。何年間も市の境界から外に出ていなかったし、サンフランシスコに飽きてきていたので、遠出できる手段を手に入れてワクワクした。私はサイクリングに夢中になり、一日じゅう、百キロも百五十キロも自転車で行ける体力をつけるほどになった。コテージの前面に小さな板張りのデッキがあり、自転車旅行の疲れをとるお気に入りの方法は、そこに座り、庭の鳥や蝶々を眺めることだった。なかでも、ハチドリが好きだった。彼らには恐れがない。時には、顔のすぐ前で空中を舞うものさえいる。とはいえ、私が最も惹かれたのは、オウムだった。

私が四羽のグループを最初に目にしたのは、そこに引っ越してから二年後の一九九〇年のことだ。その年の十月になって、その数は十羽以上に増えた。どうしてそうなったのか、私には分からなかった。数の増加に伴い、騒音も増した。オウムは異常なほど元気がよく、ほとんど常に争い合っている。たいていは遊び好きだけれど、時として真剣な表情を見せる機会がある。互いに胸と胸を接して電線にとまり、嘴でつつき合い、熱狂的に叫んではバランスをとるため羽をばたつかせる。彼らは手慣れた登攀者《とうはんしゃ》で、嘴を第三の手のように使って印象的なスピードで小枝を攀《よ》じ登る。先端に実をつけた木の、まっすぐ直立した大きな枝にオウムが登って行くのを目にしたことがある。目標に近づくと自分の重みで枝が大きくたわみ、その枝に逆さまにぶら下がってその実をついばむのだった。

その年のクリスマスの直前、いつもと違う魔法のような寒さがサンフランシスコ湾一帯を襲った。サンフランシスコでは、ものが凍ることなどめったにない。それが、その晩、気温が零下二度以下にまで下がった。寒くなるにつれ、オウムたちのことが気にかかった。彼らの頑強さに印象づけられてはいても、実際に凍えるような気温は破滅的に違いない。群れは通常、明け方、南寄りの方角からやって来る。朝日が上がる直前飛び起き、デッキに出て彼らが来るのを待って眺めていた。空はすっかり晴れ渡り、あちこちに氷が張っている。それまで、サンフランシスコで氷を見たことなどなかった。寒くならないよう両腕で体を抱え込み、盛んに行ったり来たりしていると、太陽がイーストベイヒルから顔を覗かせた。まさにその瞬間、群れの激しい叫び声が静かな冷たい空気を貫いて聞こえてきた。その音はいつもより攻撃的に響き渡り、栄光ある勝利を宣言し、あらゆる疑いを手厳しく非難しているかのようだった。

テレグラフヒルでの日々

私は、マクシンのために四年間働いた。最後の二年、彼女の記憶力が著しく低下しはじめた。彼女の従姉妹は住み込みの介護者を雇うよう説得したけれど、彼女は拒絶した。私は男だし、しかも家族の一員でないから提供できる助けには限りがある。また、助けられる時でさえ、彼女はしばしば自分でやると言い張った。クリスマスの一週間前のある午後、彼女は自分の猫に食べさせるレバーを買いにノースビーチに降りて行った。帰り道、丘を登る途中で曲がり角を間違え見知らぬ場所に迷い込んだ。しばらく後、通りかかった人が、肩の骨を折って一軒の家の前に倒れている彼女を発見した。

転んだ翌日、事態を取り仕切るため、マクシンの従姉妹エドナがルイジアナ州シュレヴポートから飛行機で飛んできた。ふたりの従姉妹の間には、必要な事態が生じたらエドナがマクシンの法的後見人になるようあらかじめ合意があったのだ。医者はエドナに、おそらくマクシンはアルツハイマー病に侵されており、ひとりで生活するのは無理だろうと告げた。彼女をシュレヴポートに連れて行くこともできないので、ほかに選択肢もなく、エドナはマクシンをサンフランシスコの老人養護施設に入れることにした。資産について弁護士と相談している間、私が住んでいるスタジオの後ろにある大きな母屋に誰かいてもらわなければならない。私にその気があるかどうか尋ねられた。法的な問題が片付いて家を売ることができるようになるまでのほんの数ヶ月間で、長く住むことにはならないと彼女は警告した。快適に暮らせるよう、エドナはマクシンの自動車のカギを渡してくれたし、ガソリンを入れるためのクレジットカードさえ渡してくれた。みんなは何と幸運であることかと盛んに言ってくれたけれど、実際のところ、その当時は、何年間もそれ以上惨めだったことはないほど惨めな状態に陥っていたのだ。

自分の人生はあらゆる領域で停滞している、そんな気分だった。その家に引っ越してすぐ後、日本人の禅の指導者、鈴木俊隆老師の『禅マインド　ビギナーズ・マインド』（松永太郎訳　サンガ）を読んだ。その本は好きだったけれど、そこからいろいろな意味を読み取ることはできなかった。二十年経ってもなお自分の理解の中にそれほど大きな穴があることに、私は落胆した。自分の理解力が上がるまで、自分の人生の道筋をコントロールすることなど決してできないだろう。鈴木老師は、理解は修行を通してのみ訪れるという点を繰り返し説いている。それなのに、私自身の修行など存在していない。私は彼の話を聞き、彼に同意し、しかしなお、自分の無力感を克服できなかった。私に生きて行く上での方向付けがないのを気遣って、エドナは始終将来計画を尋ねる電話をしてくれる。自分が何をしようと思っているのかまったく分からなかったけれど、エドナに気遣ってもらうのも気詰まりだ。だから彼女には、手がけている計画がいくつかあり、後はその内のどれが最善か自分の決心だけだと告げていた。彼女の電話は、間もなくその屋敷という安全な場所を失うことを絶えず思い出させたし、自分の状況の不確かさにあまりに圧迫されているよう感じたので、とうとう自分自身を、自己吟味の別の緊急の課題に投げ入れることにした。再び瞑想をはじめたのだ。

さらに、直ちに何かを決めなければならないという思いにかられ、自分に本当に必要なものは何なのか考えた。数日のうちに、自分がそれなしではやっていけない三つのもののリストに行き着いた。第一に、私にはパートナーが必要だ。四十二歳にもなって、いまだに人生の残りを一緒に過ごしたい女性を見つけていない。そのことが、私を苛みはじめていた。しかし、自分自身の生活さえ支えていくことができないのに、どうやってもうひとりを支えていけばいいというのか。その点、第二の願いはもっと容易で、もっと長期的なものだった。自分自身を支える手段、自分が愛する仕事を求めること。

こうした最初のふたつの願いは、たいていの人に共通のものだろう。第三は、それほどでもない。生まれつき私は、都会で暮らしてきた。といっても、かろうじて都会、というだけだけれど。私はワシントン州の西部、都市郊外と農村地帯の境界で育った。家族のキャンプ旅行、特にギフォード・ピンショー国有森林公園にある祖母所有のキャビンでのキャンプが、最もお気に入りの子ども時代の思い出だった。その場所はカスケード地区の原生自然地域にあり、アメリカマツが生い茂り、クーガーやクマやシカが棲息している。空気は薄く、私が愛する純粋さや超現実的な雰囲気があった。その後、音楽への野心が私を自然から引き離し、都会へ向かわせた。今やサンフランシスコに二十年間住んでいて、それ以上そこから何を得ることができるのか分からない。都会には嫌気がさしていた。もう一度、山や川や木々が欲しかった。野生の自然を体験したかった。

自分の目標に至るどんな明確な筋道も見えなかったけれど、内的な格闘の中で、あるいは、格闘そのものが、自分を、己が欲するもののところに連れて行ってくれると信じていた。瞑想のほかに、大きな自己改善プログラムにも取り組んだ。コーヒーとアルコールを断ち、厳格なベジタリアンになった。本でヨガを勉強しはじめ、テレビ、雑誌、音楽など、単に時間を潰すだけのすべての気晴らしをやめることにした。ほかの何ものにも増してむずかしい変化もあった。私には、しばらく顔を合わせていない何人かの友達がノースビーチにいる。顔を合わせなかったのは、嫌だったからではなく――彼らは随分よくしてくれた――路上で生き残っていくためで、やむなくのことだ。それでも、人と付き合う時、気に障るようなことを口にしないよう絶えず気を配り、結局、自分が知っているたいていの人に対し、本当の自分とは違うパーソナリティーで接してしまうようになっていた。しかし、自分の人生においてはしっかりした姿勢をとりたいし、本当の自分らしく振る舞いたい。それで、偽物の性格で接してきた人たちと自分を切り離すことにした。さらに、愛想の良さがあまりにも深く染みついた性格になってしまったおかげで、私に関心を持ってくれそうな女性に対すると、ついついありのままの自分自身でいることがむずかしくなる。だから、伴侶を見つけるまでは髪を切らないという誓いを立てた。自分の髪の毛がどんなになっていようとそれは本当の私の一面だし、私を愛してくれる女性なら髪が長かろうと短かろうと気にしないはずだと考えたからだ。

数ヶ月が経っても、望むべき方向へ向かっているというどんな改善のしるしも見えなかった。私は、瞑想の時間を増やすことで事態に応じた。実に謹厳実直で、まったくユーモアを欠いていたわけだ。さらに数週間が過ぎ、それでも何も変わらなかった。イライラが募り、それから怒りがわいてきた。時々不定期の仕事で外出する以外、いつもひとりで家にいる。そうしたほとんど毎日、涙にくれるようになった。それまで感じたことのない、大粒の、熱い涙だった。

オウムの正体

とはいえ、連日、いつもいつも自分の問題と格闘してばかりもいられない。時々は、それから身を引き離さなければならない。そんな時、その家がもたらしてくれた喜びのひとつが、オウムの群れたちを違った目で見るようになったことだった。母屋は、それまで住んでいたスタジオの上手、すぐ背後の丘の斜面がグリニッチ階段に向かって落ち込みはじめるところに建っている。そこにいると、高い断崖の上に住んでいるような感じがする。北側を向いた食堂の窓に向かって座っている場所は、グリニッチ通り沿いの電線にオウムたちがとまっているところのわずか上で、十メートルほどしか離れていない。そこからだと、ほとんど全員が番《つがい》でいるのが見て取れた。群れの数は二十羽ほどに増え、数の増加と共に興奮の度合いも増していた。時々彼らは熱狂的な叫び合いに突入し、それはオウムたちが庭を飛び去るまで続いた。

時間を過ごす別の方法は、本棚を探索することだった。その家には、何百冊もの本が詰まっていた。ある日、一冊の本に行き当たったのがきっかけだった。ロジャー・トリー・ピーターソンの『西部の鳥類ガイド』という、私が昔自分の本として所有した最初のハンドブックと同じ本だ。八歳の時祖母からもらったもので、これはそれと同じ版で、同じ青緑の表紙にツバメが濃い青で描かれている。その本を再び手にして、気味悪く思ったほどだった。ずっと昔、どれかひとつ自分が好きな鳥を選ぼうと随分長くその本に齧りついたことがあって、しかし、ヒメレンジャクを選んでからは離れてしまった。それでも長い間私の本棚に置かれていて、時々、何もすることがない時、ベッドに寝転がりながらパラパラと頁をめくっていた。本文はひと続きのリストで、大きさ、目印、声、生息地、などが書かれている。少年には興味の湧かない読み物で、たいていは絵を見て過ごしていた。

その本を目にして、私が初めてサンフランシスコを離れて田舎に引っ越したいと思った十年前のことを思い出した。同じ頃、私の中で詩への興味が育ってきていた。そうした田舎への思いと詩への関心から、私はゲーリー・スナイダーに向かった。彼は主要なビートニク詩人のひとりで、同時にヒッピーのカウンターカルチャーの中でも重要人物だ。禅仏教に対する西欧の関心に大きな貢献をし、日本の禅寺で修行するにまで至っている。アメリカへ戻って後、カリフォルニア州のシェラネヴァダ丘陵に移り、そこで環境保護運動におけ る指導的な発言者のひとりになった。私は、何年かするうち、カウンターカルチャーの指導的人物たちのほとんどに幻滅していた。しかし、スナイダーに関しては、サンフランシスコで公開読書会に参加し、どの会も彼への尊敬の念を新たにして会場を後にした。オルタナティヴ文化のタイプの多くの人間と異なり、彼は成熟した人間、おとなだった。

私は真剣にゲーリー・スナイダーを読んだ。ひとつひとつの考えを理解しようと努め、あるものには賛成し、あるものには反対し、また別のあるものには注意深い検討を加えた。『亀の島』の中で彼は、人類は常に自らが居住する景観の親密な詳細——動物たち、花々、木々——を知っていたと指摘する。しかし、アメリカ人は侵略者として到着し、一度たりとも本当には落ち着くことなく足早に大陸を横断した。私たちは歩みを緩め、自分が住む土地を知らなければならないとスナイダーは言う。彼の本を読めば読むほど、サンフランシスコを離れたいと強く望むようになったものだ。

ある日、スナイダーのインタビューを集めた『真の仕事』を読んでいて、こんな文章に遭遇した。「都会も、田舎と同じほど自然だ。このことを忘れないようにしよう。定義上、宇宙には自然でないものはない。私が『亀の島』の中で一番好きな詩は『夜のサギ』で、それは、サンフランシスコの自然を詠っている」。この言葉は、私を落ち着かない気持ちにさせた。その言葉の隠れた意味を捉えることは容易にできる。もしも自分が自然を知ることに対して誠実であるなら、自分が住んでいる場所からはじめるべきだ、ということだ。彼はその例として、私が逃げ出したいと思っているまさにその街の名を挙げさえしている。それは、常々従いたいと思ってはいる、純粋な、自然に根ざした考え方ではある。それでもなお、私は、彼のその主張を無視しようとした。と言っても、私の反発は、何か深く根づいた原則に基づくものではない。むしろ、想像力の欠如だったと言っていい。単純に私は、例えば何か、鳥の生活といったものを観察しながらノースビーチを歩きまわっている自分を思い描くことなどできなかったのだ。そんなのは、自然を体験することではない、ただのバードウォッチングだ。しかも、私の知る限り、そこにいる鳥はすべて、ハトやスズメやカモメなど、真剣な注意を傾けるに値しない鳥たちばかりじゃないか。ほかに目にする動物といったら、ネコとイヌと、たまにネズミやアライグマくらいのもの。木は全部人の手で植えられたもので自然ではないし、たいてい不毛で惨めに見える。かくして私は、絶えず最初の不満、この場所には飽き飽きしたという見方に舞い戻った。それでも、きっとスナイダーは正しい、もしも自分が誠実であるのなら、サンフランシスコを勉強することからはじめるべきだという執拗な感覚につきまとわれていた。しかしなお、私自身創造的だと感じることができるようなアプローチが見つからない。自然の世界について学びたいという情熱は次第に衰え、少しずつゲーリー・スナイダーも読まなくなっていた。

本棚のピーターソン・ガイドブックの隣にあったのは、別の二冊の鳥の観察手引書と望遠鏡だった。もう一度、鳥の観察を試みてみるべきだろうか。そう思ってやってみると、考えていたよりもっと興味深く感じられる。庭はさまざまな鳥を惹きつけていた。カケス、ハチドリ、ヤマバト、そして、どんな鳥か分からない、微かにエキゾティックに思われるほかのたくさんの鳥がいた。一度など、フクロウさえ見かけた。もちろん、オウムもいる。といっても、オウムは地元本来の鳥ではないし、従って、たいして注意を払うほどのこともなさそうに思われた。

望遠鏡と野外ガイドブックを食堂の窓の桟に置き、鳥を見かけるたびどの鳥か調べてみた。スズメだと思っていた鳥の大半は、実際には小型のフィンチであることが分かった。カケスは厳密にはアメリカカケスで、ハトはナゲキバトと呼ばれている。ハチドリの大半はアンナハチドリ属という種類らしかったけれど、あまりに動きが速くて確認できない。いったん庭に来る普通の鳥をすっかり見分けることができるようになると、一層普通ではない種類の鳥を探すようになった。タウンゼントウォーブラーという小型の鳴き鳥を見たし、チョウゲンボウ、マネシツグミ、ハシボソキツツキ、長い尾のアメリカツグミ、カンムリコウライウグイス、ミヤマシトドなどを目にした。カラスやワタリガラスも驚くほどたくさんいたけれど、両者を見分けることはむずかしい。どちらの尾がまっすぐでどちらの尾が三角形だったか、いつまでたっても覚えられなかった。

鳥の同定は、それなりに面白い。しかし、望んだほど夢中にさせるものではなかった。それに飽きてくると、そのたびにオウムに望遠鏡を向けるようになった。彼らはいつも笑わせてくれる。驚くような性急さで、調和のとれたひとかたまりのグループで庭に飛び込んできたものだ。着地した途端、喧嘩が始まる。争っている間、互いに脚をもつれさせ、電線から墜落し、双方の鳥が地面に衝突する前にもつれた脚をほどこうと悪戦苦闘する。一方では、互いに情愛深い。ペア同士互いの身繕いに長い時間をかけ、終わりに羽毛をふくらませ、頬と頬を寄せ合って座る。

私の中で、オウムたちはどうしてここにやって来るのかという疑問がますます募ってきた。長い間近所に住んでいる隣人たちに何か知っていないか尋ねてみたけれど、みんな答えは違っている。港に停泊中の船からやって来たとか、密輸入された鳥がダウンタウンの倉庫から逃げ出したものだとか、ペットショップが火事になった時逃がしたとか、ニューヨークに引っ越した夫婦が飼っていたもので、連れて行けないのでテレグラフヒルの頂上で放したとか、連邦警察に追われた密輸業者が秘密の投下点にヘリコプターから落としたとか、いろいろだ。ある人は、ほんの四年前から姿を見せるようになったと言い、ある人は、少なくとも二十年間はこの辺りにいると主張する。みんなの話はどれもあまりに矛盾していて、ほんのひとつでもいい、彼らについて本当のことが知りたいと思うようになった。今や鳥の種類を見分けることは決まりきった習慣になっていたし、少なくとも、オウムたちがどの種に属しているのか決定できるようになるべきだとも思った。

ある晩本屋に行き、床に腰を下ろし、オウムの本をパラパラめくりはじめた。彼らの姿は頭の中にはっきり思い描くことができる。そこで、一時間以上、種類をひとつに絞り込むまで写真を見比べてみた。チェリーヘッドコニュア cherry-headed conure、これだ。それにしても、コニュアとは何だろう。つまり、オウムではないということだろうか。しかしこれはオウムについての本なのだから、オウムに違いない。本の記事には、チェリーヘッドコニュアはエクアドルの南西部やペルーの北西部に棲息すること、その大きさ、重さ、外見についての情報が記されている。しかし、それ以外のことは何も書かれていなかった。

それでも、それだけのことでも明らかになって嬉しかった。私が話したほかの誰もどんな鳥なのかはっきり知らなかったし、それだけで個人的勝利であるかのように感じられた。大きく前進した二日後、食堂の窓際に座って鳥を同定していると、オウムたちが私の住んでいるスタジオに近いビャクシンの木の枝に飛んできた。ことのほか霧が濃く、風のある日だった。サンフランシスコの霧は、通常雨雲のように高いところにある。しかし、その日はほとんど地面につきそうだった。風が吹いてビャクシンの枝の間の霧が吹き払われ、美しい渦巻き模様を作っている。眺めていると、びっくり仰天するものに目が留まった。青い頭のオウムだ。大きさはほかのオウムと同じで、青い頭を除き、全身緑色をしている。チェリーヘッドのように全体として熱帯的で燃え立つようなのとは違い、不思議なほど落ち着き払い、神秘的に見えた。一瞬後、頭の青い、別のオウムを目にしてまた驚いた。青い頭のオウムはどこから来たのだろう。群れが庭を飛び立つや否や大急ぎで本屋に駆け込み、オウムの本の写真をもう一度見比べた。新しい二羽の鳥は、ブルークラウンコニュア blue-crowned conure と呼ばれていた。

初めての餌やり

青い頭のオウムを見てからほんの一、二週間後、第三の種類を見つけても、それほどびっくりしなかった。新しいオウムは五、六羽ほどいる。ほかのオウムより幾分小柄で、全身緑色をしている。外見を仔細に観察し、もう一度本屋に出かけた。私が見る限り、新しい鳥はメジロメキシコインコのようだ。チェリーヘッドに向かって奇妙なことをする。見ていると、しばしばメジロメキシコインコがチェリーヘッドの方に歩み寄り、羽をふくらませ、自分より大きな鳥を意味ありげにじっと見つめる。チェリーヘッドはしばしば迷惑そうで、しかし、そのうちメジロメキシコインコの嘴を自分の嘴の間にはさみ込み、自分の頭を忙しく上下に動かしはじめる。その様子は、笑いが止まらなくなるほどおかしい。何度も何度もチェリーヘッドに向かってそれをしてほしいと懇願するところをみると、メジロメキシコインコは明らかに自分の頭が上下に揺り動かされることが好きなのだ。

何とも奇妙なメジロメキシコインコに関する私の無知は、ほんの数日間しか続かなかった。オウムについて詳しく記した本を見つけ、それを読んで、その鳥はメジロメキシコインコではなくチェリーヘッドコニュアの赤ん坊であることが分かったからだ。奇妙な振る舞いは赤ん坊が食べ物をねだっているところで、親は嘴の中に吐き戻してやっていたのだ。オウムがサンフランシスコで子どもを産み育てているなど考えるだけで実に馬鹿げていて、そのせいで、そんな可能性は到底頭に浮かばなかった。

やって来る鳥たちを同定することに飽きたので、それをやめにしようとしていたある日の午後、近くの食料品店に足を止め、気まぐれに鳥の餌にする種を一袋買い求めた。もしも、鳥たちをもっと近くまでおびき寄せることができたら、面白いかもしれない。家に帰ると、焼き物の鉢に種を入れ、非常階段の踊り場に置いた。台所に立っていれば、どんな鳥がやって来てもよく見える。二日後、小さなフィンチが最初にやって来て、すぐにナゲキバトが続いた。彼らが食べるのを見ていても、自分が何を探そうとしているのか、はっきりしていたわけではない。フィンチは構わない。しかし、ハトはまったく気に入らない。ハトは十羽以上いて、どれも薄のろに見える。大食漢で、図体が大きく太っていて、まるで食べる機械だ。カケスが姿を見せるまで、そこで起こっていることには興味を惹かれなかった。カケスはフィンチやハトより色鮮やかで、その眼には、私が好ましく思った狡猾そうな感じがある。種をくわえて鉢を飛び去るごとに、まるで大きな獲物を強奪していくかのように、笑うような金切り声を発する。餌の袋に入っているのはほとんどアワ、ヒエで、ヒマワリの種が少し混じっている。カケスはヒマワリの種が好きそうだし、私はカケスが好きだったので、ヒマワリの種だけが入った新しい袋を買って来た。ナゲキバトはきっと大きな種の皮をむくことはできないだろうと思い、それも理由だった。しかし、間違っていた。種の皮をむくかわり、単にそのまま丸呑みしてしまう。ナゲキバトが相変わらず鉢の上ではほかの鳥を圧倒し、私の興味はまたもや激減した。袋のヒマワリの種を食べ尽くしたらそれで終わりにしようと心に決め、そうなるはずだった。

しかし、十月のある日の午後、リンゴを食べながら台所に立ってペアのカケスが鉢の縁にとまっているのをボンヤリ眺めていると、カケスが何を食べているのか見ようと一羽のオウムが飛んで来た。心臓が飛び出しそうになった。それまで家の間近でオウムを見たことはなかったし、オウムがそこまでやって来るという考えは浮かばなかった。オウムを驚かせないよう、私は立ったままじっと動かず、オウムが種の中を探るのを見つめていた。一分後、最初の一羽に別の二羽が加わった。群れのほかのオウムたちは、庭の二十メートルを超えるヒマラヤスギの長い枝にとまったままだ。木の枝のオウムたちが騒々しく鳴きはじめ、鉢のところにいた三羽のオウムもそれに加わり、全部庭から飛び去った。三羽のオウムの訪問に、目がくらむ思いだった。これこそ、土地に暮らす鳥たちから得たいと望んでいた感覚だ。オウムたちは種を覚えていて鉢に戻ってくるだろうか。私はノースビーチに出かけ、もしもの用意にヒマワリの種をもう一袋買った。

次の日、オウムの群れ全体が非常階段の踊り場に降り立った。全部で二十六羽。私は有頂天だった。そんな喜びを感じるのは数年振りのことだ。前日、最初の三羽が鉢のところに来た時、私は三メートルほど離れたところにいた。それでも彼らは居心地悪そうではなかったので、注意深く同じ距離を維持した。群れは毎日来るようになって、そのたびに私は一歩か二歩ずつ、非常階段に通じる上下二段式になったドアに近づいて行った。一週間ほど経つ頃には、ちょうどドアのすぐ内側に達していた。少しずつ姿勢を低くして台所の床に座り、下側のドアの窓の前に座って眺める。気にする様子はない。それでもオウムたちは、常に片方の眼を私に向けている。ほんのわずかな小さな動きでも見せると一斉に飛び上がり、揃って木の枝や電線に舞い戻る。警戒したまましばらく待ち、一羽ずつ戻って来ては再び食事と喧嘩をはじめるのだった。

鉢の光景は混沌としていた。怒り狂ったように叫びながらすぐ目の前を走りまわる。オウムは脚が大きくて、だらしがない。よたよたぎこちなく、重々しい足取りで非常階段と踊り場の床を走りまわるのを見ていると、おおいに愉快だ。色は輝くように明るい。緑はほとんどサイケデリックなまでにきらめき、赤は明るい消防車のように赤い。私は再び、彼らの眼にびっくりした。それまで見て来たこの地の鳥の多くの場合、虹彩は瞳孔と同じほど暗く、おかげで眼は空っぽで無感動に見える。しかし、チェリーヘッドの虹彩は明るくて、黒い瞳孔がはっきり浮かび上がって見える。彼らの情感が分かるほどで、絶え間なく陽気さから好奇心、怒りへと変化していく。どこでも喧嘩が勃発する。一羽の鳥が鉢の縁に飛び上がり、隣の鳥に突き当たり、少しでも抵抗すると嘴でつつく。オウムは上下の嘴を自由に一本ずつ使う。鉢にとまっている鳥は背後から攻撃され、脚や羽を咬まれたり、尾っぽを引っ張られたりする。咬まれた鳥は大声で叫んで飛び去る。私はすっかり夢中になった。まるで、昔の喜劇映画『三馬鹿大将』［一九三〇年代から映画・テレビで人気を博したドタバタ喜劇］を観ているみたいだ。ただし、それより遥かにおかしい。

嬉しい出会い

オウムを眺めるのをおおごとにしようなどという意図は、まったくなかった。しかし、騒々しさや混乱すべてがあまりに楽しめるものだったので、毎回、「最後にもう一度見よう」と窓のところに戻り続けた。見れば見るほど好奇心がわき出てくる。非常階段の上でとても不思議な様々な行為を目にして、何がどうなっているのか知りたいと思ったけれど、そのためにはオウムを一羽ずつ見分けなければならない。そんなこと、まったく不可能に思われる。みんなあまりに落ち着きなく神経質そうで、それぞれの動きを追うことさえできるとは想像できなかった。比較的じっとしている時でも、おとなのチェリーヘッドはどれも同じように見える。赤ん坊だってそうだ。二十六羽の群れの中で確実に識別できたのは、二羽の青い頭のオウムだけ。もちろん、青い頭を見分けるのはやさしかったし、二羽はそれぞれ大きさがまったく違ったので、両者を見分けることもできた。

二羽のうちの大きな方は、ブルークラウンコニュアの群れの中にいたとしても、はずれ者だっただろうと思う。彼には、何か気高いものがあった。知性が滲み出る、堂々たる存在感があったのだ。チェリーヘッドと違い、ちっとも陽気ではない。優しく、控え目だ。ハンサムな鳥だったし、見分けることが容易にできたおかげで、群れの中で最初に名前で呼ぶようになった。コナーと呼ぶことにしたのだ。オウムを表す言葉、コニュアに音が似ていたからだ。チェリーヘッドたちは、私ほどコナーの存在に印象づけられたようではない。実際、ほとんどコナーに我慢がならないようだった。コナーの方がチェリーヘッドたちよりわずかに大きかったけれど、喧嘩は弱く、種の鉢に近づくたびチェリーヘッドたちに追い払われている。コナーに関して好奇心をそそられたことがほかにもあって、左足に銀色のリングをつけている。その上に文字が刻まれているけれど、私が座っていたところからはあまりに小さくて読めなかった。もしもそのリングを見ることができたら、群れの起源についても何か分かるのに。

青い頭のもう片方は、あらゆる点でコナーと正反対だった。彼女は物怖じしたような冴えない顔つきで、用心深そうな、飛び出た眼をしている。群れの中では最も弱いメンバーで、怪我でもした時に出すようなキーという悲鳴の極々軽い脅しにも逃げ出してしまう。ことさら魅力的というわけではなかったけれど、甘い、恥ずかしそうな物腰が、すぐに愛おしさを感じさせた。彼女には、報われなかった私の昔の愛にちなみキャサリンと名をつけた。本に書かれていたことから、私は、ブルークラウンについてもチェリーヘッドについても、外見から雌雄を識別することはむずかしいことを学んでいた。従って、コナーがオスでキャサリンがメスだというのは、単なる推測に過ぎない。しかし、両者の振る舞い方は、両性に関する昔風な見方に適っているように思われた。二羽の間ではコナーがリーダーで、キャサリンは彼に従っている。一緒にとまっている時は、常にキャサリンが彼の体中の毛繕いをし、寒い日には、暖をとるためぴったり彼に体を寄せる。コナーとキャサリンは、鉢に乗ることを許してもらうまで、いつもほかのオウムたちが食べ終えるのを待たなければならなかった。しかし、チェリーヘッドたちはしばしばブルークラウンのところに順番がまわってくる前に庭から飛び立ち、群れの吸引力は空腹よりも強力で、二羽は何も食べることなく立ち去ってしまう。彼らをどうにか助けてやりたいものだと、私はずっと思っていた。

二、三週間後、オウムたちの行動はおおむねお決まりの手順に収まってきて、彼らのゴタゴタが前ほど混乱の種でなくなってきた。私がそこにいるのに慣れるにつれ、前ほどじっとしていなくても平気になった。時には私が動くと驚いて、電線のところまで飛び去ってしまうことはある。しかし、いつも二、三分すれば戻って来た。そのうち、ある鳥は最初に鉢の上に飛んで来て食べはじめ、いたいだけ長くそこにいるし、ある鳥は場所が空くまで待っていることに気がついた。また、チェリーヘッドのうち少なくとも五羽は、コナーと同じような銀色のリングをつけていることを発見した。脚についたリングのおかげで何羽かのチェリーヘッドを見分けることが簡単になり、さらに、ほんのわずかな違いから鳥を見分けられるようにもなってきていた。

ソニーはことさら容貌に特徴があり、いったん見分けると決してほかの鳥と見間違うことはなかった。顔はタカのようで、嘴の先端から中ほどまで亀裂が走っている。ほとんどのオウムは丸くて親しげな眼をしているのに、ソニーのはわずかにアーモンド形で、そのおかげでカケスに似た疑り深くてずるそうな顔つきに見える。しかし、ソニーに関して最も目につく特徴は、乱暴者だということだ。チェリーヘッドたちはほとんど絶え間なく喧嘩をしている。しかし、たいていはつまらない諍いか、遊び半分の喧嘩に過ぎない。一方ソニーの攻撃は、しばしば冷酷だった。弱い鳥たちが鉢の順番を待って非常階段のまわりでうろうろしていると、ソニーは彼らの間を歩きまわり、近しい同盟関係にない鳥には誰にでも無慈悲に猛攻撃を加える。「これた鼻」と、無法者の振る舞いの故に、彼はオウムのマフィアメンバーを思わせ、『ゴッドファーザー』のソニー・コルレオーネ［主人公ヴィトの、最も暴力的な長男］にちなんで名づけたのだ。

攻撃的であるにもかかわらず、ソニーは、もっと強い鳥たちからは鉢にとまるのを許されなかった。それでも、明らかに彼自身は、群れのどのオウムにも引けを取らないと考えているみたいだった。何度か私は、鉢から一メートルか一メートル半ほど離れた地点で様子を探りながら自分の番を待っている彼の姿を見かけた。ああ、そう、といった無頓着を装いながら、しかし自分に挑戦するどの鳥でも相手になろうと身構えている。それは、まったく馬鹿げた光景だった。オウムは短くてぎこちない脚に、長い爪足を持っている。ずんぐりした体と締まりのないハトのようなつま先の脚で、ソニーは風のように走ろうと試みる。それを見ると、笑ってしまう。ソニーが突進しはじめた途端、二、三羽のオウムが鉢から飛び降りて行く手を遮る。決してそれに対抗することはできず、彼は退却しなければならなかった。

最初の混沌から姿を現わした次のチェリーヘッドは、ソニーと同じく脚にリングをつけた一羽だった。エリックは華麗だった。彼には、群れのほかのどの鳥よりたくさん赤い羽がある。ほとんどのオウムの頭の帽子は頭蓋骨の上の部分の中ほどで止まるのに、エリックの場合は首に向かって顔の中ほどまで続いている。また、顎のまわりにも大きな赤い部分があった。多くのチェリーヘッドにはまったくない色だ。翼の赤い縁どりさえ、もっといっぱいに広がっていた。彼の名は、バイキングの英雄「赤毛のエリック」にちなんでいる。確かに彼には、強烈なバイキングの誇りがあった。彼と諍いを起こそうとするオウムはほとんどいなかった。もしもそうすれば、たちまち報いを受けるだけだ。ただし、ソニーと異なり、エリックはおおむね情け深く、ほかのオウムたちに尊敬されているようだった。いつも同じ場所、鉢の縁が二本の垂直の手すりのバーに接しているところにとまる。そこはみんなが一番とまりたい場所で、そこにとまると実際には体がバーの外に出て、直接逃げるルートが確保されるからだ。ほかの鳥たちは上に飛び上がり、手すりを越えて外に飛び出さなければならない。みんなが示す敬意から、エリックが群れのリーダーなのだろうかとも思った。でも、オウムの群れにはリーダーがいるのだろうか。つつきの順番みたいなものがあるのだろうか。

こうした疑問への答えは、なかなか得られなかった。街の本屋でオウム、特に野生のオウム、中でも群れの中にいる二種類のオウムに関する情報を探し、答えを求めたけれど、あまり成功しなかった。ほとんどの本は、ペットのオウムのことしか扱っていない。チェリーヘッドについて何でも詳しく説明している本、「こうする時、それはこんな意味だ」と言ってくれるような科学書を探してみた。しかし、私が見つけ出した二、三の鳥類の本は、がっかりするほど表面的だった。

群れの起源について何か学べるかもしれないと、ペットショップに出かけてみた。ペットショップのオーナーはきっと話し好きだろうと思ったけれど、私の質問に興味を持ってくれそうな人はほとんどいなかった。ある人は、野生の群れの存在すら否定しているみたいだ。そのうち、その群れを研究している科学者がいるに違いないという考えが浮かんだ。どうして、いないなどということがあり得るだろう。群れの存在はあまりに奇怪だ。それにしても、どうやってそんな人物を探し出せるのか。

十一月の末、新聞を眺めていて、電線にとまった三羽のチェリーヘッドの写真が一面に載っているのに気がついた。見出しには、「街のローカルカラーに緑を添えるオウムたち」とある。とうとう秘密が解けたと期待して、それに添えられた記事に飛びついた。しかし、幸運が訪れたわけではない。誤りであることが分かっている情報も、いくつかあった。記事の材料を提供した誰かは、私と同じ間違いを犯している。チェリーヘッドの赤ん坊をメジロメキシコインコと思っていた。記事によれば、群れは街のミッション地区にあるドロレス公園の近くを塒《ねぐら》にしているという。ドロレス公園は、テレグラフヒルから六キロ半ほど離れた南西にある。オウムたちは毎朝だいたいその方向から庭に飛んでくるから、辻褄は合っている。

その記事に主として材料を提供していたのは、サンフランシスコ動物園の鳥専門の飼育係だった。彼自身ドロレス公園でオウムたちを見ていて、サンフランシスコでオウムたちが生きて行く能力について説明していた。天候はまったく問題にならないという。サンフランシスコは熱帯ではないけれど、オウムたちには十分暖かい。地元の原産種ではない熱帯、亜熱帯の観葉植物が街中の庭に植えられ、方々に置かれた餌箱の餌とともに一年を通してオウムが餌を見つけることを可能にしている。記事には、群れの歴史に関する私の混乱をますます深める新たな詳しい情報も含まれていた。オウムは、アーミステッド・モーピンの『都市の物語』という本に登場するという。モーピンの本は一九七〇年代半ばに書かれたから、都市に棲む群れは少なくとも二十年はいるという主張を支持することになる。しかし、まだ、それをすっかり信じることはできない。何か、辻褄が合わないところがある。それでも、その記事ではっきりしたことのひとつは、群れを研究している人はいないということだった。何だか馬鹿げているように思われた。

餌やりの作法

オウムが非常階段のところに来はじめた頃、私は鉢をいつも外に置きっぱなしにし、家を離れる場合、それがいっぱいになっているかどうか確かめてから出かけた。オウムたちがいつでもそれを当てにできるようにしたかったのだ。しかし、私のわずかな収入には大きな負担となった。しかも、オウムに餌を与えていただけではなく、近所に棲むほかの鳥たちにも餌を与える結果になっていた。フィンチやカケスのことはそれほど気にならない。しかし、ナゲキバトは頭にくる。それで私は、オウムたちが来た時にだけ鉢を外に出すことにした。

晴れた朝、居間の窓を通して、四百メートルも向こうに彼らがやって来るのを見ることができた。ミツバチの群れのように、それぞれ急に向きを変えたり、上下したり、時には後ろに遅れたり、バラバラのかたまりで飛んで来る。羽ばたき方が独特で、ぎこちなく、浅く、暴れださんばかりで、一目で分かるようになった。飛んでいる時の優雅ならざる姿にもかかわらず、驚くほど速い。二、三百メートル先まで来ると、声が聞こえてくる。その声は、常にどちらへ行こうか議論でもしているかのようだ。庭に近づくと、叫ぶのも、不器用なバタバタもやめ、静かに、優雅なグライダー飛行に移る。空から落ちて来る時は翼をわずか下側に曲げ、しっかり体を固定する。時として、落下する際風にもまれるのを目にすることもある。しかし、意図した進路をしっかり維持し、見事な急降下を見せ、輪を描き、電線の上に舞い降りる。その時点で、私は非常階段に種の入った鉢を持ち出し、家の中に戻り、台所の床に座って彼らを待つ。通常彼らは、ただちにやって来ようとはしない。まずは、沈思黙考しなければならない。そのうち、何羽かの勇敢な鳥がやって来て、それから堰を切ったように群れの残りが続く。

見れば見るほど、コナーには好奇心をそそられた。彼は時々、何かにむっとしているように見える。明らかな不満にもかかわらず、威厳をもって耐える姿勢を維持していた。鳥に威厳を保つことができるなどと想像したことはなかったけれど、コナーの場合あまりに明らかなので見逃しようがない。コナーとキャサリンは相変わらず食べるチャンスを得るのに苦労し、私は依然、彼らを助ける方法を探していた。ある日、小さなお皿にヒマワリの種を入れて敷居のところに置いてみた。コナーは喜んで近くまでやって来るだろうけれど、チェリーヘッドはそうしないだろうという予感が、私にはあった。そして、予感は正しかった。お皿に気がつくと、すぐにコナーはやって来た。私のいる所とほんの三十センチほどしか離れていない。彼はまったく気にしていない様子だ。遠くから見ていた時、コナーの眼はチェリーヘッドの眼と違っていると思った。今初めて、近くから見ることができる。外側の虹彩は明るいオレンジ色で、内側は、多くの地元の鳥と同じくほとんど瞳孔と同じほど黒い。コナーの場合、そのおかげで血の巡りが悪そうに見えるのではなく、謎めいて見える。首の後ろには、特別柔らかくふさふさした羽がついている。あまりに魅惑的で、彼が食べているのを眺めていると、窓越しに手を伸ばして撫でてみたいという思いが絶え間なく浮かんできた。危害を加えられることなくコナーがお皿から食べているのを見て、キャサリンもそれに加わることに決めた。しかし、私がボンヤリそこにいることをコナーは気にしなかったけれど、キャサリンは私のわずかな動きにもびくびくする。だから彼女のために、ことさらじっとしていなければならなかった。といっても、そうもいかず、おかげで彼女はリラックスすることができない。彼女は、種を摘むため体を前屈みにするのを嫌がった。私が視界から消えた途端、彼女は怯え、できる限り素早く頭を上げる。

二羽の青い頭に何も悪いことが起こらないとチェリーヘッドが気づくのに、長くはかからなかった。鉢の十二のスペースを二十四羽で争うより、何羽かはお皿の方を調べてみようと決めた。最初の勇敢な一羽がやって来て、私に殺されも食べられもせず種をくわえて飛び去るのを見ると、すぐにお皿はチェリーヘッドでいっぱいになった。おかげで、コナーとキャサリンは追い出されてしまった。そうなろうとは予測しなかった。お皿は縦三十センチ、幅二十センチほどで、長い側は建物に接していたから、とまれる場所は三方しかない。もう少しお皿を押し出したら、そちらの長い方にも場所ができる。しかし、どの鳥も、背中を私の方に向けて窓側にとまろうとはしないだろう。チェリーヘッドはとまろうとしなくても、コナーはそうするのではないだろうか。そんな予感がして、今回もそれは正しかった。数日後、キャサリンも新しい舞台装置への恐怖を飲み下し、コナーに加わった。

餌場がふたつになって、事態は目に見えて落ち着いた。私はその後も、一羽一羽を識別し、名前をつけ続けた。エリックとソニーには連れ合いがいることを発見した。エリックの連れ合いは、リングをつけた鳥の一羽だ。エリカと名づけた。ソニーの相方は、イタリアの名前がふさわしいだろう。私は「赤毛のルシール・ボール、ルーシー」［日本の初期のテレビ番組でも『アイ・ラブ・ルーシー』で知られたアメリカのコメディ女優］を思い浮かべ、それをイタリア語風のルチアにした。

お皿にやって来る常連の一羽は赤ん坊だった。赤ちゃんの何羽かの赤い羽に最初の斑点が現われはじめ、おかげで識別が容易になった。しかし、ここでもまた、ほかのどんなしるしより識別を容易にしてくれたのは、赤ん坊の顔や物腰だ。ある一羽はハンサムでクールで、ヒマワリの種をおおいに喜んで食べている。食べている間何事にも頓着しなくなり、まわりの混乱がどんなに荒っぽくなろうと、嘴の種を始末することだけしか頭にない。時々、まるで恍惚境にあるかのように眼を閉じ、ぶるっと体を震わせ、ため息をつく。あまりに冷静なので、マーロン・ブランド［アメリカの映画俳優。クールな演技で知られている］にちなんでマーロンと名づけた。

冬が深まるにつれ、餌場にいる時間が次第に長く、頻繁になった。しばしば、食べ終わっても非常階段にそのままとどまっている。私は、彼らが非常階段の手すりの格子を上ったり降りたりするのを見ているのが好きだった。オウムは、私たちの手の指のような役割を果たす長くて器用なつま先を持っている。嘴は第三の手の役割を果たし、簡単に格子を上ることができる。上り下りする時、彼らは驚くほど素早く、機械のようだ。片脚を離し、もう一方の脚をまたがせ、同時に嘴でバーをはさんで引っぱる。脚と嘴で異なる方向から引き寄せながら、体を持ち上げる。二羽の鳥が横に並び、ピッタリ同じタイミングで動きながら、歩調を合わせて格子を上るのを目にしたこともある。降りる時は、消防士がポールを降りる時のように握りを緩めて滑り降り、まさに底に追突する間際、再び爪を締めて止まる。非常階段の踊り場の西側の隅に、ドアが閉まるのを防ぐために使われる金属のフックがぶら下がっていた。フックは、赤ん坊たちにとても人気があった。彼らは嘴でそれをくわえて持ち上げ、それを落としてはブラブラ揺れるのを見ている。しばしば一羽の赤ん坊がフックの端までにじり寄ってそこで揺れ、一方ほかの赤ん坊たちは独り占めするのをやめるよう要求して、彼に向かってキーキー叫ぶのだった。

キーキー声を聞き分ける

オウムウォッチングのもっと楽しい事のひとつは、

声を聞くことだ。強迫観念的に音を発し、彼らが発する音は、愚かさの深い井戸から湧き出してくるように聞こえる。時々私には、鳥たちは自分たちが馬鹿げていることを承知しながら、なおかつ真面目くさった顔をしているように思われた。彼らが発する音の意味を理解することはできなかったけれど、ある日私は、飛び立つ合図を識別した。満腹になり、そろそろ群れに移動してほしいと思った鳥は、どの鳥でもいい、ほかの鳥の同意を得ようとキーキー鳴きはじめる。時には十分の数の仲間を説得することができず、試みは次第に消えていく。しかし、成功すると、少しずつ多くの鳥が声を上げはじめ、遂には群れ全体が熱狂的な叫びに引き込まれる。「行こう！　行こう！」通常、群れ全体の声の調子がある音程に達した途端、一斉に飛び上がる。そんな時しばしば、みんなの動きが一層活発になりながら、しばしその場に静止したままでいるような一瞬がある。重いロケットの推進力が最高点に達し、それでも依然地上を離れずにいる瞬間に似ている。突然、雷のように叫び、彼らは空中に飛び上がり、庭を抜け、通常フィッシャーマンズワーフの方向に向かう。私は彼らが丘をぐるりと巡り、視界から消えるまで見送っているのだった。

オウムの生活範囲を探るのに、自転車はとても役に立つことが分かった。自転車で走っている途中、しばしば彼らに遭遇する。一番多かったのは、公園に作り替えられている途中の小さな軍事基地、フォート・メイソンでだ。たくさんの木々や灌木が生い茂り、さまざまな鳥たちの食べ物探しの人気スポットになっている。海岸通りに面し、テレグラフヒルからは一・五キロほど西にある。すでに、ドロレス公園からテレグラフヒルまでの六キロ以上の飛行は骨の折れる旅だと感じていたから、フォート・メイソンが彼らのテリトリーの一番外側の境界だと結論づける方が合理的だとも思った。ある朝、プレシディオ――これも昔の要塞で、しかもさらに一・五キロ西にある――に乗り入れ、飛行中の二羽の聞き慣れたキーキー声を聞いてまったく驚いた。自転車を止め、明るい朝の空を窺うと、コナーとキャサリンの緑色の体と青い頭が突然頭上を滑空していく。二羽はとても速く、さらに西に向かっていた。家から三キロ以上離れた場所で、自分が個人的に知っている野生の鳥を見るのは愉快だった。彼らの方は、私に気づいていただろうか。

自転車旅行中の私を最も興奮させた発見は、ドロレス公園近くで起こった。ある朝、使い走りでドロレス公園から東に四ブロック離れたミッション地区を走っていると、みんなから落後したのか一羽のオウムが頭上を飛んでいく声が聞こえたような気がした。依然ドロレス公園を彼らの営巣場所とすることに疑いを持っていたので、私はブレーキをかけて急停車した。車が走る真ん中だったけれど、構うことはない、鳥を見なければ。六メートルほど上にいて、明らかにオウムだ。その声を聞き違えることはない。私は拳を突き上げて笑い出した。彼らの秘密を解くことは嬉しかった。

もしもラジオのボリュームを上げていたり、シャワーに入っていたりしてオウムの到着を聞き逃すと、彼らは自分たちの方から非常階段に飛んで来て、私の注意を惹こうと騒ぎ立てる。台所に行くと、彼らが窓から覗き込んでいるのが見える。種の入った鉢を持って出て行くと、今でも彼らは電線に飛んで返る。義務的なパニックといった感じで、もはや本当の恐怖というより、ただの習慣のように見える。しかし間もなく、すっかり電線のところまで戻る代わりに、非常階段の踊り場の東の端までしか退却しないようになった。私の方は、鉢を下におろし、家の中に戻る以外ほかには何もしない。決してそこに居残ったり、彼らの方向を見たりしなかった。

厄介者

コナーはますますチェリーヘッドたちと悶着を起こすようになった。どんな理由でか、彼は窓に接した自分の場所を捨て、東側を向いた狭い方の縁の方がいいと決めた。そのことが、その場所を占めていたチェリーヘッドの夫婦を激怒させた。しかし、コナーの方も黙ってはいない。彼らしくもなく頑固だ。その時、私は初めてオウムたちの政治に介入した。ある日、彼とキャサリンがお皿に近づいた時、背後から迫ってくる二羽のチェリーヘッドがいた。私は、彼らを追い払おうと指を振った。キャサリンは飛び上がった。この時も、コナーは驚かないだろうし、彼を守ろうとしているることを理解してくれるだろうという予感が私にはあって、またしてもその通りだった。二羽のチェリーヘッドがそのままコナーを威嚇しようと突きかかって行っても——まさしく本当の攻撃、という一歩手前で止まる——コナーは食べ続けている。ひどく落ち着かない様子だったけれど、明らかに、私が二羽を追い払ってくれるだろうと思っているようだ。

何日間かチェリーヘッドの夫婦はコナーに迫り、咬みつかんばかりにし、そのたびに私が指を打ち振って追い払った。そのうち、彼らの一方が、私の脅しはこけおどしだと決めたらしい。コナーがお皿の方に降りて行くと、チェリーヘッドが追いかけ、大胆な攻撃を加えた。それから、くるりと向きを変え、私の目をまっすぐ覗き込んだのだ。彼のメッセージは間違いようがない。「さあ、あんたはどうするつもりだ?」チェリーヘッドにとって、もはや真の問題はコナーではなく、彼の利益に反する私の邪魔だての方だ。彼は面食らい、私がどこまでやろうとしているのか知りたかったのだ。何とも、笑うしかなかった。彼らには分かっている。

その諍い以降、コナーの困難は増大した。餌を食べていたある時、ソニーがコナーを襲った。ソニーはコナーを仰向けにひっくり返し、まさに本当の傷を負わせようとしたギリギリで、コナーは何とか身をかわして逃げ出した。コナーとキャサリンが種を得ることは、極めてむずかしくなっている。ある日私は、コナーとキャサリンが静かに食べられるようになるには群れと別にやって来なければならないと考えた。その翌日、彼ら二羽だけが非常階段の手すりにとまり、私が鉢を持ち出すのを辛抱強く待っているのに気がついた。私とコナーの間に、テレパシーでも働いているのだろうか。不思議な感じがしたほどだ。それからは、ほとんど毎日、自分たちだけで来るようになった。群れと一緒に姿を見せる時でさえ、しばしばほかの鳥たちが立ち去るのを待っていた。

その秋と冬、私はほとんど毎日そこにいた。雨が降ろうと、晴れようと、確実に鉢をそこに置いた。彼らは一日に三度か四度やって来て、私に対する彼らの信頼が増していった。今では鉢を持って外に踏み出しても、彼らの多くは非常階段の一番遠い端まで飛んで行くことさえしない。しかしなお、そこにとどまって彼らの存在を身近に感じたいと思えば思うほど、彼らの世界にできる限り入り込まないのがいいだろうと感じられた。

春先のある晴れた暖かい日、私は湾の景色を眺めようと非常階段に出て行った。そして、そこにいるのが自分だけでないことに気がついた。手すりの一メートル半ほど下に、たった一羽、ソニーが立っていたのだ。両者にとって気詰まりな瞬間で、それでもソニーは飛び去らない。彼はほかの鳥たちに対して意地悪だったけれど、私は彼が好きで、彼を安心させたかった。それで、暢気《のんき》を装った。まるで彼と一緒にいるのはいつものことだとでもいった調子で、気軽に挨拶する。それから向きを変え、手すりに手を置き、最初からそうするつもりだったように景色を眺めていた。一、二分後、何と美しい日じゃないか、といった馬鹿なコメントを口にし、ソニーはまだそこにいるのか見ようとそちらを向くと、まだいる。しかし、落ち着きなく、疑わしそうな様子だ。私はゆっくり向きを変え、家の中に入った。

その日遅く、ソニーが何故一羽だけでいたのか分かった。彼とルチアは、群れを追い出されたのだ。そのことは、群れが非常階段で餌を食べていて、追放された二羽が北からやって来る声が聞こえてきた時はっきりした。オウムたちは、はぐれ者が遠くからやって来るのが聞こえるたびに、自分たちの存在を告げる切り裂くような大声を爆発させる。「ここにいるぞ、ここにいるぞ！」ソニーとルチアが近づいて来ると、群れは「到来」の叫びで応える。しかし、そこには明確な敵意の響きがあった。「あっちへ行け！　あっちへ行け！」とにかく、ソニーとルチアはそのままそこに近づいてきて、小さな一団が追い払いに飛び立った。ソニーとルチアは庭のヒマラヤスギの枝に降り立ち、そこで激しい喧嘩が始まった。

双方翼と嘴で打ち合い、つつき合いながらもつれ合い、オウムたちに可能な限りの最も強烈な叫び声を発した。すっかり正気を失った七面鳥が出すような声で、「病的ゴロゴロ音」とでも呼んだらいいだろうか。オウムが神経症的な声を発すると、二羽が四羽のように、四羽が八羽のように、八羽が十六羽のように聞こえる。喧嘩が始まった途端、群れの残りの鳥たちは争ってヒマラヤスギの上に寄り集まり、熱狂的な叫びに加わった。ソニーとルチアには、退却する以外選択肢がなかった。

追放者が撤退すると、群れはまた元の鉢に戻った。しかし、もはや平穏な食事ではない。みんな、たった今起こった出来事にすっかり興奮している。眼つきは荒々しく、食べながらいつにも増して口数が多い。ソニーは悪い相手とやりあったに違いない。あるいは、多分、群れのみんなが彼の振る舞いに愛想を尽かしてしまったのだろう。原因が何であれ、ソニーとルチアはその後二週間流浪の身で、その後少しずつ群れへの復帰が認められた。それでも、それから後も相当期間、ソニーはほかの鳥たちに対して恭しくしていなければならなかった。

ソニーが群れと悶着を起こしていたのと同じ頃、私もまた、隣人のひとりと問題を起こしはじめていた。同じ地所にある、私の住まいのすぐ下のアパートに住んでいるハーヴィーだ。ある日彼は、オウムを追い払おうと大きな音を立てはじめた。最初私は、何がどうなっているのか理解できなかった。しかし、事情が分かるとひどく腹が立った。ふたりとも、かんかんになって衝突した。

彼によると、非常階段に出る彼のアパートのドアは鎧窓になっていて、室内の空気を入れ替えるため開け放っておくのが好きだという。その窓のブラインドに種皮や羽毛や鳥の糞がたまり、部屋に入り込んでくる。私はどうしてそのことをまず最初に私に告げなかったのか尋ねたけれど、率直な答えは返ってこない。彼は、鳥に餌をやるのをやめてほしいと言う。それに同意するわけにはいかない。しかし、その状況を巡る大きなカードを持ち出され、私は注意深く事を運ばなければならなかった。エドナは、オウムに対する私の関心を、常軌を逸してはいても無害と見なしていた。しかし、ハーヴィーは借家人だから、ひと言でも苦情を口にしたら、彼女が私にやめるよう言うだろうことは確かだ。緊張した何度かの会話の後、合意に達した。私は群れに餌をやり続けてもいいけれど、まず最初に下を見て、鎧窓が開いているかどうか確かめなければならない。もしも開いていたら、鉢を出すことはできない。もはや鳥との関係で自分に絶対的な自由がないことにはがっかりしたけれど、私が手にすることのできる最善の取引だった。

といっても、協定は長く続かなかった。ある朝群れが到着し、下を見ると窓が開いているのが目に入った。小さな友人たちを拒絶しなければならない。それまで、そうしたことはなかった。オウムは鋭い眼を持っていて、窓越しに私を見ることができる。すぐに出てこないと、私を呼びはじめる。それに応えないでいると、いつまでも呼び続ける。彼らを無視することで惨めな感じになってきたけれど、敢えてハーヴィーとの合意を破るわけにはいかない。鳥たちを世話する役割を何としても果たそうとすれば、家の面倒を見るという仕事の方を失ってしまう。

一時間後、オウムたちは少しずつ庭を離れはじめ、それから、みんないなくなった。残ったのはコナー一羽だけで、そのまま非常階段の手すりにとまり、期待を込めて家の中を覗いている。私はコナーが好きだったし、彼の愛情を勝ち取りたかった。それぞれのオウムは、それぞれ個別の食事スタイルを持っていて、コナーは片脚を鉢の中に、片脚を鉢の縁に乗せて食べる。普段その姿勢のままで食べ続けるから、空っぽになった殻はそのまま種の山の中に落ちる。決して散らかしたりしない。彼に食べさせるだけなら、鉢を出してやっても安全だろうと決めた。

ところが、コナーが食べはじめて二分もしないうちに十羽ものチェリーヘッドが家の角をまわって飛んできて、非常階段の手すりに着地した。とんだ板挟みだ。チェリーヘッドたちは鉢の真上にいて、すぐにでも舞い降りて食べはじめたがっている。そのままにしておいたら、ハーヴィーやエドナからこっぴどい目に合うだろう。といって、故意に驚かせて追い払うのも気が進まない。すぐに決心しなければ。唯一考えついたのは、ドアを開け、何ごともなさそうに超然とリラックスして外に出て行くことだった。ソニーとの場合のように。今回は、もう少し近く、ほんの三十センチほどのところまで行くことにしよう。鳥たちを驚かせ、飛び立たせてしまうのは分かっている。しかしなお、願わくば、無頓着さが彼らの恐怖心を和らげてくれるかもしれない。ノブをまわし、そっとドアを開け、ゆっくり外に踏み出した。いついかなる瞬間彼らをパニックに追いやってしまうかもしれないと思いながら、ゆったりした動きで近づいていく。それなのに、彼らは動かなかった！　私の方がびっくりしてしまい、足が震えはじめた。小さな緑と赤の友人たちに囲まれ、自分はそこにいる。誰も、私がいることをほんのわずかでも迷惑がっているようには思われない。みんな頭を上げ、注意深く、困惑したような眼で凝視している。「どうしたっていうんだ？　どうして餌をくれないの？」あまりにたくさんの印象が目と頭に飛び込んできて、しかも、四方八方からで、頭が焦点を結ばなかった。といって、その瞬間の魔法も、オウムたちを種から遠ざけなければならないというその場の事実を変えるものではない。極々近くまで来ようとまではしないだろうと確信し、私は鉢の横に腰を下ろした。いずれにせよ、震える足を休ませなければならなかったのだ。そのままの状態が続いた。この上なく喜ばしい状態だった。彼らは数分間そこにとどまり、ようやくあきらめて飛び去った。オウムが行ってしまってから、やっと私の頭は、新たな交わりの戦慄から抜け出した。野生の動物たちとの友達づき合い。自分の幸運が信じられなかった。

信頼関係を築く

吹き抜けになった非常階段の踊り場には、真ん中についている階段と建物との間に幅五十センチ足らずの隙間がある。次の餌やりの時、新しい見物場所としてこの狭い隙間を選び、そこに腰掛けた。

オウムたちと一緒に外の空気の中に身をおき、キーキー声や叫び声を直に聞くのは不思議な感覚だ。彼らは絶え間なく互いに話しかけている。家の中から聞いたことのない、さまざまな低いしわがれ声も出していた。非常階段を飛びまわる時に出る羽毛のカサカサいう音や、翼がパタパタ翻《ひるがえ》る音を聞くのはとても気持ちが良かった。新しい見物場所の唯一の欠点は、居心地悪いほど窮屈なことだ。家の硬い壁に背中を押しつけていなければならない。しかし、少なくとも両足は、床から下の段に降ろして休ませることができる。オウムたちは、それまでと同じ条件、すなわち身動きしないという条件で新しい状況を受け入れてくれた。それでも、かゆいところを掻いたり、強ばった足の筋肉をほぐそうとすると途端に彼らは電線の安全地帯に避難する。こんなことが数日続き、私は自分がしなければならないことを事前に通告することにした。掻いたり動いたりする前に、ゆっくり空中で、掻いたり動かしたりする場所を指差す。幸いにして、これで事態が変わった。私が動くのを見ても、毎回逃げ出すことがなくなった。

当然のことながら、さらに近づいてみたい。どの鳥でもいい、自分にとまらせるのが次の目標になった。オウムたちは、鉢に向かう時も、そこから撤退する時も、絶え間なく私のまわりを飛んでいる。しばしば、思わず進路が競争相手と重なって、突然方向を変えなければならないことがある。ほかの鳥と衝突したり、急いで鉢にとまろうとする時もそうだ。そんな動きの中で、誰かが私に着陸することを選ばないだろうか、というのが希望だった。緊急に着陸する際彼らが選ぶ場所のひとつは、階段の手すりだ。手すりは座っている私の額の高さにあって、ほんの数センチしか離れていない。それでも、そこに着地する鳥に特別注意を向けないようにした。ことさらどうこうしない方が、賢明に思われたからだ。その方が、確実に鳥たちは、もっと長くそこにとどまっているだろう。オウムと最も接近したのは、一羽のオウムが踊り場から下の段に置いた私の足のすぐ横に降り立った時だった。彼女はまるでそこに上ろうとするかのようにブーツに片脚を乗せたけれど、それからしばしの間考え、飛び去ってしまった。

三週間後、彼らと一緒にいることで感じていた喜びは消え去った。窮屈な場所での監禁状態と、なるべくじっとしていなければならないという群れの要求のおかげで、背中が痛くなってきたからだ。ある日、それ以上我慢できなくなり、餌やりを途中で切り上げ、立ち上がって非常階段の東の端に移動した。とにかく、その場を引きさがり、次のステップを考えてみたかった。餌を食べていない鳥がしばしば手すりをぶらつき、時には随分近くまでやって来ることがある。私は通常いくつかヒマワリの種をポケットに入れていて、冗談に、時々近くを通るオウムにそれを差し出してみた。差し出された鳥はぎょっとしたような眼で私を見て、それから急いで通り過ぎる。まったく、予想通りだ。

そんなある日、種を差し出された鳥が、逃げ去る前に、まずはそれについて思いを巡らしているように見えた。手から餌を与えることなど問題外だと思っていたけれど、鳥が躊躇したのを見て考えた。ひょっとしたら、可能かもしれない。おそらく、コナーならそうするだろう。それで、側を通り過ぎる全部の鳥に種を勧めてみた。しかし、どの鳥もとってみようとしない。コナーは、近くに来ようともしなかった。

数日後、チェリーヘッドの一羽が歩みを止めると、真剣に申し出を考慮している。私は上半身を後ろにそらしてなるべく彼から身を離し、右腕を伸ばして指の間から種を覗かせた。私の方はとても落ち着かない姿勢のままだけれど、鳥の方は、ゆっくり時間をかけて決めようとしている。しばらくすると、腕が震えてきた。揺れを抑えるため、左手で右腕の肘を支えなければならない。オウムは、忍耐強く状況を斟酌《しんしゃく》している。一方、私の方は、ますます辛くなってくる。とうとう、彼は首を種の方に伸ばしはじめたけれど、動きがあまりにゆっくりで、こっちの神経が参ってしまいそうだ。嘴が少しずつ近づいてくる間、私は一生懸命体を強ばらせていた。急に、彼は種をつかみ取り、それをもってよたよた後退すると群れの中に消えた。

その交歓が与えてくれた喜びを、じっと抑えておかなければならなかった。私が普段以上のことをするのを、オウムは好まない。だから、外で彼らと一緒にいる時は、感情を抑えておくのが習慣になっている。さらに、一日に数度家の中の台所から彼らを眺めること六ヶ月、非常階段に彼らと一緒に座ること一ヶ月の間に、そうすることが自分の中で正常で当たり前のことと感じられるようになっていた。その日の餌やりの途中、同じ鳥はそれから二回種をもらいにやって来た。なぜか、ノアという名前が私の頭に浮かんだ。「最初の鳥」を考えていたから、アダムのつもりだったのかもしれない。聖書に出てくる名前が、ゴチャゴチャになっていた。ノアの頭の帽子の形が心のノートに刻まれ、翌日も彼を見分けることができた。

群れが非常階段を立ち去った後になって、私はようやくその時起こったことをあれこれ考えはじめた。私はいつも、人間と野生動物の関係についての物語に魅了されていた。自分さえ十分忍耐強くしたら、オウムたちにどれほど近づけるか限界などないように思われる。彼らのどの鳥かとの間に親密な友情を育んでいく、という考えが気に入った。私を訪ねて来て、食事をし、長い愛撫を交わし、しかも、自分が好きな時いつでも自由に立ち去っていいことを知っている、そんな友達のオウムを空想した。近所の人たちは、聖フランシスを引き合いに出して冗談を言ったりする。野生の動物たちと友達になった賢者や聖人たちの物語は、読んだことはある。多分、すべて寓話なのだろうけれど、そうしたことが起こりえる条件を想像してみることはできる。

真の聖人とは、長い堅実な努力を通して利己性や攻撃性すべての痕跡を清めた人のことを言うのだろう。人間が持っているような神経症とは無縁な野生の動物は、そうした人格の真正な友情を直接感知することができるだろうと思う。反対に、もしも人間の方に鳥を捕まえることはどれほどすばらしいかと考える能力が依然残っていたら——その考えを実行に移そうという意図はまったくなくても——鳥はそれを感知し、相互関係にひとつの限界をもうけることだろう。私は聖人ではない。しかし、自分にもできる、聖人たちの達成に通じる事柄があるような気がする。こうして、どれか一羽の鳥と親密な友達になろうというのが目標になった。自分はオウムを傷つけたりしない。そのことを、私は知っているけれど、どうやって相手に伝えられるだろう。どうやって、信頼を獲得することができるのか。そんな命題を真剣に考えたことなどなかった。

時として私たちは、誰もみな、宇宙の中に一編の詩を感じることがある。強いあり方で私たちに語りかける、不思議な偶然の一致というやつだ。オウムと無縁だった頃、私は人生における自分の道に疑いを覚えはじめていた。スピリチュアルな次元の存在は信じていたけれど、今思うと、そうした存在の方は、私の必要を慈しみ慮《おもんぱか》ってくれていただろうか。人生の二十年間をスピリチュアルな存在に捧げ、自分が次第に消耗していっているのを感じていた。そして、残酷であるような気がした。スピリチュアルな道は、自分を預けることができ、純粋に善意でなければならない。そうでなければ、どうしてそれを信頼することができるだろう。

スピリチュアルな疑問と格闘していたのと同じ頃、信頼を勝ち取りたいと願っていたひとりの女性がいて、いつも頭から離れなかった。その数年前、私は彼女に恋をした。互いにほとんど知らないまま、遂に自分が探し求める人に出会ったと感じ、おかげで極端に走り過ぎ、彼女を怯えさせ、立ち去らせてしまった。去って行くなら去って行くままにするつもりだ。しかし、少なくとも自分のことを説明する機会がほしい、自分が悪い男ではないことを知ってほしいと思った。でも、彼女は私を信頼してくれようとせず、近づくのを許してくれなかった。そんなことがあって、非常にはっきりした形で、この信頼という問題が、オウムたちとの経験の中にも浮かび上がってきた。信頼を獲得するためには、自ら信頼に値しなければならない。そのことは分かる。率直に、しかも、たいていの時ではなく不断に、いつも、そうでなければならない。ほんのわずかでも手を抜けば、途端に信頼を蝕む疑いが入り込んでくるだろう。これは、私にとっては大きな啓示だった。ある人は、それを啓示などというのは単純に過ぎると思うかもしれない。しかし、どんな徳目もそうであるように、深さは実践のむずかしさの中にある。信頼の問題は、誘惑があるところどこにでも立ち現われる。オウムはあきらかに人の心を惹きつける。オウムたちは自由な自然の中での生活から引き離され、籠の中に閉じ込められ、その美しさと性格を愛でそれを求める人に売られた。しかし、私はそんなことはしない。そのことを、彼らに知ってほしかった。

手から餌を食べる

翌日、ノアは、すぐには来なかったけれど、結局やって来た。手から直接種を得ることの利点を彼が知っているのは、確かだ。もはや、鉢の居場所を巡って争う必要がない。ノアの赤い帽子にはまだ小さな緑の隙間が残っていて、それは彼が、前の年の十月に私が見た赤ん坊の一羽であることを示している。ということは、ノアが「野生のオウム」の一羽、すなわち、確実にペットだったことがない鳥であることを意味している。ノアはその実験に懐疑的だったし、私もそうだった。自分がしていることが危険かどうか、私にはまったく分からない。オウム熱について聞いたことがあって――それが何なのか、はっきり知らないけれど――嘴は少々心配だ。その大きさだけでも、人を怯えさせるに十分だ。しかも、それには上の嘴の中間から伸びる小さなカミソリのように鋭いV字型の先端がついていて、下の嘴のくぼみにピッタリはまるようになっている。

まったく、気味悪く見える代物だ。もしも、ノアが突然凶暴になって襲ってきたらどうなるだろう。実際、彼はその日私を咬んだ。といっても、単に柔らかくつついたというだけだったけれど。つつく時、彼は、私の指を嘗めた。私が何でできているか知りたかったのだろう。皮は硬いだろうか、柔らかいだろうか、ゴムみたいだろうか。痛みを与えたらどうなるか測っているようではあったけれど、実際に傷つけはしなかった。

ノアは、私が種を渡すやり方を選り好みした。開いた掌を怖がり、指の先で摘んでいる時だけ種を受け取る。最初、私の前では食べようとしなかった。手すりの反対側の端までもって行き、そこで食べ、それからまた次のをもらいに戻ってくる。しかし、その日の餌やりの最後までに、私を信頼し、私の前にとどまり、次々に手から種を取るようになっていた。

数日後、マーロンが非常口の階段近くに立ってノアと私を見つめているのに気がついた。明らかに私たちがしていることに好奇心をそそられているようで、彼が関心を持っているのを見て嬉しかった。しばらく見ていた後、暢気に彼の方に種を差し出すと、躊躇なく受け取った。あまりの容易さに驚いてしまった。そこで、私は考えた。ノアのパーソナリティーの中には、目的を成就するのにふさわしい鳥であることを疑わせる、浮かれ騒ぐような、捉えどころのなさがあるような気がする。マーロンの方が、もっと素直に見える。彼は食べたいのだ。私の方もノアよりマーロンの方に惹かれるものを感じたし、自分が好きな鳥を選ぶ方が理に適っている。最初のいくつかの種を取った後、マーロンは、ノアがしたように興味深そうに私の指の先をつつきはじめた。皮膚の上で乾いたゴムのような舌を動かすのを感じるのは、喜ばしい、くすぐったい感覚だった。

マーロンは、私がマーフィーと呼んだ鳥といつも一緒だった。マーフィーと名づけたのは、自分が住んでいる家の元々の持ち主だったマクシンの兄、ジャック・マーフィーに敬意を表してのことだ。しかし、男性の名前をつけておきながら、私はマーフィーはメスでなかろうかと疑っていた。ノアと同じく、マーロンもマーフィーも一歳だ。チェリーヘッドが性的に成熟するのは、ほぼ生後十八ヶ月頃になってからであるのは分かっている。とすれば、彼らは兄弟姉妹のような関係なのだろう。マーロンがすることをマーフィーはことごとく真似るので、手から食べるオウムはすぐ三羽になった。

指の先から一度に一個ずつ渡すやり方は、すぐにやめにした。掌から食べるよう勧めてみると、彼らは変化を受け入れた。しかし、それが紛糾を招いた。ノアとマーロンは互いに競争相手であることが分かり、絶えず互いに突進し、咬みつこうとしたからだ。両者の争いがあまり猛烈だったので、間違って私につかみかかってくるのではないかと心配になってきた。それまで鳥に咬まれたことはないけれど、そんな予感にびくびくしてしまう。ある本にはオウムは指の骨を砕いてしまうほど力があると書いてあったし、野生のオウムなら、何をしでかすか分からない。解決法として、餌を渡す手をノアとマーロンの間に差し出して両者を分け、掌の両側から食べるようにさせた。そしてそれは、予期しない嬉しい結果をもたらした。二羽は喧嘩をやめただけではなく、それぞれの胸をピッタリ私の手にもたれかからせるようになったのだ。それ以前、彼らは私に触れるのを避けていた。尾の羽が私を撫でるようにさせようとしても、種をつかむ時彼らはいつも注意深く、私の手の側面をまたぐように首をアーチ型にしたものだ。オウムの体は幾分ひんやりしているだろうと思っていたけれど、驚くほど温かかった。

間もなく、四羽目のチェリーヘッドが三羽の小さな仲間のまわりをうろつくようになった。何ヶ月間もこの鳥には気づいていた。気づかないわけはない。喉と顔じゅうあちこち、毛が抜けた醜い裸の皮膚を見せていたからだ。喧嘩でそうなったのだろうと思い、彼をスクラッパー、喧嘩好きと名づけることにした。それからある日、彼以上にひどい姿になった連れ合いが隣にとまっているのを見た。頭と翼と尾の羽毛はまだあったけれど、白い羽毛があちこちバラバラに生えている以外、残りはほとんど丸裸になっている。皮膚は羽をむしり取られた鶏のようにピンク色で、でこぼこした尻の穴、すなわち総排出腔のまわりに汚れた黄色い羽毛の円がある。見かけが醜いことを気にしている様子はない。彼女の方は、スクラッパレーラと呼ぶことにした。せいぜい考えつくことは、スクラッパーもスクラッパレーラも、両方ある種の皮膚病に罹っているのだろうということぐらいだった。スクラッパーは、毎日私が三羽の鳥に餌を与えているのを見に来た。しかし、それに加わろうとはしない。手が近くに来ても決して恐れなかったのに、種をあげようと手を止めると梯子の筋交いのところに隠れるか飛び立つかしてしまう。時々、彼は、マーロンとマーフィーを見守っているかのように見える。彼らの父親だろうか。おそらく、二羽が危険にさらされていないかどうか確かめているのかもしれない。

私が本当に餌をやりたいと思っていたのは、もちろんコナーだ。コナーと目が合うと、いつでも私は種を持っていることを示すため手を差し出す。しかし、決して近づいてこようとしない。彼とキャサリンは、依然、自分たちだけ別に餌をもらうため群れと離れてやって来た。彼らはチェリーヘッドのようにうるさく騒ぎながら飛んでこなかったので、しばしば到着に気がつかないことがあった。コナーは、自分たちが待っていることを私に知らせるのは自分の役目だと思っていた。最初は静かに、礼儀正しく鳴き声を上げる。もしそれで鉢が出てこなかったら、もう少し大きな、要求するような声を上げる。それでもまだ十分でなかったら、ヒステリックなキーキー声になるまでボリュームを上げる。時々彼の声は、まさに声がうわずってしまう寸前のように聞こえ、隣人たちの気に障るのではと心配になったほどだ。主に心配だったのは階下の隣人、ハーヴィーだったけれど、どういう訳なのか、彼は完全に引き下がっていた。あれ以来何の苦情ももちださず、私が好きな時群れに餌をやるのを許してくれていた。

群れがいる時、キャサリンはめったに鉢に並ぶことを許してもらえない。それで、しばしば、「見張りのオウム」の役割を果たしていた。ほかの鳥たちが食べている間、彼女は見張りに立つ。通常は電線にとまり、ビャクシンの木の枝のこともある。いつの餌やりの時も、たいてい見張りのオウムがいて、危険を察知したらすぐに警告の叫びを上げる役目を果たす。キャサリンは、あらゆるところに危険を見出した。私が最初に非常階段に来はじめた時は、私もそうした危険のひとつだった。彼女は私がいることを盛んに警告したけれど、もちろん、すでに全員にとって明らかなことだ。私がそこにいることを彼女が受け入れるようになるまで、随分時間がかかった。

キャサリンの警告に対し、しばしば群れは、最終的には無視する方を選んだ。といっても、いつも最初に多少のエネルギーは消費する。警告があるとみんなすぐ非常階段から逃げ出し、彼女の心配が些細なものであることを確かめると、くるっと元に戻って食べ続ける。それでもなお、彼女はその仕事を失わなかった。

地位が低いにもかかわらず、確かにキャサリンには優秀な資質があった。私が思い出す限り、群れじゅうで最も卓越した飛行家だった。低空で庭に飛び込み、素早く優雅に急なコーナーを曲がる様子は、ほかの鳥たちを凌駕していた。

数週間観察を続けた後、スクラッパーはとうとう私が差し出す種を受け入れた。それでも、手から餌をもらうことにほかの鳥ほど熱心だったわけではない。力が強く、好きな時いつでも鉢に並ぶことができたからだ。いずれにせよ、手から餌をもらう常連に加わった。手から四羽の鳥に餌を上げるようになると、餌やりが終わりになるまでもつほど十分の量の種をポケットに入れておくことができなくなった。そこで、プラスチックのカップに種を入れて持って行った。あらゆる新しい品物と同じく、この新しい品も最初はみんなを怖がらせた。しかし、種が入っていることが分かると、すぐにそれと折り合いをつけた。

どの鳥も私の体にとまることはなかったし、触れさせてもくれなかった。しかし、彼らの信頼が増していることは見て取れる。信頼の最も甘美な結果は、餌やりが終わってからの変化だ。電線や木に飛んで戻る代わりに、しばしば非常階段に残り、そこで身繕いをしたり遊んだりするようになったのだ。私は梯子段に腰を下ろし、彼らを見ている。マーロンはあまりの心地よさに、一度など私のすぐ前でうたた寝したほどだ。ほんの三十センチしか離れていないところで、片脚で立ち、もう一方をお腹の下に抱え込み、眼を閉じ、満足そうに嘴を擦り合わせている。オウムには、愛おしく感じさせてくれるたくさんのさりげない動作や習慣がある。嘴にある大きな鼻の穴は、蝋膜と呼ばれる一塊の肉で覆われている。蝋膜には鼻の穴に直接かぶさった小さな開口部があって、しばしばオウムが長い爪を穴の中に突っ込んで中をほじくり、それを引き抜く時にくしゃみをするのを目にしたものだ。カップルの二羽は、しばしば同期して体を掻く。また、両者とも片脚で立ち、ピッタリ同じ瞬間に脚を入れ替える。脚の動きは霞んで見えるほど速い。通常、動作を終えるのも同時だ。時々、互いに羽づくろいをする時（アロプリーニングと呼ばれる）どちらかの鳥が一瞬動きを止め、上と下の嘴を素早く打ち合わせてカチカチいわせてカスタネットのような音を出し、またそれから元に戻る。

五羽のオウムとの蜜月

ノア、マーロン、マーフィーにスクラッパーが加わってそれほど経たない頃、コナーが非常階段の私のいる方にやって来はじめた。相変わらず私が差し出す種を拒んでいるのをみると、おそらく、単に自分がうろつく範囲を広げたかったということかもしれない。実際、私が種を手渡そうとするたびに煩《うるさ》がってるように見える。それでも、私は彼を誘う試みをやめなかった。そんなある午後のこと、四羽の仲間たちに餌を与えているとコナーが私の右足近くの垂直の手すりの桟を上ってくるのが目に入った。半分ほど上って来た時、指先の間から種が覗いた腕を彼の顔の前に突き出してみた。彼は一瞬躊躇し、それから素早く種をもぎ取った。憤慨しているように見える。それにもかかわらず桟を上り続け、手すりの上に自分の居場所を定めると、餌を受け取る五羽目になった。種を取る彼は、四羽のチェリーヘッドよりもっとリラックスさえしている。脚のリングが、わざと見せびらかしているほど近くにある。しかし、その字は極々小さく、字が読めるくらい近くに顔を寄せることまでは許してくれない。物理的にも心理的にも、ある程度離れていることを、彼は主張した。手から餌をやることへのコナーの同意を勝ち取って、群れのほかの鳥たちを招くのはやめにした。この五羽との友達関係を育てていくことに集中したかった。このグループの中から、自分の野生の友達を見つけ出せたらいいのにと願っていた。

不幸なことに、手から餌を受け取る彼らの方には、食欲を満たす以上のものを育もうなどという関心はなかった。彼らが許してくれる唯一の接触は、嘴がぶつかることだけ。マーロンとコナーは、私が手を少し上げて胸の毛に触れることは時々許してくれたけれど、二、三回以上繰り返そうとすると私を咬む。マーロンの咬み方は、素早くて、きつかった。皮膚を食い破りこそしないにしても、確かに痛い。コナーの咬み方は、ゆっくり丁寧だ。しかし、しっかりしていた。ほかの三羽の胸毛に触っただけでも、マーロンとコナーは私から身を離し、飛び去った。首を掻いてやることなど――ペットのオウムは好むと聞いていたけれど――問題外だった。

夏が近づいて、群れに普段とは違う奇妙なことが起こっているのに気がついた。大きな群れで一日三度、四度やって来る代わりに、たくさんの小さなグループに分かれ、一日中くるようになった。おかげで忙しくなった。一日の終わりに近づくと、群れはまた少しずつ大きくなって来る。しかし、決して群れ全体にはならない。何がどうなっているのか、分からない。それでも、手から餌をもらっている五羽が姿を見せないことは一日としてなかった。また、ここに至り、私の注意はすっかり彼らに向いていたので、ほかの鳥たちのことはたいして気にかからなかった。

五羽の小さな仲間と一緒にいるのがあまりに心地よかったので、次第に彼らに対し親しくなり過ぎた。それまでは、彼らに敬意を払い、近くではゆっくり体を動かしていた。しかし、今や、動きはぶっきらぼうになり、声の調子も軽々しくなってしまっていた。ある日、マーロンとマーフィーに対しあまりに無遠慮になり過ぎていた。微かではあったけれど、二羽は私の心の状態を感じ取り、それが気に入らなくて私から身を引いてしまったのだ。何が起こったのか気づいて、私は動きを止め、自分の態度を修正し、ゆっくり種を差し出した。気づきが報われた。手が差し出されると、マーフィーは片方の脚を乗せ、長いつま先で指のまわりをつかんだ。彼女のつま先の骨にはほとんど肉がついていないし——小さな塊のついた硬くて灰色の皮膚が覆っている——小さく脆そうなのに、つかむ力は電気を帯びているようで驚くほどしっかりしている。マーフィーの振る舞いは、オウムの方から意図的に私との身体接触を果たした、初めてのことだった。きっと、彼女は、単に私の手がマーロンの方に動いていかないようにしようとしたのだと思う。しかしそれは、愛のしるしではないにせよ、幾分かの信頼のしるしではある。私にはそれで十分で、思いがけない出来事にすっかり嬉しくなった。

成長するにつれ、マーロンは私が知っていた赤ん坊の頃の冷静な小さな鳥から、せっかちなおとなになった。彼は、不断に私を齧った。最初はそれほど気にしなかった。ある意味でそれは、違った意味で私を嬉しがらせてくれさえする。オウムたちが互いに交わし合うような咬み方で、敵意より親しみから生まれたものだからだ。時々マーロンはノアに腹を立てることがあって、そんな時、代わりに私を咬んだりすることがあった。別の時は、単にチェリーヘッドの怒りっぽさの自然発生的な迸《ほとばし》りのようなものだ。マーロンはほかのたいていの鳥より簡単にいらつき、彼を怒らせるためわざわざ彼にちょっかいを出しているように思われる鳥さえいた。その鳥がラスカル（わんぱく小僧）で、梯子の支柱に逆さまにぶらさがり、手から食べているマーロンをポーカーフェイスで眺め下ろすのだ。マーロンは絶えずラスカルをちらちら見上げ、ラスカルが彼を馬鹿にし続けるにつれて次第にいきりたってくる。遂にそれ以上我慢できなくなり、勢いよくラスカルに向かって飛び上がる。するとラスカルは非常階段から逃げ出す。抑え切れないような喜びを湛えて、と確かに私には思えた。食べに戻って来たマーロンは依然カッカとしていて、最初に自分に近づいてきたものに激しくつっかかる。通常は、私の手に、だった。

しばらくすると、マーロンが絶えず咬みつくことに私自身がイライラしてきた。いつも痛いし、時には皮膚を突き破るほどだ。ある日彼は、私の薬指をひどく咬んだ。彼がまだ指をつかんでいる間に、私は素早く親指を上の嘴に当て、彼を空中につまみ上げた。彼は翼をばたつかせて体を高く持ち上げ、首が曲がらないよう、両脚を私の手首に突っ張っている。私はすぐにマーロンを下ろし、彼の反応を見守った。それは、全部瞬く間に起こったことだ。私がしたことはまったく普段の私らしくないことで、マーロンは戸惑っているように見える。飛び去るか、無視するか、決めかねているみたいだ。なかなか決められないのを見て、私は彼に種を差し出し、それで一件落着した。しかしなお、それは、彼らの信頼を勝ち取ろうとする努力に対する大きな違反だった。さらに悪かったのは、私がその悪ふざけを何日間も実際に計画していたという事実だ。本当は、マーロンに咬むのを止めさせようとしてそうやったわけではなく、単に彼を捕まえてみたかったのだ。しかし、それによって、彼を自分の身近な友達の列から締め出してしまった。いずれにせよ、マーロンはあまりに気難《むずか》しくなってきていて、親友にふさわしい候補者のようには見えなかった。その後もいい間柄を保ってはいたけれど、私たちの間には、いつも、一見親しげなよそよそしさの要素があった。私はそれからも何度かマーロンを手に乗せてやり、彼の方も手に咬みつかないようになった。しかし、次第に私に対して賢くもなった。私の指を丸ごとくわえる代わりに、皮膚が摘めるほどに嘴を広げ、それを挟んで少しだけ捻るのだ。とても痛かった。

相手がマーロンなら、諍いをしたり仲直りしたり、後先考えずにいたずらに耽ることができる。しかし、ほんの微かでもコナーを怒らせるとどうなるか、いろいろ考えると尻込みしてしまう。それでも、彼にもっと近づく方法を探さずにいられなかった。手すりの上の彼の脚のまわりに、小さな屑の山があった。貝の破片、散らばった種の皮などだ。私は指でそのゴミを払いはじめ、そのまま指を彼の脚近くまで進めた。実際に触れたわけではない。何か気に入らないことがあると、コナーははっきりそれと分かる不機嫌な顔つきをする。最初彼は、私の指が辿っているコースをじっと見つめ、それが近づきすぎないかどうか監視していた。それから、それを受け入れてくれた。しかしなお、無害ではあっても依然逸脱的な行為として、私の指が彼のつま先に触らない限りでのことだ。

私はその夏を、牧歌的な夏として思い出す。体験は依然新鮮で、毎日毎日が明るく、リラックスしていた。オウムたちがまわりにいない時でさえ、私は非常階段でぶらぶら彼らが来るのを待っていた。視野を遮る建物はなく、視界は飛び切りすばらしい。まるで、オペラ座のボックス席にいるみたいだ。何キロも遠くまで湾が広がり、北の水平線の彼方に茶色の山並みが見える。一キロほど離れたフィッシャーマンズワーフの上にほんのちょっとした点が現われた途端、オウムたちを認めることができる。大きな都会の喧噪の中の微かな音でしかないうちに、キーキーいうその声を聞き分けることができる。こうした日々が過ぎていき、オウムたちと私は次第に打ち解けてきた。ある時、マーロンが私に背を向け、庭の何かを眺めていた時のことを思い出す。彼に餌をやる順番だったので、私は軽く羽の上を叩いた。それまでしたことがない動作だ。マーロンは振り返り、種を取り、それからまた何かを眺めていた。そんな瞬間が、何日間も私を満足させてくれた。

夏が深まるにつれ、群れにいる鳥の数が次第に少なくなってきた。見分けられない鳥たちがたくさんいたので、誰がいなくなったのか、どれくらいいなくなったのかはっきりしない。八月の初めになって、再び、幾分大きめの群れを目にするようになった。ある鳥はひどい姿をしている。ガリガリに痩せ、羽毛の先端に何か固い黒い油がこびりついている。

その頃から、鳥たちが再び姿を見せはじめ、別のチェリーヘッドの一羽が私の手から餌を受け取る一団の近くをうろつきはじめた。かわいらしい顔つきで、私は彼女をグループに誘うことにした。高校時代ちょっとした破局を演じた少女にちなみ、彼女をマーサと名づけた。チェリーヘッドとしては随分優しく、ほかの鳥たちより少し内気そうだ。毎日私のところに来るわけではないし、餌やりの間中そこにとどまることもない。彼女が手から餌を取りはじめてちょうど二、三週間の頃、マーサはボンヤリした様子で現われた。頭が横に傾き、両足で立っているのが大変そうに見える。それから二、三日、彼女はますます頼りなさそうになった。今では飛ぶのもむずかしいみたいだ。ほかのオウムたちが彼女をつつき、鉢からも、私の手からも彼女を追い出そうとする。群れが示す敵意にもかかわらず、マーサは断固としてメンバーにとどまろうとしていた。彼女に種を渡そうとしてみたけれど、それほどうまくいかなかった。ほかの鳥たちが、彼女を私に近づかせないのだ。これはオウム熱というやつかもしれないと、幾分心配になった。私も危険にさらされているのだろうか。しかし、私は自分の振る舞いを変えなかった。ある日、マーサが姿を見せなかった。そして、再び彼女を見ることはなかった。そのことが私を呆然とさせた。その瞬間まで、鳥たちとの私の体験は楽しみ以外のものではなかったからだ。子どもの夢が叶ったようなものだ。ともかくも、彼らの誰かが死ぬかもしれないなどということは、まったく頭に思い浮かばなかった。

赤ん坊のマンデラ

夏の終わりに近いある晩、オウムの夢を見た。夢の中で、玄関のドアをノックするのに答えてドアを開けると、赤ん坊のチェリーヘッドの大きな群れがいる。大きな鳥で、私より背が高く、ペンギンのようにがっしりしている。ドアを開けた途端、彼らは終わりのない列になって、互いに肩と肩を接しながら、ゆっくり、少しずつ家の中に向かって行進しはじめた。通り過ぎる時、まるで私などそこにいないかのように突き当たる。一所懸命立っていようと格闘したけれど、とうとう圧倒され、私は腕を激しく振りながら仰向けに倒れてしまった。

目が覚めてから一時間後、群れがやって来るのが聞こえた。居間の窓から外を覗くと、彼らが電線にとまって待っているのが見える。種の鉢を持って外に出てそれを置き、非常階段の東の端の自分の場所に行った。彼らの方に向き直った途端、何かがいつもと違うのを感じた。それから、気がついた。赤ん坊だ。体じゅう緑色の赤ん坊。

赤ん坊はぶらりとたるんでゆっくり揺れる電線にとまり、体をまっすぐ立てておくのに悪戦苦闘している。すっかり驚いてしまった。赤ちゃん鳥は、全部春に巣立つと思っていた。それが、春に一羽も見なかったので、前の年は異例だったのだろうと判断していたのだ。その大きさにも驚いた。赤ん坊はインコのように小さいだろうと想像していたのに、おとなとほぼ同じ大きさだ。唯一明らかな違いは、赤い帽子がなく、眼がもっと黒く、体がわずかに小さく、嘴がもっとカギ型をしていること。群れが食べにきても、そのまま電線に残っていた。あまりにも赤ん坊に心奪われ、手から餌を食べている鳥たちにそれほど注意を払わなかったほどだ。時折、電線の上を不細工に二、三歩歩くけれど、ほとんどは静かにとまったまま、とろんとした眼で庭を見まわしていた。

彼を観察していると、視界の中で、庭の中に明るい緑が点滅しているような感じがした。目を上げると、ぎりぎり、第二の赤ん坊がヒマラヤスギの枝から飛び上がり、電線の方にやって来るのを目撃するのに間に合った。最初の赤ん坊から少し離れた電線に不器用に着陸し、ほとんど直ちに、第三の赤ん坊がそれに加わった。両親は誰なのかぜひとも知りたいと思ったけれど、三羽のヒナたちはそれぞれ離れてとまっていて、おとなたちは誰も近くに行かない。群れが去った後、私は鉢を手に取って家の中に入った。そして、その時になって、自分の夢を思い出した。

それからの数日間で、さらに六羽の赤ん坊がデビューを果たした。全部で九羽のうち、エリックとエリカの子が三羽、ガイとドール（ガイは、名前をつける前いつも「おい、お前（ヘイ、ガイ）」と呼んでいたのでそれがそのまま名前になった。ドールは、五十年代のブロードウェイ・ミュージカル『ガイズ&ドールズ』〔一九五〇年に初演され、トニー賞を受けたミュージカル。映画化され、邦題は『野郎どもと女たち』〕から、カップルにふさわしい名前と思って名づけた）の子が二羽、ソニーとルチアの子が四羽だった。ソニーの子のうちの一羽は、巣立ち後数日でいなくなった。一羽でももっと近くで見たかったけれど、両親は赤ん坊が非常階段のところにくるのを禁じている。おとなたちが食べている間、赤ん坊たちは枝や電線を齧ったり、その上で遊んだりして過ごしていた。お腹がいっぱいになると両親は赤ん坊たちのところに戻り、赤ん坊たちが食事をねだる。ねだり声は、何か、くすくす笑いか、あるいは子羊の鳴き声のように聞こえる。オウムたちが発する音の中で、私はその音が一番好きになった。餌を与えるために母親（あるいは、父親——両親はその義務を共有している）は、食べ物を嗉嚢《そのう》（胃の上部の小さな袋）から口に運ぶため、頭を上下させる。それから、赤ん坊の嘴を自分の口の中に入れさせ、赤ん坊の頭を上下に急速に振りながら食べ物を吐き出す。赤ん坊は翼を両側に広げてしゃがみ込み、頭をまっすぐ上に持ち上げてそれを受け取める。その後、赤ん坊は翼を広げたまま頭の羽毛をふくらませ、熱狂的に鳴きながら頷いたり、震えたりする。

巣立ちの約二週間後、やっと赤ん坊たちは非常階段に来るのを許され、初めて身近に彼らを見ることができた。どんな赤ん坊とも同じく、彼らは天使のようなぽっちゃり愛らしい姿をしている。まだ殻を砕いて割ることはできないけれど、あるヒナたちは鉢の真ん中に座ることを許され（おとななら、誰にも許されない）、ヒマワリの種の山の中をあちこち嘴で掃くようにして両親たちの真似をする。時には、赤ん坊が非常階段の私のいる側にやって来たりするけれど、両親がいつも飛んで来て引き戻した。

最初に赤ん坊を目にした日の前の何日間か、私は自分自身に対し、オウムにかまけて気ままに過ごすのはやめにして、仕事に戻らなければと言い聞かせていた。引っ越して来た当初、エドナは、そこに住めるのは長くて二、三ヶ月間だけだと言っていた。今やその家の面倒を見るようになって一年半が経ち、それでも、屋敷の法的問題が片付きそうな気配はまったくない。とはいえ、彼女は毎月電話をよこし、事態はいつ急に動くか分からないし、そうなった時の準備をはじめておくようにと言う。彼女の警告を真剣に受け止めてはいたけれど、赤ん坊たちがやって来て、私の注意はすっかり群れの方に戻ってしまった。野生の赤ちゃんオウムを観察できる機会など、そうそうない。彼らがどんな様子か見るために、あと一週間か二週間は彼らのところにへばりついていることを、私は選んだ。

群れに餌を与えるのをやめにする前にしておきたいと思い、私はダン・ペインに電話した。初めてオウムを目にした時掃除していた家の持ち主だ。彼なら、群れの起源について抱いていた疑問に答えてくれるかもしれない。彼によると、一羽のチェリーヘッドを見かけるようになったのは一九八四年頃だという。鳥は午後遅くやって来て、家の窓から三メートルほどのところにとまった。ダンは逃げ出して来たペットだろうと思い、オウムを自分のところに来させようと鳥に向かって話しかけるようになった。飢えてしまうだろうと心配だったので、ヒマワリの種を置きはじめ、鳥もそれを受け入れた。その鳥は、三年間毎日やって来た。それから、ある日第二のチェリーヘッドが一緒にやって来た。二羽の鳥は一九八九年の夏までダンの餌箱に通って来て、それから、二番目の鳥の姿が消えた。ダンはその鳥は死んだのだろうと思ったけれど、数週間後、やつれて薄汚い姿で戻って来た。それからまたひと月半後、ペアは四羽の赤ん坊を引き連れて彼の餌場にやって来た。赤ん坊のうちの二羽は、その後間もなくいなくなった。一九九〇年の春に私がオウムを見たのは、ちょうどその時だった。両親と、生き残った二羽のヒナだ。それから、二、三ヶ月後にダンは引っ越し、最初の頃の群れについて彼が知っているのはそれだけだった。

前述した一九七〇年代のテレグラフヒルのオウムに関するアーミステッド・モーピンの物語には、いまだに同意できない点がある。一方、ダンの物語は、チェリーヘッドがこの辺りにいるようになったのはほんの数年間のことだという私の印象を支持してくれる。今なら、なぜ春の終わりにあれほどたくさんのオウムが姿を消したのか理解できる。メスたちは、卵を温めに行っていたのだ。そして、痩せて汚く見えた鳥は、巣を離れて間もない同じメスたちだったのだ。また今では、何羽かの鳥について個々それぞれの性別も分かっている。スクラッパーは夏中途切れることなく非常階段に来ていて、同じ期間、スクラッパレーラはまったく来なかった。エリックとエリカ、ソニーとルチア、ガイとドールに関しても同じだ。私は各々の性別をあれこれ考えていたけれど、最後の三組だけが赤ん坊を連れて来ている、ということは、メスのすべてが子づくりに成功したわけではない。コナーとキャサリンはどうしたのだろう。二羽のどちらもその夏姿が見えなくならなかったから、ひょっとすると彼らはオスとメスではなかったのかもしれない。それでも、二羽が番っているのを春に見ていたし、その時コナーはオスの姿勢をとっていた。また、コナーがキャサリンに餌を与えているのも目にしていて、おとなの間では、それはオスがメスに求愛する時の行為だ。しかし、彼らの性別はそのまま謎に終わりそうだった。いずれにせよ、そうした道草は終わりにして、私自身自分の人生について真剣に考えるべき時なのだ。

赤ん坊に餌をやる

十月半ばまでに、赤ん坊たちは殻を破るコツをつかんでいた。あるものは鉢の縁にとまることを許され、おかげで鉢はますます混み合った。群れの半分には、鉢の場所が空くまで身繕いしたり辺りを探索したりする以外ほかにすることがあまりない。ある朝、ソニーとルチアの間に生まれた赤ん坊の一羽、南アフリカの指導者ネルソン・マンデラにちなんで名づけたマンデラが、コナー、マーロン、マーフィー、ノア、スクラッパーに餌をあげているところまで手すりを伝わってやって来た。手から餌を与えている仲間に、赤ん坊を誘い入れたいという望みを持っていたところだ。もっとも、両親は決してそれを許さないだろうと疑ってはいた。マンデラは種を差し出してやれるほど近くまでやって来たけれど、私がそうする前に、それまで餌を食べていた鳥たちが彼を追い払った。子どもを守ったわけではなく、餌を分けるのが嫌だったのだ。しかし、マンデラはそのまま引き下がらなかった。一メートル足らず離れた手すりにとどまって、私を見つめている。と、突然空中に飛び上がり、私が手にしたカップに飛び込んだ。そして、そこから種を食べはじめた。前方に伸びたふたつの爪でしっかり縁を握り、後ろ側の爪は実際私の手の甲におかれている。私は大得意だった。ほぼ六ヶ月間、誰かオウムの一羽が私の上に着陸するのを待っていた。マンデラと面と向かって向き合えるようにカップを顔の高さまで持ち上げても、まったく怖がらない。その眼は自信満々で、リラックスしている。私のすることに苛立ちまで示した。ほかの鳥のためカップの中に手を入れて種を取るのが気に入らず、そうするたびに私の指を咬んだのだ。餌やりが終わる前に、ソニーとルチアがこんな成り行きをどう思っているのか様子を見てみようと鉢に目を向けた。何の心配もしていないようだった。

翌日、マンデラはカップから食べようと、またやって来た。彼が降り立つと、すぐに、兄弟のチョムスキー（彼の名は、優れた知識人であり反体制派のノーム・チョムスキーを讃えて名づけた）が急いで手すりをやって来た。チョムスキーは、ぜひともマンデラに加わりたそうだ。しかし、カップにはすでにマンデラがいて、すんなり降り立つ場所がない。明らかに、むずかしそうで困っている様子だ。何度か躊躇した後、空中に飛び上がり、何と私の頭の上に降り立った。状況を検分しようと頭の上を歩きまわる。そのたびに、彼の鋭い爪が頭の皮に食い込むのを感じる。一生懸命笑いを抑えなければならなかった。何が心配だったのか、いずれにせよ問題はなくなったらしく、チョムスキーはカップの縁に飛び降りた。今や、二羽のオウムが私の指を齧っている。

その日から、マンデラとチョムスキーがカップの常連になった。群れへの餌やりをやめようという決意など、どこかに消え去ってしまった。親密なオウムの友達を持つという望みが叶えられる方に向かっているように感じられる。もちろん、それには危険もつきまとう。しかし、もうしばらくそのまま続けることにしようと決心した。もしも特定の鳥との友人関係を育むことに時間を投資するなら、それにはこの二羽の赤ん坊がいいだろうと、私は思った。おそらく若い鳥の方が、私が近くにいることにおとなよりもっと無頓着だろう。二羽の中ではマンデラの方が好きだったけれど、彼は盛んに私を咬む。チョムスキーの方が優しくて、気質的にはもっと合っているように思われる。しかし、どちらの赤ん坊も私との真剣な関係を築くということにはまったく関心などないみたいだ。彼らは種を取るため私がカップの中に手を伸ばすことは受け入れるようになったし、私の鼻で彼らの嘴を撫でることを許してくれた。しかし、それが友情の限界で、手で触れることは許してくれなかった。

　ガイとドールの赤ん坊の一羽も、カップの上のマンデラとチョムスキーに加わりたがった。しかし、二羽の兄弟は断固拒絶した。それで、その赤ん坊は、新たなアプローチをとることにした。私の右腕の手首に舞い降り、そこから掌の種を食べはじめたのだ。彼は、ほんのわずかほかの鳥と緑の色合いが違っていた。青いグラニースミス種のリンゴを思い起こさせ、それでスミスと名づけた。最初私は、スミスがとまっている場所は都合が悪い場所だろうと思った。種を取ろうと私がカップ中を探るたびに、手首をひっくり返さないわけにはいかないからだ。しかし、それは問題にならないことが分かった。彼は、水に浮かぶ丸木の上を歩く人と同じように、回転する手首の上を歩けばいいことを学んだのだ。後に、その技術にさらに磨きをかけた。手いっぱいになった空っぽの殻を捨てようとすると、あらかじめ準備して嘴で袖にぶら下がり、それから、ジャケットの内側の回転する手首で波乗りを演じたのだ。

　三羽の赤ん坊が私の体にとまって無事でいることは、群れの残りの鳥たちに驚くような効果をもたらした。ほんの数日のうちに、大量のオウムが非常階段の私のいる方に移動して来たのだ。いまだに理由は分からないけれど、多くの鳥たちは、鉢からより手から食べる方が望ましいと考えた。実際、あまりにたくさんで、彼らの要求に応えるのが間に合わなくなったほどだ。彼らは、私の前方、右手の手すりの上、左側の梯子段など、周囲いっぱいに広がっている。餌やりはますます騒がしくなってきた。接触に関するこれまでのルールのいくつかもなくなった。彼らは私の袖にぶら下がり、嘴で掌を引っ掻き、双方の側からその上で引っ張り合ったりする。何羽かは、空いた方の脚で指をしっかりつかみ、私が手を動かすのを邪魔しようとする習慣を身につけた。種を取るため遠慮なく私の手に首や胸を押しつける。あまりに忙しくなって、一羽一羽に焦点を合わせることがむずかしい。それで、動きまわっては、それぞれの鳥の前に小さな山を残すようになった。コナーは手すりの自分の場所から蹴り出され、十五センチほど下の梯子の水平な横桟に移動した。それでも、きっちり報復していた。いささかゲリラ的な活動を開始し、自分のすぐ上にとまっている鳥たちの爪を咬んで歩いたのだ。上にいる鳥は、不断に彼を監視していなければならなかった。二、三週間後、コナーは手すりをすっかり放棄して、私の足下で、種の山を置くよう要求しはじめた。私は、その場に種を置いてやった。その間、キャサリンは、今やたっぷり場所が空いている鉢の上に残っていた。依然としてそこで食べているのは、群れのほんの三分の一ほどになっていた。

私の手から食べている鳥たちは、食べる時どこにとまるか、それぞれ特定の場所が決まっている。おかげで、毎回一羽ずつ見分けることがうんと楽になった。その分、新たな状況の中では、群れの政治をいち早く学ぶことが求められた。いろいろ異なる状況に目を向けていなければならない。たいていの場合、コナーの種の山に突進して行くチェリーヘッドがいて、そんな時は両者の間に足を差し入れる。梯子の段の上のガイの種の山には絶えず補給していないと、彼は、より弱い鳥をその山から押しのけてしまう。スミスが私の掌を動きまわる時は、手すりの上にいる鳥の誰か――通常マーロン――が、スミスに近づいて思う存分スミスの頭の羽を引き抜いてしまわないよう気をつけていなければならない。手から餌を食べはじめた最初の五羽の特権を守ろうと試みてみたけれど、ノアはもみ合いから脱落し、その後数ヶ月、彼の足跡を辿ることができなかった。

オウムの大きな嘴は、私の皮膚を切り裂けるだけ十分鋭い。しかし、たいていのオウムは一貫して私に優しかった。ただし、マーロンは別だ。彼は、若い鳥としては目立って大きい赤い帽子を身につけるようになってきて、頭の羽の燃えるような赤はますます募る好戦性を映し出していた。何度か、彼が闘いに突入し、実際に相手の背中に乗って踊りだすに至るのを目にしたこともある。フラメンコのような踊りだ。マーロンは絶えず私を咬み、ほとんどいつも痛い。それを防ぐよう注意していたけれど、ますます盛んに、私に対し本当の怒りをぶつけるようになってきた。ある日、とうとう私の堪忍袋の緒が切れた。体をかがめ、彼の顔の前で叫んでやった。「こんちくしょう、マーロン、やめるんだ！　僕に咬みつくのは、やめにしろ！　まったく、うんざりだ」。私はすぐ、自分のしたことを後悔した。群れはパニックに陥って飛び去ってしまうだろう。そう思ったけれど、しかし、何も起こらなかった。まったく、何もだ。オウムは自分たちが咬みつくと痛いことをちゃんと知っていて、いつまでも私がそこに突っ立ち、甘んじて咬みつかれるままでいようとは思っていなかった。マーロンはみんなの注目の的になり、自分を意識しているように見える。まるで、私の方こそ大袈裟だといわんばかりに振る舞うではないか。彼の物腰は、「何を、大袈裟な。俺がお前を咬んだ。だからどうだっていうんだ」とでも言っているみたいだ。しかし、明らかに決まりが悪い様子で、私の方を見ようとしなかった。

天敵の襲来

家の中から鳥たちを見ていなければならなかった時分、時折、私の動きとは関係なさそうに思える理由で飛び立つことがあった。こうして外に出て一緒にいるようになって、私に対する恐れがほとんど消えた今でも、依然として彼らは突然飛び立ってしまう。飛び立つ時、しばしばその前に彼らが頭を一方に傾け、眼を空に向けることに私は気づきはじめた。同時に、低い、問いかけるような、カーカーいった鳴き声を立てている。ある日、とうとう彼らが何を見つめているのか発見した。タカだ。空のずっと上の、小さな点に過ぎない。しかし、オウムたちはみんなそれに焦点を向けている。いったん私にもタカに対する警戒音が聞き分けられるようになると、何を探せばよいのかが分かった。そして、サンフランシスコにたくさんのタカがいることを知った。ほぼ毎日、私もタカを見るようになったのだ。この場所に二十年以上暮らしてきて、それまでタカになど気づかなかった。タカはいつも空高くにいるわけではなく、時には低くまで舞い降り、庭をよぎって行くこともある。タカが近くにやって来ると、見張りのオウムが警戒警報を発する。きしるような、鼻にかかった「ヤク、ヤク、ヤク、ヤク、ヤク、ヤク」といった音で、タカが消え去るか、群れが飛び立つまで何度も何度も続く。

コナーは、常にチェリーヘッドの警報に反応するというわけではなかった。敢えて動き出すためには、もっとはっきりした証拠を要求した。時にはカケスが偽の警報を発し、オウムたちがすっかりいなくなることもある。離陸した群れが騙されたことに気づくと、くるりと向きを変え、急いで非常階段に舞い戻る。それは、私には最も美しい瞬間のひとつだった。まっすぐ私の方に向かって来るオウムたちは、まるでぶつかりそうな勢いだ。最後の瞬間、尾を垂らし、翼をバタつかせてブレーキをかけると、大量の緑のオウムたちが手すりの上に静かにひらひら舞い降りる光景が視界いっぱいに広がる。

非常階段で私は、とても尋常とは言えないいくつかの振る舞いを目撃した。最も強烈な体験のひとつは、群れの叫び声の真ん中に立っている時だ。彼らが木の上で大騒ぎするのは何度も聞いていたけれど、音のただ中に身を置くのはそれとはまた違う。時としてみんな食べるのをやめ、何やらはっきり見極められない理由で、これ以上ないほど大きな叫び声を上げはじめる。それは一度の休止もなく、少なくとも十分間は続く。眼つきは荒々しいまでに情熱的で、小さな胸を懸命にふくらませる。その音量に圧倒され、いつ終わるのかと待ちながら立っていても、いつまでもいつまでも続く。叫び声が治まりそうになると、いつも、彼らの一羽が自分自身の音量を上げ、ほかの鳥たちが再び新たな熱狂さでそれに加わる。まったく真剣にも見えるし、すっかり惚けているようにも見える。私はすっかり魅了され、笑い出し、止めることができない。やがて、始まった時と同じほど突然静かになり、また食べはじめる。

また、よく見かける、しかし露骨に気味悪いと感じる別の振る舞いもあった。見せびらかしだ。それはしばしば、番のカップルが手すりに着地した瞬間に始まる。翼をたたまないまま横に大きく広げ、瞳孔を収縮させる。それからカップルは同時に半回転して入れ替わり、もう一度半回転し、止まり、再び眼を輝かせ、同じことを繰り返す。通常、手すりには何組かのカップルがいて、同時に同じことをする。しかも、それぞれのカップルの動きはパートナー同士互いに同期している。そんな時の彼らは、どこか異星人のように見えた。

その十一月のある日の午後、食事を終えたオウムたちが電線にとまって身繕いをしたり遊んだりしていた。非常階段から見ていると、それまで聞いたことのない叫び声が聞こえた。しかし、すぐに理解できた。一羽のオウムが危険にさらされている。その鳥は私の古ぼけたスタジオと隣の家の間の、今まで誰も行ったことのない地面にいるようだ。視界が遮られていたので、私は家に駆け戻り、東側のデッキに出た。そこからなら、何が起こっているかもっとはっきり見られると思ったからだ。鳥は見えなかった。しかし、叫び声が聞こえる場所から隣の家のネコが逃げ去るのが見えた。オウムをくわえてはいない。鳥はまだヒステリックな声を上げている。私はまた家に飛び込み、前の玄関から飛び出し、グリニッチ階段に続く狭い小道を駆け降りた。空き地に到着すると、踏みつけられたアイリスにしがみつきながら、怒り、恐れおののいている赤ん坊を見つけた。マンデラだった。喉から絞り出すような叫び声を上げながら、嘴を大きく開け、威嚇的に突き出し、振りまわしている。嘴は怖かったけれど、何とかしなければならない。そこにそのままにしておくわけにはいかない。それで、彼を掬い上げ、素早くジャケットの中に押し込んだ。私のお腹を切り裂きはじめるのではないかと心配だったけれど、彼はすぐに黙り、肩の方に向かって這い出しはじめた。家に向かうと、群れの全員が上の電線に静かにとまり、こちらを見つめているのに気がついた。

家に戻り、ジャケットを開いて彼を絨毯の上に置いた。途端に私は、この明るい緑色の生きた鳥と、彼が座っている冴えない茶色の文明化された家との対比に心打たれた。鳥たちの中にいることにあまりに慣れっこになってしまい、彼らが野生であることをすっかり忘れていた。マンデラはショックを受けている。歩こうとしては何度も転んだ。右側の翼が、まるで折れたように垂れ下がっている。何が起こったのか想像してみた。オウムは決して地面に降り立たないし、溢れんばかりの力で飛ぶ。しばしば低空を滑空し、サッと舞い上がる。マンデラがちょうど弧の一番低いところに来た時、ネコが空中にいる彼を叩き落としたに違いない。それから闘いがあって、小さなマンデラが勝利したのだ。彼は静かに居間の床で悪戦苦闘し、私は、オウムの一羽を家の中に迎え入れたことに興奮していた。どうしたらいいのか、まったく考えが浮かばなかった。もしも、翼が折れているとしたら? 折れた翼が治るのかどうか、私には分からない。といって、獣医に見せに行くとなると、いったいどうやって診察代を払えばいいだろう。

その年の早く、隣人のジャッキーが巣から落ちたカケスの赤ん坊を世話したことがあり、その時カケスを入れておいた鳥籠をまだ持っていた。彼女に電話して窮状を説明すると、すぐに持ってきてくれた。オウムを籠の中に入れるのはおかしな感じがしたけれど、マンデラは、何の抵抗もしないでその中に落ち着いた。引きずった翼がとまり木の下に引っかかり、絶えずそれを持ち上げて上に戻してやらなければならない。私がそこにいるのは彼を助けるためだ。そのことを、彼に分かってほしかった。ヒマワリの種を差し出すと、それを割るけれど、そのまま食べずに下に落とし続けている。私には彼をそこにとどめておくつもりなどないし、力の及ぶ限り、彼が群れに戻れるよう何でもすることを彼に約束した。籠を二階の寝室に持って行き、ベッド脇のナイトテーブルに置いた。彼は籠の隅に踞《うずくま》り、爪と嘴で横木にしがみついて眠っている。私は籠にタオルをかぶせ、下に降りて腰をかけ、事態の新しい展開を不思議に感じていた。お金は持っていなかったけれど、とにかく獣医の予約をとり、支払いはどうにかすることができるだろうと考えた。また、日記をつけはじめようと決心した。

翌朝、タオルをとると、マンデラは依然籠の桟にしがみついたままだ。今は、少し怖がっているように見える。群れが近くを飛ぶと、大きく響く鳴き声を上げた。それ以外の時は静かにしている。獣医の予約は翌日だったので、それまで時間をかけてもっとよく知り合いになろうと思った。しかし、彼が望んだのは、自分ひとりにしておいてほしいということのようだった。私が籠に近づくと、彼は強く咬む。この段になって、彼は籠を嫌がり、隙間から外に出ようと試み続けている。その朝、群れが二度目にやって来た時、彼は頭がおかしくなったかのように籠の中をぐるぐるまわりはじめた。午後の餌やりの直前、マンデラが外を眺められるよう籠を食堂の窓際に置いた。餌やりの途中、私はチョムスキーが乗っているカップを持ち上げ、マンデラが兄弟を見られるようにしてやった。群れが去ってから家の中に入り、籠の入り口を開けた。マンデラは飛び出し、窓ガラスの外に出ようとしている。とても不幸せな赤ん坊だ。その日いっぱい、彼の家族、ソニーとルチアとチョムスキーとステラ（ステラという名は『欲望という名の電車』の映画を思い出し、そこに登場するステラにちなんで名づけた）が自分たちだけで何度か訪ねて来た。彼を探しているようだったけれど、マンデラが見えるようにしてやった方がいいのかどうか、私には分からない。彼の不安をますます募らせることになりはしないか心配だった。しかし、夜になって彼の様子が明るくなった。手から種を食べはじめ、アクロバットのような仕草を見せたり、籠のてっぺんのバーから逆さまにぶら下がったり、歩きまわったりしている。

マンデラのリハビリ

コテージの私の上に住んでいるヘレンが肺気腫を患い、これまで数ヶ月、私は彼女の使い走りをしていた。マンデラのことを聞いて、ヘレンは、自分が獣医の費用を支払うと申し出てくれた。獣医へ行くドライブの途中、まるでそれまでの生涯ずっと自動車に乗り慣れていたかのように、マンデラはまったくリラックスしている。レントゲンで見ると、翼は折れていない。女性の獣医は、おそらくマンデラは何か神経的な打撃を被っているだけで、完全に回復する可能性は十分あるといった。マンデラを群れに戻したいと伝えると、彼女はあと二、三週間マンデラを籠に入れておき、それから、完全に外に放す前に二、三日家の中を飛びまわらせたらいいと勧めてくれた。ぜひとも彼を家族に会わせるべきだとも言った。彼らの絆を維持しておくことが大切だ。また、彼を順応させるため、できるだけ長く籠を家の外に出しておくべきだとも言う。

家に帰るとすぐ、マンデラの籠を東側のデッキに置いた。それまでオウムたちが家のそちら側に来たことはない。しかし、群れが食事に訪れた時、ソニーとルチアがマンデラを見つけ、東側のデッキの手すりにやって来た。結局彼らは、その日の大半を彼の籠の近くで過ごした。群れが立ち去った後も残り、そこを離れたのは自分たち自身が食べる時と、ほかの二羽の赤ん坊に食べさせる時だけだった。私は、自分はマンデラを助けようとしているのだということを彼らに理解してほしかった。多分、過剰に神経質になっていたからだろうか。微かにではあったけれど、群れは何かよそよそしく振る舞っているように感じられた。

それに続く数日間、マンデラと私は決まりきった日常の繰り返しに落ち着きを取り戻し——オウムはそれが好きだ——彼は私を少しずつ信頼しはじめた。自分の新しい状況をしっかり把握し、満足しているようで、眼は再び明るく好奇心に満ちたものになってきた。怒って私を咬むのをやめただけでなく、試みに彼の方に指を差し出して誘ってみた時も、咬もうとしなかった。好きなだけ嘴を撫でることも許され、試しに首を掻いてみると、それも認めてくれた。ある晩、彼は私の自転車の車輪のすべすべのスポークを攀じ登って、その登攀技術を誇示している。私はマンデラの籠を非常階段に出し、群れと一緒にいられるようにした。彼の家族は毎日彼を訪ねてやって来た。ソニーは最も根気強く、群れが食べている間、籠を守るようにてっぺんに居座っている。ソニーはマンデラがネコに遭遇する何日か前に手から食べ物を取るようになっていたけれど、その後しばらく、私の近くに来ようとはしなくなっていた。しかし、日が経つにつれて、彼の不信も和らいできた。

感謝祭の季節にエドナが老人ホームのマクシンを訪ねて来て、彼女が滞在する九日間、家を明け渡さなければならなかった。しかし、下のスタジオは、マンデラを再び飛行に慣れさせるためには完璧な場所のように思われる。部屋は小さく——五メートル半×四メートル半ほどだ——屋根も二メートル余りと低いから、練習の終わりに彼を捕まえることもむずかしくない。ロープを買い、床から飛び出している二本の柱の間に張り渡して、精巧なジムをしつらえた。私が作った珍妙な仕掛けで遊ぶ彼を見るのが待ち切れず、獣医が言っていたより一週間早く、彼を籠から出しはじめた。翼には力が戻りつつあるように見える。今では、一メートルくらいの短い距離ならパッと飛びつくように飛ぶこともできる。

マンデラに慣れさせる必要があったので、毎日籠に入れて外に出した。しかし、彼を外に置いておける場所は前のデッキだけで、ネコに襲われる危険があって心配だ。それでも籠が守ってくれるはずだと考えたし、ネコが近づかないよう始終監視もした。籠を外に持ち出した途端、ソニーが気づいた。コテージのデッキは家族が一緒に座っているには地面に近すぎる。彼らは、真上の電線にとまって見張りを続けていた。

ここでも、最も粘り強く赤ん坊を見張っていたのはソニーだった。ある雨の午後、マンデラが東側の窓の敷居に座って庭を眺めていると、信じられないことに、マンデラのすぐ前の窓の外側の敷居にソニーが舞い降りて来た。窓にしがみつき、たっぷり一分間マンデラを見つめ、それから飛び去った。

今ではマンデラは、私と一緒にいてもまったく落ち着いていて、私が好きなだけ近づいても気にしない。スタジオの広さいっぱい飛ぼうと試み、一度など、肩の上にとまって私を喜ばせた。私は、彼のすぐ横に座り、彼のすることを見ているのが好きだった。マンデラは、純粋でいたずら好きな、マンチカン（小人）のような眼をしている。何にでも好奇心を示す。撫でるのはいまだに許さなかったけれど、私の方はいつもチャンスをうかがっていて——非常に優しくだ——彼の方も、私の手にそれほど用心深くなくなってきた。私たちの間の唯一の相克は、一貫して彼を籠の中で眠らせようとしたことで生じた。彼を籠に戻すため、いつも手袋をはめなければならなかった。手袋をはめはじめるや、すぐ彼は私の意図を察し、私は彼を追いかけまわさなければならなくなる。つかまる瞬間いつも叫び声を上げる。しかし、いったん捕まると、それ以上私に向かってキーキー言わなかった。

小さなゲストを楽しみながら、片や毎日、彼は間もなく行ってしまうのだということを思い出させられた。飛行は急速に改善されている。数日のうちに部屋の端から端まで飛び、空中に浮かび、それから方向を変えるようになった。しかし、翼は依然垂れ下がり、すぐに疲れてしまうようだ。ドロレス公園までの六キロ以上を飛べるほど強くなるには、最低二週間はかかるだろう。マンデラに愛着を覚える一方、彼が再び自由に飛びまわるのを見届けることに私は賭けていた。そう彼に約束したのだし、約束は守るつもりだ。

ある日の午後、ネコに襲われてから二週間ほど経った頃、籠にマンデラを入れてデッキに置いた。いつものように、ソニーの家族が真上の電線にとまっている。私は定期的に、長い北側の窓のところに様子を見に行った。と、私が見に行くと、籠の中に彼の姿がない。そんなはずはない！　辺りを見まわしても、どこにも見当たらない。そして、彼を見つけた。籠からわずか十五センチほどしか離れていないデッキの床の上にいる。私は玄関のドアを開け、何ごともなさそうな様子でぶらついてみた。しかし、マンデラは騙されない。私を見て、彼は電線に飛び上がった。家族のみんながまわりに集まって、彼が戻って来たことに興奮している。私は家の中にとって返し、ナップサックと手袋を取り出した。彼が飛び立ち、それほど遠くまで行かないうちに翼が力尽きてしまう、もしもの場合に備えたかったのだ。マンデラは電線の上を歩き、もつれ合った木の枝の間に電線が入りこんでいるところで姿を消した。それから間もなく、枝を登って行くのが見え、ソニーとルチアとステラとチョムスキーがすぐ後に続いていた。彼は、家族たちが示す関心の強烈さにいささか狼狽しているように見える。それから、誰かが鳴き声を上げ、みんな飛び立った。マンデラは上手に飛んでいる――私が考えたよりうまく――しかし、翼がそんなに長くもつかどうか疑わしい。籠のところに行ってみた。逃げ出すことができるとしたら、唯一の方法は、プラスチックの蓋がついた空っぽの餌用のカップの穴を通ってだ。おそらく彼は、蓋を嘴で押し上げてカップに潜り込み、そこから穴を抜けたのだろう。

一晩中、頭の中でいろいろな可能性に思いを巡らした。ドロレス公園まで辿り着けたかもしれないし、しかし、あり得ないことのようにも思われる。多分、翼が疲れ、どこかの木に降り立ったか、あるいは地面に墜落し、誰かに見つけられたかもしれない。翼がすっかり疲れ切り、屋根か、どこか別の、人目につかない場所に墜落するのを想像した。そうなれば、飢え死にしてしまうかもしれない。あるいは、繁華街の路上に着地し、ラッシュアワーで、自動車に轢かれてしまったかもしれない。そんなことを考えると、ますます憂鬱になってくる。ひたすら待って様子を見る以外、自分にできることは何もなかった。

翌日は、明るくよく晴れた感謝祭だった。もしも必要なら、一日中外に立ち、マンデラがいまだに生きているかどうか知るため待っているつもりだ。朝もすっかり明け、四羽の一団がグリニッチ階段の上の電線にとまるのを目にした。ソニーとルチアとステラとチョムスキーだ。誰かを探しているように見える。マンデラは、いなくなってしまった。

その三日後エドナがシュレヴポートに戻り、私もマクシンの家に戻って非常階段の群れに餌をあげた。マンデラのことで少し沈んでいたけれど、また群れと一緒になって元気づけられた。その日は雨で、みんな濡れている。羽毛がすっかり歪み、一羽ずつ見分けるのがむずかしい。餌をやりはじめて間もなく、チョムスキーがカップのところに飛んで来た。彼が私を、兄弟を捕まえて行った者と見なしていないことを知って嬉しかった。鳥たちはガツガツどん欲に、その時はことさら乱暴に餌を食べた。二十分ほどすると、チョムスキーを除くみんな、雨を避けるため木の方に飛んで行った。それまで私は手すりの上にいた十三羽の鳥たちに餌を与えるのに忙しく、彼に特に注意を払う間がなかった。チョムスキーの頭にある、たいていの赤ん坊に生えはじめていた赤い羽毛の斑点に目を注いだ。右眼の下に、マンデラとちょうど同じ、小さな赤い点があるのを見つけた。それから、右の翼が垂れ下がっているのに気がついた。眼の下の点をもう一度見つめ直し、翼に戻り……何ということだ、マンデラじゃないか！　彼は、生還できたのだ。私は笑いを爆発させ、彼の名前を叫びはじめた。彼に会えてどんなに幸せだったか、彼には分かったに違いない。石炭の固まりにだって、分かったはずだ。私は自分の鼻で彼の嘴を撫で、マンデラは——一緒に暮らしていた間じゅう滅多に声を出したことなどなかったのに——私に向かって軽くクーという声を出した。それから、手を離れ、木に舞い戻って家族に合流した。

オウムの科学

ある朝私は、グリニッチ階段に立って、ひとりの地元の女性と一緒にオウムを眺めていた。彼女はサンフランシスコにオウムがいることなど知らなかったし、オウムを見るのも初めてだった。群れは遊びに夢中で、電線から逆さにぶら下がり、互いに追いかけ合い、組んずほぐれつしている。彼女はすっかり魅了され、何分間もの間、話すことも目を逸らすこともできなかった。それから、とうとう私の方に向き直ってこう言った。「まるで鳥じゃないみたい。それより、小さな人たち、って感じ」。それは、通りかかった人たちによくある反応だ。そして科学もまた、オウムの生物学的な地位を正しく位置づけることに困難を覚えてきた。鳥類学者のF・E・ベダードは「オウムとほかのグループの鳥との関係を確定することは、鳥類学における最もむずかしい問題のひとつである」と書いている。一八九八年のことで、それ以来、状況はさほど明確になってきているわけではない。

鳥の骨は軽く、中が空洞で簡単に分解されるため、残された化石は少ない。その少ない遺物は、分類上のオウムの仲間は古くからいたことを示している。現在の科学的知見によれば、オウムに似た鳥の存在は四千万年ほど前に遡る。現在いる中で一番オウムに近い親戚はハトだと信じている鳥類学者もいるし、オウムは極めて独特で、現存の鳥の中に近い親戚はいないと考えている学者もいる。

今日オウムには、約三百三十の種類が存在している。多くの形と、サイズと色がある。体長は八センチから一メートル。多くのオウムは主に緑色で、赤、青、白、黒、灰色、紫、オレンジ、黄色の鳥もいる。たいてい首が短く、頭が大きい。尾の長さは、短いのも、長いのもある。すべてのオウムには、少なくとも三つの共通点がある。第一の、しかも最も目につきやすい点はカギ型の嘴だ。第二は蝋膜で、上側の嘴の根元（下顎骨）から帯状の肉が伸びている。蝋膜は、上の嘴が頭蓋骨と結びついて動くのを可能にしている。この柔軟性のおかげで、オウムは嘴を大きく開けることができる。第三の共通点は、対趾足《たいしそく》だ。たいていの鳥の場合三本のつま先が前を向き、一本が後ろを向いているのに対し、オウムでは一番目と四番目のつま先が後ろを向き、二番目と三番目が前を向いている。つま先は長く、多くの関節からなっていて、強く、素早くものを握ることができる。また、握ったものを驚くほど優雅に、巧みに操作することもできる。滑稽なハトのようなよたよた歩きは、この長い爪と短い脚のおかげだ。

オウムの原産は、アフリカ、オーストラリア、南アジア、中央アメリカ、南アメリカ、メキシコで、それほど遠い昔ではない頃まで、合衆国にも固有種のオウム、カロライナインコ（*Conuropsis carolinensis*）がいて、北のウィスコンシン州にまで広く分布していた。しかし、一九一八年に絶滅した。穀物を食べる害鳥と見なした農業関係者や、「スポーツハンター」、婦人帽のための羽毛を求めた企業などによって駆逐されたのだ。

オウムは、多くの異なる環境に棲息している。乾いた森林、サバンナ、あるいは、半砂漠にさえいる。しかし、大半は森に棲んでいる。私が野生のオウムについての情報を集めることにこれほど苦労した理由のひとつは、そもそも、多くのオウムは緑色で、森の高い天蓋に棲んでいるからだ。科学者たちにとって、見つけ出すことも、有効な観察ができるほど接近することもむずかしい。その結果、オウムはほんのわずかしか研究されてこなかった。追跡用のリングを取りつけても、それを外すことだってオウムには容易にできただろうと、私は思う。

科学的な情報を見つけることがむずかしかった別の理由は、私が相手にしていた鳥がいくつかの異なる名前で呼ばれていたからだ。私が知っているチェリーヘッドコニュア cherry-headed conure という呼び名を、科学者たちは決して使わない。チェリーヘッドという名前はもっぱらペット業者が使うもので、鳥類学者はオナガアカボウシインコ red-masked parakeet という名前で呼ぶ方を好む。初めてオナガアカボウシインコについての論及に触れた時、私はそれが同じ鳥のことだとは気づかなかった。両者の繋がりを知ったのは、*Aratinga erythrogenys* という学名を記憶してからだ。

さらに、インコという言葉が、私の混乱に輪をかけた。それまでインコというのは、ずっと以前から目にしてきた、籠の中の小さな鳥のことだと思っていた。しかし、インコ parakeet という名称は、多くの種類のオウムを記述する一般的な言葉だ。分類学的というより記述的な言葉で、ということは、すべてのインコが密接に関連したひとつの遺伝グループに含まれるわけではないことを意味している。インコは通常小型から中型の、長い尾を持ったオウムを指して使われる(名前の中にオウム、すなわちパロットという言葉を含む鳥は、たいてい尾が短い)。アメリカ人が典型的にインコと呼んでいるのは、単にインコの中のひとつに過ぎず、本当の名前はセキセイインコ *Melopsittacus undulatus* だ。インコは、オウムなのだ。コンゴウインコ *A. macao* も、クサインコ rosella も、アマゾン Amazon も、オカメインコ cockatiel も、バタン類 cockatoo も、ヒインコ lory も、ボタンインコ lovebird も、皆同じだ。

コニュア conure という言葉は、南アメリカ産のインコを分類する初期の試みの中で生まれてきた。元来南アメリカ産のインコはすべて単一の属、「くさび形をした尾っぽ」を意味する Conurus に一括されていた。コニュアの中の違いに関連する知識が増すにつれ、ひとつの属だったものが六、あるいは七(体系によって異なる)の属に分割された。しかし、コニュアという言葉はペット業者の間に根強く残り、その言葉が広く使われてきたおかげで、ある鳥類学者たちは、ここに登場して来る鳥を赤い顔のコニュア red-masked conure あるいは赤い頭のコニュア red-headed conure と呼ぶ。通常はオナガアカボウシインコ red-masked parakeet で、しかし、科学者がチェリーヘッドコニュアという名前を呼称として使用したのは見たことがない。それでもなお私自身は、鳥類学者と話す場合でない限り、いつもチェリーヘッドコニュアという名前を用いている。最初に知った呼び名だし、ほかの名前を学ぶ以前に深く沁み込んでしまっていたからだ。それに、そちらの方が親しみ深く聞こえるように思う。

本によれば、チェリーヘッドは体長、平均三十三センチ。多くのオウムと同じく、がっしり、力強そうに見える。基本的な羽毛の色は緑で、頭は明るい赤、翼の羽の湾曲に沿って端が赤い。赤色の量は一羽ずつ大きく異なっている。生後一歳頃だと、赤い帽子は小さく——通常、頭の上部と眼のすぐ後ろまでに限られる——赤色の中に小さな緑色の隙間がある。毎年毛替わりのたびに赤の部分が増え続ける。赤への変化が最終的に完了するのに十年かかることもある、と書かれているのを読んだことがある。傾向としては、オスの方がメスより赤い。といって、はっきり決まっているわけではない。ソニーの赤い帽子は小さいままだし、一方連れ合いのルチアの赤い帽子は彼のより大きい。マーロンは、最初の一年で大量の赤を獲得した。小さな赤い帽子で輪郭がはっきりしている場合もあるし、ある鳥では、入り組んだ海岸線の小さな岬や入江の地図のように見える。私自身、赤い帽子の地図を記憶することである個体を識別できるようになった。たとえばパトリック（彼の名は、私が落ち込んでいた時、励ましの言葉をかけてくれた人物にちなんでいる）の場合、両頬に大きな炎が描かれているように見える。赤い帽子が頂上に小さくあるだけだった一羽の鳥には、顎の下に広くて赤い帯があった。毛替わり直後、赤い羽毛は明るい緋色をしている。次の毛替わりに向かううち、羽毛は外気で変色し、くすんだオレンジ色がかった赤になることもある。傾向としては、たくさんの赤毛を頭に持っている鳥ほど翼の赤い縁どりも大きい。

オウムの緑色は、燐光性の光沢を持っている。オウムの体の一点を長い間見つめていると、目が騙されてしまう。一本の羽は中心軸から生えている多くの細い羽枝の集まりで、羽と羽が互いに重なり合い、羽枝はちらちら光り輝く精巧なパターンを形成する。見る角度に応じて色合いが変化するのだ。ある時は深緑色に見え、ある時は黄色みを帯びて見える。事実、オウムが緑色に見えるのは、錯覚による。羽毛は、実際は黄色い。一本だけ手に取って明るい光にかざすと、実際そうであることが分かる。私たちの目に羽毛が緑に見えるのは、チンドル効果による。羽の表面に数百万もの微細な気胞があって、光のスペクトルの青の側の光線を反射する。原理は、空が青く見えるのと同じだ。光が大気中の塵や水分で拡散され、私たちの目に青として反射される。オウムの場合、反射された青い光線が羽の中の黄色い色素と混じり合い、緑の幻覚を生み出す。翼や尾の下側の羽は上側と同じようには光を反射せず、従って本当の色、灰色がかった黄色が見える。濡れると、羽毛は汚れた茶色になる。翼の内側は、オレンジがかった赤の斑点になっている。

オウムの何に惹きつけられたのか人に尋ねられると、私はいつも、結局のところ彼らの眼について語ることになる。瞳孔がはっきりしているので、その瞳孔を通して彼らの鋭い知性や性格が感じられる。どの本にも言及されているのを目にしたことがないけれど、実際、二本の同心円の帯が瞳孔を取り囲んでいる。オレンジがかった茶の外側の虹彩と、もうひとつ、内側に帯がある。内側の輪は金属的な色合いで、銀色か、あるいは青みを帯びた灰色をしている。チェリーヘッドが属する *Aratinga* 属は、「小さなコンゴウインコ」の意味で、コンゴウインコと同じく眼のまわりに皮膚が露出した一束の縦溝の皮膚（periophthalmic ring と呼ばれる）を持っている。コンゴウインコではこの束が大きく、一方オウムでは小さくて、眼そのものよりほんのわずか大きいだけだ。チェリーヘッドの periophthalmic ring は、クリーム色がかった白色をしている。

ほかの特徴としては、骨色の嘴と、灰色の脚の上に垂れ下がったスカート状のオレンジ赤の羽が挙げられる。年嵩の鳥では凸凹に皮膚がめくれ、脚が茶色がかったピンク色に見える。

チェリーヘッドコニュアの故郷

本屋で手に入る限りの役に立ちそうな文献にはすっかり目を通し、それでも依然満足できなかった。調べもののため図書館を利用するなどという習慣はそれまでなかったけれど、ある日、地元の分館でどんな本が手に入れられるか、行って調べてみることにした。図書館の本棚には、それまで見たことのない本は何もなかった。それで、司書のガードナー・ハスケルに何か知らないか尋ねてみた。すると、それまで分館にあるコンピュータの、どんなデータベースを調べたか尋ねられた。これまでコンピュータに触れたことなどなかったし、データベースが何なのかも知らない。しかし、ガードナーが、素早い習得を手助けしてくれた。最初の検索で、パトリシア・チャヴェス=リヴァの書いた「ペルーにおけるオナガアカボウシインコの営巣エコロジーとエルニーニョ現象」という論文を見つけた。まるで金の塊を掘り出したみたいだ。しかし、何千キロも離れたマイアミ大学図書館の書棚に並べられている修士論文だという。せっかくそんな文献が存在することにワクワクしたのに、手が届かないところにあると知って途方に暮れてしまった。それでも、ガードナーが、図書館間相互貸し出しプログラムを通して何の問題もなくそれを入手できると教えてくれた。

それから二、三週間、クリスマスの朝を待ち望む子どもみたいな心境だった。とうとう論文が到着し、帰り道、浮かれ気分で歩きながら読みはじめた。興奮は長続きしなかった。実際のところ、少々がっかりした。私が望んだような包括的な研究ではなかったからだ。たいていの論文と同じく、話題は狭い分野に限定されていた。チェリーヘッドの繁殖の成否に関するエルニーニョの影響、というものだ。チェリーヘッドコニュア自体に関する情報の多くは、すでに私が知っている材料からとられている。この論文で最も興味深かった点は、その鳥がやって来た故郷について、より明確なイメージを提供してくれたことだった。

チェリーヘッドコニュアの生息圏は、エクアドル北西部マナビ近辺からペルー北西部ランバイエケのすぐ南まで、およそ千キロに及んでいる。そして、太平洋とアンデス山脈西麓の間の海岸線の、文字通り細長い地域に限定されている。時として二千五百メートルもの高地で見られることがあるとはいえ、通常、標高千メートル以下のところにいる。論文はペルー北西部、エクアドル国境に近い自然保護区エル・コト・デ・ガーザ・エル・アンゴロで実施されたフィールドワークに依っていた。そこの生息環境――チェリーヘッドコニュアには一般的で、主要な生息環境といえる――は、熱帯乾燥林と呼ばれる。熱帯雨林とは違い、チェリーヘッドはジャングルの鳥ではない。熱帯乾燥林は、雨期と乾期が明確な低地帯に位置している。樹木は比較的背が低く、雨林より広い間隔をおいて広がっている。ほとんど落葉樹で、乾期には葉がすっかり落ちる。灌木層蔓植物が一般的で、密集しているけれど、地面はまばらにしか覆われていない。最も普通に見られる木のひとつはパンヤ（*Ceiba trichistandra*）だ。奇妙な姿の木で、巨大な、瓶のような形にふくらんだ幹を持ち、枝が奇妙にねじ曲がっている。綿の実のような果実がなり、それをオウムが食べる。そのほか、パロ・サント（*Bursera graveolens*）、アカシア、月桂樹、イチジクなどが普通に見られる。乾燥が最もきつい季節には、サボテンも生える。熱帯乾燥林は、チェリーヘッドにとって好ましい環境と思われる。しかし、チェリーヘッドは、しばしばより湿度の高い森林――明らかに、雨林にはいない――や、半砂漠地帯でも見かけられる。とはいえ、どの場所でも、チェリーヘッドを頻繁に目にするということはない。こうしたチェリーヘッドの生息環境は、今やこの惑星で最も荒廃した場所のひとつになっている。かつては、エクアドルのエスメラルダスからペルーのトゥンベスの南まで乾燥林が続いていた。しかし、乾燥林は農地に転換しやすく、今ではそのほとんどの樹木が切り倒され、多くがバナナ農園になってしまった。すでに、九十五パーセントから九十九パーセントの乾燥林が崩壊したと見なされている。

一般的に、鳥は定住性か移住性かに分けられる。定住性の鳥は一年中特定の地域に留まり、移住性の鳥は季節ごとに生息地を変える。それに対し、チェリーヘッドは通常放浪性として分類される。一年の大半を広い地域に広がって暮らし、しかし、繁殖期になると特定の場所に留まってそこから離れない。従って、チェリーヘッドがエル・コト・デ・ガーザ・エル・アンゴロを訪れるのは、唯一、五月から七月までの繁殖期間に限られる。そこでヒナを孵《かえ》すひとつの理由は、パンヤが豊富にあることだ。果実を食べるだけではなく、その木は巣作りにも用いられる。ほとんどすべてのオウムと同じく、チェリーヘッドは小枝や草で巣を作らず、木の穴など自然にできた穴を使う。地面から高いところにある巣を好み、その点パンヤの木は森林で最も背の高い木のひとつといえる。搔き傷をつけることからはじめて新しい穴をまるごと作ることはないけれど、すでにある穴を拡張することはあって、パンヤの木質は比較的柔らかく、作業がしやすい。

チェリーヘッドコニュア同様、ブルークラウンコニュアも乾燥した環境に生息している。生息域が大きく、しかもばらばらに分散していることを反映し、ブルークラウンコニュアには五つの違った種類がある。コナーとキャサリンは両者とも *Aratinga acuticaudata* 亜種に属し、その種は、生息域の南端、ブラジル南部、パラグアイ、ボリビア、アルゼンチン北部に棲んでいる。Acuticaudata は「尖った尾」を意味し、従って、「尖った尾のコニュア」と呼ばれることもある。英語では、一般的にコニュア conure という名称の方が使われるけれど、鳥類学者の中にはインコ parakeet という呼称を好む人たちもいる［和名は、トガリオインコ］。

ブルークラウンは大型のコニュアのひとつで、平均体長三十七センチ。ほぼ青い頭と、尾羽の下側の赤い縞模様以外、全体が緑色をしている。頭の青い羽は幾分青白く、光の当たり具合によって緑色の羽の色とはっきり区別できない。眼球周囲の眼の輪は真っ白。外側の虹彩は、私の頭の中ではオレンジ色をしているけれど、文献によっては薄い赤、黄色、オレンジがかった黄などと記述されている。ブルークラウンの上側の嘴はほんのりピンク色の骨の色で、灰色の先端は狭く針のように鋭くとがっている。下側の嘴は濃い灰色、あるいは黒で、脚は茶色がかったピンク色をしている。

ブルークラウンも放浪性で、概して騒々しく群れで田舎を旅し、繁殖期がやって来るとカップルか、小さなグループに分かれる。生息域は、乾燥した落葉樹林から半砂漠に及んでいる。ボリビアでは海抜二千六百五十メートルもの高地にまで及ぶ場所で見られてきたという。しかし、一般的には低地に棲んでいる。特に、数多く生息するアルゼンチンでは、しばしばパンパ(草原)で見かけられる。コナーはおそらくアルゼンチンから来たのだろう。ある日、彼の脚のリングが読めるほど近寄ることができた。ＯＩＷ８８４。以前合衆国の検疫施設で使われていたナンバーリングシステムで、それはコナーが野生状態で捕獲され、輸入されたものであることを示している。一九八〇年代と一九九〇年代、アルゼンチンはアメリカ向けの野生のオウムの最大の輸出国だった。

オウム売買の現状

かつて――そして今も――野生の鳥の貿易は汚い商売だった。アメリカの輸入業者は赤ん坊の鳥を欲しがり、従って罠猟師は森やサバンナを歩きまわって巣穴を探す。もしも巣穴が近づきやすいところにあれば、捕獲者は木に登って、長い鉈で穴を叩き割って広げ、赤ん坊を捕まえて下の仲間に放り投げる。受け手がつかみ損ねたり手の中にあまり強く落ち過ぎると、赤ん坊は死んでしまう。もしも、巣穴が近づきにくいところにあるなら、捕獲者は木を切り倒す。赤ん坊が墜落しても、死なずに生き残るものがいるだろうと期待してのことだ。生き残った赤ん坊は、怯えた赤ん坊たちでいっぱいの箱の中に放り込まれる。十羽のヒナのうち六羽から八羽が、最初の四日間のうちに死んだとする推定もある。それほど多くのヒナ鳥を殺すことのほか、木の倒壊は残りの群れのメンバーにも問題を引き起こす。オウムたちは、巣穴に関して特定の好みをもっている。穴は地上高くになければならないし、一定の大きさでなければならない。日中暑い間は直接陽射しが当たらず、危険が迫っているのが見えるよう視界が開けていなければならない。条件に適うよい巣穴は少ないから、木が切り倒されるたびに巣穴は永遠に失われてしまう。

オウムを飼い馴らすのはむずかしく、従って、おとなのオウムはあまり売買に向かない。しかし、一九七〇年代までに、オウムを飼うことは先進諸国でことのほか人気を博すようになり、より多くの注文に応じるため罠猟師はとにかくおとなのオウムも捕りはじめた。おとなのオウムを捕獲する方法のひとつは、オウムがとまることが分かっている木に接着剤を塗ることだ。より大規模なやり方としては、森の天蓋沿いに、木々のてっぺんを覆う霞網を張り渡す。こうして、群れ全部が捕獲された。時には、成鳥は撃たれることもある。傷が浅ければ、回復することもあるだろうと考えられたのだ。

オウムを「収穫」した後、罠猟師は彼らを囲い――多数の材木と金網で作った箱――に入れる。数百羽のオウムが詰め込まれ、ひどい状態だ。粗末な粥を与えられ、それがオウム自身の排泄物と混じり合う。箱の中のスペースを巡ってオウム同士が争い、あるものは喧嘩で死ぬ。ショックや飢えで死ぬものもある。メキシコのオウム輸出に関するある研究によれば、捕獲されたオウムの少なくとも六十パーセントは市場に出る前に死亡すると推測されている。

生き残ったオウムは飛行機に乗せられ、アメリカ、ヨーロッパ、あるいは日本に送られる。アメリカの場合、鳥は直ちに検疫所に移され、そこで三十日間過ごす。検疫施設は連邦法による管轄の下に置かれている。

といっても、民間企業によって所有、運営されている。ここでも、多くのオウムが小さな籠の中に押し込められる。今回ぎゅうぎゅう詰めにする理由は、病気に罹った鳥を見つけ出すことができるのと、今は大丈夫でも病気に罹るはずの鳥は病気になるだろうから、病気を持つ鳥が検疫の検査をすり抜けて外に出て行かないようにするためだ。差し当たり、外来のニューキャッスル病の保菌者を押さえ込むことが第一の目的だ。ニューキャッスル病は鳥に特異なウィルスによるもので、家禽類に容易に広がり、莫大な損失を生み出す。こうして検疫所での期間を通過できた鳥には、ステンレス製の小さなリングが片方の脚にはめられる。リングには三つの文字と三つの数字が彫られていて、どの積み荷で、どの検疫所を通ったのかが示されている。それから、鳥はペット市場に送られる。ある鳥は国内の飼育業者に買われ、たいていはペットショップに売られる。

一九八〇年代、生物学者や環境保護論者たちは野生のオウムが激減していることに気がついた。オウムは生息域の喪失とペット売買目的の捕獲の両方で、ますます生存が危ぶまれるようになってきていた。絶滅の恐れのある野生動植物種の国際取引に関する条約（ワシントン条約　CITES）には、絶滅の危険の大きい方から順に、付属書ⅠからⅢまで三段階で動物がリストアップされている。セキセイインコとオーストラリア産のオカメインコ（*Nymphicus hollandicus*）以外、すべての種類のオウムが三つのリストのどれかに載っている。付属書Ⅲのリストに載っているのは一種類　ワカケホンセイインコ　ring-necked parakeet（*Psittacula krameri manillensis*）だけで、ほかはみなⅠかⅡの文書に載っている。チェリーヘッドとブルークラウンは付属書Ⅱに載っているけれど、ある人々は、チェリーヘッドは付属書Ⅰに移されるべきだと確信している。一九九〇年、エクアドルの鳥類専門家ロバート・リジリーは、ペット用の鳥の貿易による諸問題を議論する会議に次のような声明を寄せた。

「過去五十年間で、エクアドルに棲むある種の鳥たちが壊滅的に減ってきていることはまったく疑いない。特に、エクアドル南西部で数千羽単位で減少してきたオナガアカボウシインコ *Aratinga erythrogenys* を挙げておきたい。一九七〇年代半ばから後半まで、それは非常に一般的で、広く分布している鳥だった。いまや、人間の密度が比較的低い遠隔の山間地に十羽か二十羽、おそらく、最大五十羽という生存レベルに陥っている。一九七七年当時、毎日、朝と夕方、何千羽という群れがグアヤキルの上を飛んでいた。今日、たとえその近辺に一羽なりとも生存しているとして、それがどこなのか誰にも分からない。実に、これまでの期間、エクアドルにおいて、オウムは極めて集中的に捕獲し尽くされてきた。私の理解では、彼らはペルーを経由して密輸される。ペルーにおける生息数の現況に関して、私はどんな情報も持っていない。しかし、そこでも同様に、貿易によって深刻な影響を被っていることだろう。こうした事態が生じていることは、私には衝撃的である。それは、十年間に及びこぞって鳥を罠にかけてきたことで、生息数に甚大な影響が及んでいることを示している」

アメリカは野生で捕獲されたオウムの世界最大の輸入国で、環境保護団体がロビー活動を通して、問題に対処するよう政府に働きかけてきた。一九九二年、議会は野生鳥類保護法（WBAC）を可決し、ブッシュ大統領［父親の方］が署名した。その法律は、先の付属書Iに載せられた鳥類の輸入を固く禁じている。一九九三年法律に付属書IIの鳥類が付加され、実質上、野生のオウムの合法的な輸入は排除されている（言うまでもなく、密輸入は続けられ、密輸業者たちは鳥を静かにさせるためアルコールで眠らせ、郵便用の筒に押し込んで税関を通り抜けさせるといったことまで行っている）。

WBACが法律になった時、アメリカの家庭にはすでに何百万ものオウムがいた。多くの新参のオウム所有者たちは、比較的安く買った（チェリーヘッドは百ドル以下で売られていた）美しいオウムたちが実際には野生の鳥であることを発見する。鳥は飼い主を恐れ、囚われの身を嫌っている。ある鳥は絶え間なく叫び、飼い主に咬みつく。飼い主たちは怒り、イライラを募らせ、ある者は鳥を窓から放り投げるに至る。野生の鳥としてオウムは終始逃げる機会を窺っているし、逃げ出す鳥も多い。ペットショップや空港で取り扱いを誤る事故もある。今日アメリカには驚くほど多数の野生のオウムの群れがいて、その多くは空港の近くに棲んでいる。どこの地方でも、充分の数の同じ種類のオウムが互いを見つけると、繁殖をはじめる。ある研究によると、アメリカには二十七種類のオウムが自由に生息し、繁殖しているという。これまで大きなものから小さなものまで、コネチカット、フロリダ、ハワイ、イリノイ、ルイジアナ、ニューヨーク、テキサス、オレゴン、カリフォルニア、ユタ、ワシントン州で、彼らの鳴き声が聞かれてきた。彼らは、少なくともふたつの理由で繁栄を謳歌している。第一に、カラス、フクロウ、キツツキとともにオウムは最も賢い鳥の仲間と見なされている。第二に、彼らが食料にできるものが非常にたくさんある。アメリカの都市や郊外は、オウムが繁栄できる大きな人工的生態環境といってよい。庭や公園は、一年中何かが生え育っているように設計されている。時としてそこにある異国風の植物は、オウムの故郷の生息地域に元々あったのと同じ植物だ。それほどたくさんの異なる種類のオウムが本来の生息地の外で繁栄できるということは、食事に関する適応能力の高さを示している。さらに、彼らは、給餌箱を使うことを学んできた。今のところ、野生のオウムの群れの中には、都会あるいは都市郊外を離れて暮らすものはいない。仮に都会地域を飛び出す冒険を企てる者があっても、おそらく飢え死にしてしまうだろう。鳥は、寒さを理由に渡りをすることはない。渡りをするとしたら、冬の間に充分な食べ物がなくなるからだ。アメリカで最も大きな野生のオウムの群れは、一年中シカゴで暮らしている。気温は、単純に、問題にならない。

飼育係ジョンのレクチャー

サンフランシスコ動物園の飼育係ジョン・エイキンは、わざわざ、どうして寒さがオウムたちにとって問題にならないのか詳しく説明してくれた。気温の変化が極端でない限り、オウムはほとんど問題なく順応できるという。オウムには体を暖める羽毛の層があって、必要な場合それがより多く育つようになっている。羽毛の層という説明は、別のところでもお目にかかった。しかし、ある日、仕掛けはそれよりずっと単純であるに違いないことが分かった。胸、あばら、背中に羽毛のないオウムのスクラッパレーラでも雨降りの四、五度の気温の中で大丈夫だったし、まったく動じていないようだったからだ。オウムは、元来、タフなのだ。

私は、疑問がある場合、しばしば動物園に電話した。ジョンの専門は猛禽類で、それでも、できる限りオウムに関する私の質問に答えてくれた。ドロレス公園を彼らの塒《ねぐら》だと考えた私が間違っていると教えてくれたのも、ジョンだった。オウムたちは実際、私が住んでいるところからわずか六百メートルしか離れていない、ウォルトン・スクウェアという小さな公園で眠っていた。ジョンはある冬、毎晩寝るためにそこに舞い降りる何千羽ものムクドリに関するテレビのインタビューのためウォルトン・スクウェアにいたことがあった。インタビューを受けている途中、オウムもそこにいて、夜の間留まっているのを目にしたのだ。ダウンタウンの最初の高層建築の列の真向かいに位置するその場所は、寝場所としては奇妙な場所であるように思われた。しかし、そこからテレグラフヒルまでの近さは、マンデラが籠をすり抜けたあの日、どうやって塒まで飛んで帰ることができたのかを説明してくれる。

ジョンはしばしば、一度オウムを見に行きたいと興味を示し、ある日時間を見つけて本当にやって来てくれた。私は、その場に専門家を迎えて興奮した。鉢を表に出し、ジョンと一緒に上下二段になったドアの上部を開けて見ていると、彼は自分が目にしているものに次々とコメントを加えてくれる。その時は、典型的な、賑やかな食餌だった。オウムがそんなに叫ぶのには、実際的な理由があるそうだ。オウムは群れをなす動物で、森の中ではある特定の季節、食べ物をつけている木がそれほど多くなくなってしまうことがある。一羽のオウムが食べ物を見つけると、その辺りに棲む全部のオウムにそのことが分かるよう叫び声を上げるのだという。私はしばしば、タカに対するオウムの恐れは大袈裟に言われ過ぎていて、タカは食べ物としてオウムには関心を持っていないのではないかと思っていた。それで、恐れには正当な根拠があるのか尋ねてみると、確かにあるという。サンフランシスコにはたいていの人が思っているよりたくさんタカがいて、タカはオウムを追いかける。彼は一度、ベイ・ブリッジにあるハヤブサの巣を点検している時、その巣がセキセイインコの羽で裏打ちされているのを発見した。セキセイインコには野生の経験がなく、逃げる時すっかりまごついてしまうので、捕まえるのが特に簡単だからだろうという。

彼の最も洞察に満ちた観察は、スクラッパレーラに関するものだった。私はいつも、彼女は皮膚病に罹ったのだろうと予想していた。しかし、ジョンによると、彼女には羽をむしる癖があるのだという。さらに、彼女は自分の羽をむしるだけではなく、連れ合いであるスクラッパーの羽もむしってしまう。そう言うと、彼女の羽は彼女の届くところだけ抜けているし、一方スクラッパーの羽はほとんど彼が届かないところであることを指摘してくれた。羽毛をむしるのは、ペットとして飼われているオウムによくある問題なのだそうだ。退屈したり、イライラしたりして、羽を嘴で整え整えしているうち、とうとう実際に自分自身の羽を引き抜くところまで至ってしまう。いったん羽むしりをはじめると、それをやめさせることは極めてむずかしい。

しかし、それはペットのオウムの問題であって、野生のオウムにはないらしい。

ジョンが訪ねてくれるのを、私は心待ちにしていた。それまで何ヶ月間、自分が見ているものについて説明してくれる専門家に会いたかったから、自分の中で期待がとてつもなく大きく膨らんでいた。そのため、実際彼が来た時には、少々自意識過剰になってしまっていた。自分が自意識過剰になっていることに気がつくと、ますますそうなってしまうものだ。そうした状態は刻一刻悪くなり、とうとう口がきけなくなってしまうほどだった。私はオウムにすっかり夢中になっている。しかし、自分が正しくやっているかどうか、いつも確かめたいと思っていた。何しろ自分には科学的な背景が何もないのだし、何が「正しい」のかまったく分からない。その事実に、とても敏感になっていた。いうまでもなくジョンには確かな科学的背景があって、科学者たちは、自分の研究対象に名前をつけたり、相手と交流を持とうと考えたりすることに対して批判的であることは承知している。そうしたことは「擬人化」に繋がり、動物たちに人間の性格があると見なすことだと彼らは言う。それで私は、自分がやっていることをジョンが是認してくれるかどうか、とても心配だった。さよならを言う段になって、とうとうそのことを切り出した。「彼らに名前をつけたり、手から餌をやったり、……それで、……僕は、……おそらく、鳥たちを擬人化しているだろうってことは、自分でも分かっていて……」自分の耳にさえ、あまりにぎこちなく、見当違いに聞こえる。それで、最後まで言うことができなかった。まるで、彼に謝っているみたいだ。ジョンの方も面食らってしまい、どう答えていいのか分からなかったらしい。それでも、彼は、私のしていることにどんな問題があるとも思っていなかった。

復活を遂げたドーゲン

狭い住居で一緒に暮らしたのだから、マンデラは十分私を信頼し、その後も訪ねて来てはくれないだろうかと少しは期待していた。うぶな考えだ。彼はその後も親しかったけれど、家の中まで入ってくることには微塵も関心を示さなかった。そんなことが起こる可能性が些かでもあるとするなら、少しずつ迎え入れるようにしなければならない。私の手に気楽にとまらせるようにすることが、論理的な次のステップのように思われる。しかし、今や彼は自由の身で、私の世話を受けていた時には許してくれた、ほんのちょっと撫でることさえ許してくれない。それでもなお一方では、私たちの間の友情にふたつの魅力的な進展があった。群れが到着すると、彼らは非常階段に来る前に、通常電線か木の中に降り立つ。私はマンデラを探し、見つけると腕を差し出す。すると、彼はまっすぐ私のところに飛んで来る。翼は相変わらず垂れ下がっていて、おかげでまっすぐ飛ぶのがむずかしい。それで、カップの縁に着地を試みる代わりにしばしば私の胸にドスンと落ち、それから腕を伝って下に降りる。もうひとつの進展——私はこちらの方がもっと嬉しかった——は、肩にとまり、私の唇から種を取りはじめたことだ。彼は、むしろこのやり方を好んだ。しかし、十分素早く種をやるのがむずかしい。次のを待ち構え、唇が空だったりよそを向いていたりすると、注意を惹こうとヒゲを引っ張ったり、耳を咬んだりする。耳を齧られるのは痛かった。特に、寒い日は痛い。肩に座り、私がほかの鳥に餌をやっている間、自分は食べないで非常階段や庭を見まわしている日もあった。また、私の髪や眼鏡を強く引っ張ったり、ヒゲを嘴で整えたりして遊ぶこともあった。彼の兄弟、ステラとチョムスキーは今ではいつもカップにとまり、時折マンデラも腕を伝って降りて来て彼らに加わる。彼がカップにとまっていると、いつでも私は翼や背中にキスしたい誘惑に抵抗できなかった。唇に感じる羽のシルクのような感触と、体の温かさが好きだ。やり過ぎない限り、彼の方も気にしていないようすだった。

しかし、私が一番多く身体的接触の機会を持ったのは、マンデラではない。それは、スミスだった。掌から食べる時彼の場所はいつも手首の上で、終始背中を私に向けている。私はそれを利用してキスする。彼は、キスは嫌いだったけれど、食べるのに夢中で通常無視していた。時折私は、種の入ったカップを下げ、空いている方の手で彼を撫でた。たいてい二、三度撫でるのは許してくれる。とはいえ、ここでもそれは、単に食べることに没頭しているからに過ぎない。ほかの鳥たちは私がスミスに触れるのを嫌い、もしも撫でている手が手すりの近くにあると、私が撫でるのをやめるまでそこにいる鳥が手を齧った。時々スミス自身私へのイライラが募ると、向きを変え、自分で咬むこともあった。スミスほど強く咬んだオウムはいない。しかも、決して警告を発するための咬み方ではない。時には私の方が頑固になり、そうなると彼はうんざりして、邪魔されずに食べられる鉢の方に飛んで行った。

コナーは、非常階段の床で種をつついて歩くほかのチェリーヘッドを絶えず防いでいなければならなかった。キャサリンはほんのわずかの脅かしにも耐えられなかったので、めったにコナーと一緒に食べていられない。また、鉢から食べている鳥は少なかったにもかかわらず、彼女はそこに居場所を確保することができなかった。鉢から追い払われ、私への恐怖心を克服し、やっと手から種を食べるようになった。私も彼女を守ってやらなければと感じ、彼女を攻撃しそうな鳥を不断に見張っていた。私がしていることを理解し、また、私といても充分安心していられるようになると、餌をやっている間、爪で私の指をしっかりつかむようになった。キャサリンと一緒にいて一番幸せだった瞬間は、朝、彼女が一羽だけで非常階段に姿を見せる時だ。彼女はひと声鳴いて自分が来たことを知らせ、私を待っている。コナーを探してみるけれど、どこにも隠れていないようだ。自分だけで来たのだ。キャサリンは本当に臆病で、私の手が近づくといつも尻込みする。しかし、お腹がいっぱいになるまでそこに張りついていた。手から食べてみようと試してみるほど私を信頼してくれるようになって、心動かされた。

すでに慣れてきてはいても、それからも、オウムが自分を受け入れてくれたことに驚きを感じることがあった。彼らと一緒にくつろぎ、信頼を損ねないようにすることのほかに、私は、彼らが心配しているようなこと——吠えるイヌ、飛んでいる水素ガスの風船、彼方のタカなど——を、自分も気にかけているように装うことで連帯を示そうとした。おそらく、彼らにはほとんど何の印象も与えなかっただろう。彼らは不誠実さを見抜くことに長けているらしい。しかし、私はそれを楽しんだ。餌やりが緊張したものになっても、すなわち、彼らがお互いあまりに意地悪で時々血を流したような時でも、私は滅多に咬みつかれなかった。それでも、瞳孔を引きつらせて翼を横に広げているような場合そのオウムが極度に興奮していることを示していたから、そんなオウムは避けた方がいいことは学んでいた。時として彼らがあまりにハイになっていて、飛び去った後でも彼らのエネルギーが自分の中で震えているのを感じることができたほどだ。

彼らは、遠くからでも私を認識した。ある時、思いがけず長く家を空け、通常最後の餌やりをする時間までに戻れなかった。帰り着くと、非常階段にはまだ四羽待っている。ほかのオウムたちは、待ち切れず立ち去ってしまったようだ。残っていた四羽に餌をやりはじめた二、三分後、北の方から、ウォルトン・スクウェアの塒に帰る途中の群れがやって来るのが見えた。空高く懸命に飛んでいて（オウムの飛行はいつも大変そうに見える）、彼らのうちの二羽が私に気づき、突然墜落するように非常階段めがけて降下しはじめた。落ちながらほかの鳥たちを呼んでいる。「彼は戻っている！　戻っているぞ！」。彼らもまた、非常階段から遠く離れたところから私が分かったのだ。

ある日、ヘレンから、グリニッチ階段の掃き掃除をしてほしいと頼まれた。群れが非常階段から二十メートルほど離れたビワの木で昼寝をしていて、そこを通る時、こんにちはを言おうと立ち止まった。挨拶した途端、みんな木から飛び上がり、非常階段のところに飛んで行って私が餌をやりにくるのを待っていた。

彼らの性格で好きな面のひとつは、突飛なユーモアを好むことだ。ある時、二羽のオウムが遊んでいた。一羽が嘴で開き窓の蝶番にしがみつき、二番目が最初の一羽に背を向けたまま自分の爪を最初のオウムの爪に固く絡ませ、それから思い切り羽をバタつかせる。両脚がくっついているので、羽をバタつかせた鳥は飛び去ることができない。静止したまま飛行していると、蝶番からぶら下がっている鳥の体が浮き上がる。両方とも、それは嬉しそうに叫んでいた。また、雨の後、別の奇抜なゲームも見た。十羽の一団が木に向かって飛び、葉っぱの一番外側の層にドスンと落ちるように着陸すると、羽を乾かすため大きく広げた。そのうち、羽を広げたままの一羽が三十センチほど横にピョンと跳んだ。すると、別の一羽が横に跳び、それからまた一羽、そしてまた一羽。それは、グルッと木をひとまわりするまで続いた。まるで、メキシコトビマメのように見える。その遊びは自然発生的で、即興的であるように思われた。それから後、同じことをしたのを見たことがない。

変わり果てた姿

最初の産卵は、夏の初めまでない。しかし、二羽が交尾するのはすでに五月から見られる。彼らは、優雅ならざる恋人同士というところだ。どんな前戯もまったくないらしく、オスは単純にメスの背中に乗っ掛かり、強くこすりつけはじめる。雌雄両方ともお尻の端に排出腔があって、それぞれの生殖器官と排泄管に繋がっている。生殖器官が接触すると、精子がオスからメスに流れる。前の年と同じく、コナーとキャサリンが交尾するのを見た。今回もコナーがオスの姿勢をとっている。今年はブルークラウンの赤ちゃんを見たいものだと思ったけれど、私が話をした繁殖家によると、コナーとキャサリンは必ずしもオスとメスではないかもしれないという。もしもメスがいない場合、二羽のオス同士が交尾することもあるらしい。

マンデラの妹ステラはまだ一歳にもなっていないのに、すでにおとなのチェリーヘッドの一羽が彼女に餌を渡している。オウムでは、求愛行動だ。年上のそのオウムを特定することができず、しばらくの間「ステラのしゃれ男（ボー）」と呼んでいた。その後、彼はただの「ボー」になった。ステラと彼女の二羽の兄弟、マンデラとチョムスキーはすでに両親のソニーとルチアから別れていて、その後も三羽の若者はずっと一緒だった。明らかにオウムのエチケットなのだろう、ボーは、彼らみんなと一緒にブラブラする。繁殖の季節が近づくと群れはますます小さな集団に分かれ、ステラとボーとマンデラとチョムスキーはいつも四人組だった。ある日、私は、ボーとステラが電線の上で交尾しているのを目にした。それまで読んだ本には、チェリーヘッドは一歳半か二歳になるまで性的成熟に至らないと書いてある。ステラはその本が間違っていることを証明するのだろうかと思ったけれど、真相を突き止める機会はなかった。

五月半ばの餌やりの時、一羽のオウムがびっくりするほど無様な姿で種のカップに着陸した。ステラだ。彼女の状態にショックを受けた。頭が一方に傾き、ひどくよろめいている。マーサが前の年の夏に見せたのと同じ兆候だ。頭がすっかり引きつり、一個の種を食べるのさえ長い時間がかかる。群れが去った時、彼女はカップの縁にそのまま残っていた。ぼんやり、混乱しているように見える。私は、気づかれないようにと願いながら、非常口に出るドアの方に近づいて行った。しかし、私が家に入ろうとした瞬間、彼女は飛び去ってしまった。

それから数日のうちに、彼女がカップに舞い降りる様子はますますだらしなくなった。一度など、カップの縁にやっと爪を引っかけることができただけだ。あまりに弱っていて体を持ち上げられず、そのままカップの縁からぶら下がっている。それで、助けなければと考え、私は指で彼女の嘴をつかんだ。まったく力が感じられない。ステラのそんな状態を見ていると気が滅入ってきて、どうやってステラを家の中に連れて行こうか方法を考えはじめた。上着で捕まえることにした。チャンスは一回しかないし、その一回のチャンスを逃してしまうのが心配で、なかなか引き金を引くことができない。ゆっくりカップを自分の体の方に引き寄せ、ちょうどお腹のところまで来た時、いきなり彼女を上着の中に押し込んだ。捕まえはしたけれど、強く圧迫し過ぎてしまわないか恐れているうちに、彼女はもがき出てしまった。そして、恐怖に駆られて飛び去った。彼女を怖がらせ、惨めな気持ちだった。事態をもっと悪くしたのは、それを目撃していたオウムが何羽かいて、自分の失敗のせいで何日間か不信に耐えなければならなかったことだ。その後ステラは、決して私の近くに来ようとはしなくなった。幸いステラには、まだ、餌を与えてくれるボーがいる。

瀕死のスミス

ステラが病気になった一週間後、スミスが電線の上に現われ、似たような症状を見せた。眠そうな様子で、頭が片方に垂れ下がっている。スミスの症状の悪化は、ステラよりもっと早かった。彼の病気に気づいた三日後には、状態は絶望的になっていた。群れに餌をやるために表に出ると、非常階段にきちんと着陸しようと試みながらグルグル円を描いて飛んでいるスミスを発見した。疲れ切り、唐突にコースを外れるとスモモの木の細い入り組んだ枝に衝突した。翼が枝にひっかかり、上半身が翼から垂れ下がってまるで小さな案山子のように見える。少し休んだ後、バタバタと体を解き放ち、再び執拗な旋回を開始する。とうとう進退窮まった挙げ句旋回を離脱し、まっすぐ私の方に向かって来た。私の頭に着陸し、滑り落ち、非常階段の踊り場の床に落下した。喘ぎながらそこに横たわり、そのまま動かない。ステラをつかもうとして信頼を失った後だったので、なるべく彼には触りたくなかった。しかし、コナーがヨタヨタ歩いて来て彼をつつきはじめたので、コナーを追い払い、スミスを拾い上げ、ほかの鳥たちの間を通って家の中に連れて行った。鳥たちは、どんな明白な反応も示さなかった。

マンデラを入れていた籠がまだあったので、スミスをその中に入れた。戸を閉めた途端息を吹き返し、桟の間からクークー不安そうな声を上げて逃げ道を探している。私がスミスに何をしようとしているのか群れが疑っているのが心配だったので、私は彼を残し、餌やりを終えるため外に出た。群れの誰も、私への信頼を失っていないようなのでホッとした。餌をやり終えて中に戻ると、スミスが怒り狂ったように籠の桟を齧っているのを発見した。私が近づくと、彼は突然齧るのをやめ、とまり木にとまった。まるで、検査のために立っている戦争捕虜のように見える。スミスは群れの中では一番小さなチェリーヘッドの一羽だ。赤い羽が生えてくるのがとても遅く、ところどころに赤い点がある以外ほとんど体全体緑色をしている。嘴は群れが食べていた何かの実の紫色で染まっていて、嘴のまわりの毛に乾いた汁と小さい木や葉っぱの破片がこびりついている。蝋膜に毛の禿げた場所があり、そこに切り傷が走っていた。胸の羽毛はベタベタもつれ合い、尾の羽がほとんど折れている。しかし、病気と自分がおかれた新しい奇妙な状況にもかかわらず、スミスの物腰は驚くほど静かで自信に満ちていた。

格子の間から種を渡すと、熱心に食べた。落ち着いてきたように思われたので、籠の戸を開けて餌を差し入れた。と、種を取る代わりに、彼は私に齧りついた。急いで戸を閉め、再び格子の間から餌を渡すことにした。お腹いっぱいになったようなので、籠を二階に持って行き、タオルをかぶせた。スミスはしばらくそこにいることになりそうだ。私は、マンデラにしたのと同じようにスミスを扱うことにする。健康になったら、すぐ籠から出すことにしよう。

翌朝、彼の眼は明るく、熱心に食べていたけれど、まだ体が不安定だ。バランスを崩すことを除けば、それほど病気のようには見えない。多分、何か変な木の実でも食べたせいだろう。どうしたらいいか、はっきり分からなかった。マンデラを家の中に迎えた時は興奮したけれど、なぜかスミスに関してはそうした情熱が湧いてこない。多分、野生のオウムを家の中に入れることの目新しさがなくなってしまっていたのかもしれない。あるいはスミスのパーソナリティーの中に、自分を惹きつける何ものも見出さなかったこともある。それに、容貌がよかったわけでもなく、嘴は頭の大きさにしては大きすぎると思ったし、いわば不器量だ。獣医に見せに行く余裕はない。今回もヘレンに治療代を払ってもらうというわけにはいかない。自分でスミスに餌をやり、休ませ、自力で病気を切り抜けさせるという方針でいくことにした。籠の戸を開けて水をやると、盛んに飲んでいる。その日はやらなければならない仕事があったので、私は籠の戸を閉め、家を出た。

自転車で家に帰る途中、ペットショップに立ち寄ってスミスにお土産を買った。いろいろな種が入った袋だ。家に帰り着くと群れが非常階段に陣取り、私を外に呼び出そうと心配そうな声を上げていた。彼らに餌をやる前に、スミスにお土産を渡したかった。しかし、彼にそれを渡そうとして再び指を咬まれた。今回は血が出た。イライラさせられる瞬間だ。すぐに外に行こうと思ったけれど、傷は深く、出血を止めるのに数分かかった。実際には、傷に絆創膏を貼るのに手間取ったのだ。それから餌をやるために外に出て行くと、どうしたわけかオウムは一羽も寄ってこない。餌を差し出すと、どの鳥も飛び去ってしまう。餌をとったのはコナーだけで、それもおおいに警戒心を見せた後だった。とうとう問題が分かった。絆創膏だ。彼らは見知らぬものは嫌う。それを剥がすと、みんなホッとした様子だった。

スミスは、とまり木から下の糞の中に墜落していた。羽に糞がこびりついている。あまりに不潔に見え、それで回復が遅れるのではないかと心配になった。ペットのオウムの中には、飼い主に霧吹きで水をかけてもらうのが好きなものもいると、以前読んだことがある。それで、自分できれいにする気になってくれるだろうと期待して、水を吹きつけてみた。結果は、怖がらせただけだった。濡れそぼってとまり木にとまり、震えている。水の皿の端に糞が少しついているのに気がついて、私は籠の中に手を伸ばし——今回は慎重に——それを取りのけようとした。途端に、彼は開いた戸をすり抜けて飛び出し、部屋を横切って窓に衝突した。すっかりびっくりさせられてしまった。大急ぎで駆け寄り、素手で拾い上げる。すると、またしても別の指を切り裂かれた。一日に二度も！　彼を籠に戻し、出血した指を押さえながら見つめると、体が右側に傾き、震えている。私は震えおののく彼をそこに残し、新しい傷を手当しに行った。

翌朝スミスは、まっすぐ立ってはいたけれど、まだ震えていた。数分ごとにとまり木から落ち、そこに這い上がらなければならない。下に落ちたある時、彼は頭を掻くため立ち止まった。健康なオウムなら、片脚で立ってバランスをとりながらもう片方の脚で頭を掻く。簡単にバランスをとることができるし、必要とあらばいつまでもその姿勢のままでいられる。スミスはあまりに不安定で、素早くちょっと頭を掻くこと以上はできなかった。もしも、単にベリーか何かに酔っ払っただけなら、その効果はとっくに消えているはずだ。明らかに、私の手の中にいるのは病気の鳥なのだ。

新鮮な空気が幾分かでも彼を元気にしてくれるだろうと考え、籠を東側のデッキに持って行った。しばらくすると群れが姿を見せ、スミスの兄弟、ジョーンズが彼を訪れてやって来た。しばらく会話を交わし、それからジョーンズは飛び去った。スミスがはっきり不安げなことが分かる調子で呼びかけると、ジョーンズは向きを変え、手すりのところに舞い戻ってきた。二十分間、ジョーンズはスミスの呼びかけに応え、去ってはまた戻るのを繰り返した。その動揺が群れの残りのものの注意を引いた。少しずつたくさんのオウムが、籠に入れられた仲間を見るため手すりのところに飛んで来た。群れが立ち去ろうとエンジンを吹かすたびに、スミスは身を屈めて翼を広げる。鳥たちが飛び去るまさにその瞬間、スミスは籠の桟に向かって跳び、そこにぶら下がる。群れが去ってから家の中に運び入れた。彼はまだ震えていた。

彼は、とにかく、私の手に慣れなければならない――ほかのやり方で彼を扱うのはむずかしすぎる――と私は決め、平和の申し入れとしてまた種を差し出した。稲妻のように素早く、三つ目の傷口が開いた。今回のは、それまでのよりさらに悪い。今や、彼の方が私を怯えさせている。私は二階に行って絆創膏を貼ると、戸棚から冬に自転車に乗る時使う厚い手袋を取り出した。

その翌日、スミスがどれくらい飛べるのか興味があって、彼を下のスタジオに連れて行った。私が予想したより遥かに飛ぶ力が弱い。飛ぼうとすると、横に行ったり、後ろにさがることさえあり、思わぬ目標に向かい、壁や家具に追突する。失敗するごとに、彼はボンヤリ途方に暮れた様子で絨毯の上に立っていた。私は、手袋をはめて彼を拾い上げた。籠に戻そうとすると彼は怒り狂って何度も繰り返し咬みつき、手袋をはめていても痛かった。スミスを連れて家に戻ると、何羽かのオウムが電線にとまって彼に呼びかけた。スミスは興奮して桟に登り、彼らに向かってキーキー甲高い声を上げる。家に入って籠を下に置くと、彼は再びぐったり右側に傾いていた。そんな姿を見るのは堪らない。ふたつのとまり木のうち上の方が好きなのに、今では下の方にしか行けない。頭も垂れ下がったままだ。籠の床を歩く時、絶えず転んだ。

私は、自分の中にスミスへの格別の関心が高まってこないことに、まだ当惑していた。彼の問題が直ちになくなることを望んでいたけれど、今では四日間も一緒にいて、回復するどころか悪化しているようにさえ見える。とまり木にとまっているのがあまりにむずかしくなって、そこに攀じのぼろうとさえしなくなった。

もう、その日一日さえもたないだろうと感じた。午後の半ば、スミスが籠の床にいるのを発見した。頭が極端に傾いている。頭をまっすぐ保つため、嘴の先を籠の床に置いたままだ。ひどく震えている。突然、消え入ってしまいそうに見えた。一生懸命眼を開けていようと格闘している。彼の力が次第に消えていき、私は涙が落ちてくるのを感じた。懸命に涙を抑えようとするけれど、そのため頭が痛くなってくるほどだ。私は彼に嘆願していた。「さあ、スミス、死ぬんじゃない。頑張るんだ。どうか、死なないでくれ」。私は、回復の責任をスミス自身に預けてしまった自分の決定について考え続けた。自分は彼の病気にあまりに無頓着だった。それで、こう誓った。もし彼がこれを乗り切ったら、もっときちんと世話をしよう。ただただ、死なないでほしい。どうか、死なないで。

一羽のオウムが外でキーキー鳴いているのを聞いて、彼は弱々しく頭を持ち上げた。それからまた、頭を籠の床に戻し、さらにまた震えた。瞼が落ちてくる。意識を失っていっているようだ。私の目も涙で霞み、見ることができない。彼に頑張ってほしいと、次なる緊急のお願いを誓いを口に出そうとした、まさにその時だ。彼は立ち上がり、とまり木に登り、種のお皿から食べはじめた。信じられなかった。奇跡の回復か、さもなければ昼寝を邪魔しただけなのだろうか。

とにもかくにも、私は全力で彼を世話すると誓ったのだ。私は、興奮するたびに彼の状態が悪くなることに気づいていた。それで、最初の決定は、できるだけ彼を群れから切り離しておこうということだった。籠を寝室に運び、カーテンを閉め、それからまっすぐ図書館に直行し、オウムの健康管理に関する情報が載った何冊かの本を調べた。それは、その時点まで私がすっかり無視していた点だった。どの本も同じことを強調している。病気の鳥は温めること。鳥は新陳代謝が盛んで、簡単に熱を失ってしまう。ほんの数日前戸棚の奥の方に発熱電球があるのを見たことを思い出したので、それを取り出し、持ち運びできる据えつけ器具に吊るし、籠の前に置いてみた。熱が逃げないよう籠にタオルを被せ、温度をモニターできるよう温度計を置く。スイッチを入れた途端、スミスは眼を上げ、籠の床に俯いた姿勢から起き上がり、熱の中で温まろうと上のとまり木に登った。震えが止まっている。彼の反応があまりに急だったので、私はすっかり元気づけられた。

彼には、もっと特別な名前がふさわしいように思われた。私はその時なお、鈴木俊隆老師が書いた『禅マインド ビギナーズ・マインド』と格闘し、むずかしいと思えば思うほど、その本を楽しんでいた。彼が何を言っているのか理解できない時でさえ、鈴木老師の善意の心とユーモアが伝わってくる。彼を讃えてスミスの新しい名前にしたかったけれど、スズキというのはいかにもオウムに似つかわしくない名前のような感じがする。私は二音節の名前が好きで、しかし、ローシというのは称号だから、それもうまくいかない。本の全体を通し、鈴木は自らが精神的な系譜を引く禅の師、道元について語っている。道元という名は好きだ。それで、ドーゲン、と名づけることにした。

すべてが変わる

若い鳥の雌雄を見分けるのはむずかしいし、その上たいていの名前は鳥がまだ赤ん坊の頃につけたから、多くのオスにメスの名前がついていたり、その逆だったりした。ドーゲンという名前をつけて間もなく、彼は本当はメスじゃないかと思いはじめ、結局それは正しかった。

少しずつ、ドーゲンの健康は回復した。頭を垂れ震えていた頃は大変な日々だったけれど、ヒートランプはいつも彼女の元気を取り戻させた。自分自身の住まいがどうなるかとても微妙なこともあり、彼女には健康な状態で放してやることができるよう、十分元気になって欲しい。私がここを立ち退かなければならなくなるまでに彼女の準備が整っていないということほど、心配なことはなかった。そんなことにでもなったら、どうすればいいのか。家から家に彼女を持ち運ぶことなどできないし、もっと悪いことになっても、路上で一緒に暮らすなど不可能だ。

ドーゲンは、病気を克服する途上にあるように思われた。一方、ステラはとうとう病気に負けてしまった。彼女が病気の様子で姿を現わしてから二週間後、彼女は消えた。彼女の状態は安定してきていると思ったし、ボーが付き添っていたので、彼女が生き延びることについて私は楽観的にさえなっていた。しかし、鳥たちが病気を隠すことはよく知られている。彼女の場合も、見かけ以上に具合が悪くなっていたのかもしれない。いなくなったのはステラだけではなかった。今ではマーフィーも姿を消している。マーロンは姿を見せているけれど、いつも一羽だけだ。マーロンとマーフィーが番のカップルである可能性を考え、マーフィーは巣にいるのかもしれないとも思った。しかし、どうも違うらしい。二羽が一緒にいるのを最初に見た時両方とも生後八ヶ月か九ヶ月だったから、兄弟と考えた方がいいように思われる。

事態は、チョムスキーが病気の体《てい》で現われた時、さらに悪い方向に向かった。彼の症状は、マーサや、ステラや、ドーゲンと同じだった。頭を垂れ、バランスが悪く、飛行がふらつき、ぶざまな形で着地する。チョムスキーまで病気になって、どうやら何か問題がありそうだ。オウムはこの土地生来の鳥ではないから、抵抗力を持たない病気に罹るのだろうかとも訝られる。もしもそうした病気があれば、群れ全体を崩壊させてしまうだろう。ほかにも、オウムをひどく嫌っている人たちがいるのは分かっている。騒々しさに我慢ならない人もいるし、別の人々は、あらゆる外来種に対して純理論的な嫌悪感を抱いている。オウムたちを呪い、全部撃ち殺してしまうべきだと叫んでいたバードウォッチャーを見たことがあるという庭職人に会ったこともあった。おそらく、中には鳥に毒入りの餌を与えようとした人だっているだろう。

私に対するドーゲンの態度が和らぎはじめていた。手で扱われることは依然嫌ったけれど――彼女は、怒ったネコのような低いうなり声を出し、手袋を怒り狂ったように齧ったものだ――一日の多くの時間を一緒に過ごし、私がいることに慣れてきた。私は一日中ベッドに横になり、彼女を眺めたり、本を読んだりして過ごす。とうとう彼女は、自分の体をきれいにしはじめた。まだバランスがおかしいので、健康なオウムのようにとまり木にとまったまま身繕いすることができない。代わりに彼女は、籠の床に仰向けになる。ほかにも、不安定を補う別のやり方があった。オウムが伸びをする時は、片脚に乗り、翼と尾羽を大きく横に広げて羽ばたいたり、ピンと伸ばしたりする。ドーゲンはそうすることができなかったので、腹這いになったまま伸びをした。そして、明らかに彼女の方も、私が彼女を観察しているのと同じように私を観察していた。というのは、ドーゲンが決まりきった私の習慣を学びはじめたのだ。毎晩、電灯を消す前に私は一定の準備をし、いつも順序は決まっている。ある晩彼女は、私がカーテンを閉め、窓を開けるのを眼にした。すると、次の動きを察知して、チョコチョコとまり木に登って眠る準備をしたのだ。直感的に、彼女が喜んでいるのが感じられた。寝る時間になったからではなく、次に何が起こるか分かっている、という喜びだ。

　ドーゲンに対する本当の愛着が感じられるようになってきた。愛着の多くは、私が彼女に対して抱いた新たな敬意に発している。まったく異質な環境に暮らしているにもかかわらず彼女がまったく自信を持っていることに、私は感銘を受けた。彼女は常に、まるで、どこに住もうとそこでは自分が主人であるといった風に振る舞う。震えに苦しんでいた時でさえ、その眼ははっきりしていたし、明るく、何も問題などないかのようだった。友達になりたかったので、私は彼女の好意を勝ち取るようあれこれ画策した。特別の食べ物をいろいろ提供したこともそのひとつだ。トウモロコシ、ブドウ、イチゴ、バナナ、ケール、お米。豆腐さえ与えた。彼女は、ブドウ、ケール、お米、豆腐は好きだったけれど、トウモロコシ、イチゴ、バナナは好まなかった。そのうち、鳥籠の戸を開けるたびに、今度はどんな新しいものをもって来たのか一生懸命見ようとするようになった。おもちゃさえ渡した。彼女は木の糸巻きや、使いかけのトイレットペーパーを楽しんだ。それでも、トイレットペーパーは取り上げなければならなかった。紙を頭に絡みつかせ、籠中つまずきながら歩いているのを発見したからだ。オウムは穴の中に巣を作るのだから、彼女もどこか隠れる場所が欲しいだろう。古い紙の靴箱を持ってきて、一方の端に穴を開け、伏せて籠の中に置いた。ドーゲンはおおいにその箱が気に入り、その中で何時間も過ごした。しかし、その結果、私から見えなくなってしまった。彼女をおびき出そうと、ヒマワリの種を籠の隙間に置いてみた。彼女は箱から這い出すと、種をとり、また箱の中に這い戻って中で食べている。それでも、事態は彼女の信頼を勝ち得る方向に進展していると思ったので、ある日私は籠の戸を開け、手を入れて種を渡してみた。またしても咬みつかれた。最悪の切り傷だった。

　私は以前、野生のオウムに関する情報をあれこれ集めるため、オウムの専門雑誌を読んでみたことがある。

しかし、腹立たしいだけだった。雑誌には、オウムの翼は常に刈り込むようにしなさいとか、決して肩にとまらせてはいけないとか、種を食べさせないように、などなど、いかにも偉ぶって聞こえるひとそろいのルールが提示されている。ある記事には、鳥を手なずける最良の方法は、悪いことをしたら厳しく叱り、よいことをしたら思い切り褒めることだと書かれていた。そうしたやり方には、いつも嫌悪感を覚える。とはいえ、咬みつくことに対しては、何か手段を講じなければならない気がする。まったく、こちらの気がおかしくなってしまいそうだ。それで、雑誌にあったひとつの方法を試してみることにした。簡単なT字型のスタンドを作って植木鉢に挿し、手袋をはめて彼女をそこにとまらせる。手で扱われて怒っているその怒りが収まってから、手袋を脱ぎ、裸の薬指を彼女の脚の真ん前に突き出す。そして、ドーゲンがそれを咬もうと下に首を伸ばした時、胸一杯の大声で叫ぶのだ。「ノーーーーー！」。彼女は面食らって体を引いた。もう一度指を彼女の脚の前に出し、彼女がそれを咬もうとする。私は同じことを、とうとう彼女が諦めて指を無視する方を選ぶまで続けた。その次は、頭がおかしくなったかのように、今度は甘い言葉を彼女に囁きはじめる。これを、何度も何度も、彼女がしっかり理解するまで続けた。

初めての羽切り

ある日の午後、外の非常階段で、マンデラがモーツアルトとメンデルスゾーンを相手に乱闘をはじめた。メンデルスゾーンは、その前の年エリックとエリカの間に生まれた子どもだ。争いが始まった途端、二羽の鳥を敷居から押し出そうとしているマンデラの加勢にボーが飛んで来た。モーツアルトとメンデルスゾーンを追い払うと、ボーとマンデラは電線に飛んで行き、まるで並んでとまった。ボーは頭を上下に振りはじめ、まるで悪ふざけでもはじめようとしている風に見える。今では、こうしたことも極めて馴染みになっている。ボーは、マンデラに餌を与えようとしているのだ。餌を与えた後、ボーは片脚をマンデラのお尻に置き、自分の骨盤を彼女に押しつけはじめた。ということは、マンデラはメス、ということだ！　しばしば、そうじゃなかろうかとは思っていた。マンデラが私のところに住んでいた時、私自身あまり意識せず日記の中でマンデラをずっと「彼女」と記している。マンデラとボーは似合いに見える。彼らの関係が私とマンデラの関係を変えるかどうか、好奇心に駆られた。

籠の外で過ごす時間をドーゲンに与えようとやってみたけれど、体をコントロールしながら飛ぶ能力を少しずつ取り戻していたとはいえ、彼女はその機会を活用しようとしなかった。飛ぶ時はいつも、ほんの窓まで行くだけ。彼女を落ち着かせるためカーテンを閉じたままにしておいたところ、カーテンの裏側に行く方法を容易に見つけ出した。そして、そこから見える空が彼女に強力な影響を及ぼした。空を見るといつでも前に身を乗り出し、まるで今にも空中に飛び出して行かんばかりに翼を広げる。自由に飛びたいという願望で翼が震えている。空や外を見ることで消耗してしまわない限り、彼女が窓のところに行くままにしておいた。ある日の午後、ボーとマンデラが窓の敷居のところにいるドーゲンを見つけた。二羽はドーゲンが立っているガラス窓のちょうど反対側に飛んで来て、窓のくり型にぶら下がった。興奮したドーゲンの叫び声が寝室に満ち、窓を揺らす。ボーとマンデラはクークー声を出し、窓ガラスの反対側からドーゲンをつついている。ドーゲンもつつき返す。病気がぶり返すのではないかと気がかりだったけれど、その場の情景はあまりに魅惑的で、そのままにしておかないわけにいかなかった。窓がある壁際に肘掛け椅子が置いてあり、背もたれのてっぺんがちょうど窓の下の敷居と同じ高さにある。私は床のクッションに膝をつき、腕を椅子の背中に置いた。ドーゲンは群れの仲間にしきりに話しかけ、どうやって逃げ出そうか窺いながら、ヨタヨタ敷居の幅いっぱいを行ったり来たりしている。私の腕の前を通り過ぎるたびに咬みついたけれど、痛みを与えるような咬み方ではなかった。

マンデラとボーが飛び去ってから、ドーゲンを籠に入れて階下の食堂に持って行った。ケールをあげようと籠の戸を開けて手を入れていた時、一瞬注意を怠ってしまった。よそ見をしている隙にドーゲンは籠から飛び出し、まっすぐ食堂の窓に向かって飛んで行ってそれにぶつかった。勢いがなかったので、怪我はしなかった。しかし、私が捕まえに行くと今度は居間の方に向かう。ドーゲンが自由に家の中を飛びまわることに、私は心穏やかではなかった。洗面所からタオルをとって居間に行くと、高い窓枠の上の方にとまっている。脅かしてやろうと彼女に向かってタオルを振りまわしたのが、大きな間違いだった。彼女は居間を横切って飛び、それから二階に向かった。二階の窓がいくつか開けっぱなしになっているのを思い出し、ドーゲンが自由に飛びまわることは心穏やかではないどころか、恐怖に変わった。パニックに捉えられ、彼女を追って二階に駆け上がった。もしも外に飛び出したら、そのままいなくなってしまうだろう。私は必死に彼女を窓の方から引き離そうとし、彼女の方は驚いて半分死んでしまいそうだ。バタンと窓を閉めると、ドーゲンはまた一階に向かった。今度は疲れ切り、怯えた様子で居間の床の上にいる。私はそっとタオルをかぶせ、彼女をもち上げて籠に戻した。すっかり息を切らしている。息切れはクシャミに転じ、それから、絶望的で悲しそうなガーガー声になった。いかにももろい、病気の小鳥に見える。私は自分の中で深い悲哀が波打っているのを感じた。いったん呼吸が収まってから、ドーゲンは這って箱の中に入り込んだ。和平を結ぼうとヒマワリの種を差し出すと、彼女はそれを受け取った。さらに指に種を挟んで差し出すと、彼女は軽く、おざなりにひと咬みしただけだった。放鳥にはまだまだほど遠いことがはっきりした。たった今起こったような出来事は二度と起こってほしくなかったし、ほんの二、三ヶ月で毛替わりの時期を迎える。それで、彼女自身の安全のために、翼を刈り込むことに決めた。

自分でそれをやるわけにいかなかったので——今まで一度も経験はないし、そんなことをしたらドーゲンに嫌われることにもなるだろう——スペクトラム・エキゾティック・バード店の主人、ジェイミー・ヨークに電話した。彼は、それまでにも質問に答えたり、種を安く分けてくれたり手助けしてくれている。ドーゲンの羽を切り詰めてもらえるかどうか尋ねると、「問題ない」と言ってくれた。しかし、問題はあったのだ。ドーゲンの羽を切りながらジェイミーと私が話しをしている時、ドーゲンがいつものお客さんと違っていることを彼は忘れていたのだと思う。ドーゲンは血が出るほど彼の指を咬んだ。羽を切るのは無料サービスだし、申し訳なく思ったけれど、ジェイミーは涼しい顔をしている。彼は、それまで咬まれたことなどなかったそうだ。

ドーゲンと一緒に帰宅して、籠を居間の床に置き、籠の戸を開けた。すぐに出て来た。自分が飛べないという事実をあまりに簡単に受け入れたので、びっくりした。二、三度翼をバタバタさせ、何も起こらないことが分かるとすぐにそれを無視して、居間の床を探索しはじめた。カレーライスを温めに台所に行って戻ってくると、ドーゲンはまだ辺りを調べまわっている。私はソファーに座り、夕食を食べながら眺めていた。病気のためまだ脚の動きは鈍かったけれど、明らかに探索を楽しんでいるようだ。コーヒーテーブルの下をちょこちょこ走り、柳細工の足載せに上り、ランプコードを攀じ上る。しかし、私の膝の上に黒い鉢があるのに気がつくと、探索をやめた。私がその入れ物から食べるのを何度も見ていたから、中身が何であるか知っている。床を走って来ると、ズボンを嘴でくわえ、それにつかまって膝の上まで登って来た。上に辿り着き、熱心にご飯をほじくりはじめる。彼女は特にタマネギが好きで、ご飯の中を探してタマネギをつまみ上げていた。私はフォークを下に置き、彼女が食べるに任せた。食べ終わると、当然床に飛び降りるものと思っていたのに、そのままそこにいる。膝の上にいる彼女はおかしく、可愛らしかった。嘴がねばねばしたご飯で覆われている。彼女が発する期待のようなものを感じたのだけれど、こちらを見ようとしなかったし、彼女に触ってみるのはやめにした。

ケガと新顔

何週間か、コナーはいつになく攻撃的に振る舞い、喧嘩を仕掛けては相手を負かしていた。ある日、コナーとキャサリンは、コナーの前にある種の山を取りに来た一羽のチェリーヘッドと喧嘩をはじめ、諍いは全面戦争に突入した。怒りのため三羽とも頭の毛がふくらみ、ゴロゴロ病的な鳴き声を発し、互いの嘴でつつき合う。チェリーヘッドに対し、コナーとキャサリンは一対二で、彼らが優勢だった。鳥たちのタフさに笑い出してしまう。その日遅く、次の餌やりの時、キャサリンの挙動がおかしいことに気がついた。間近からよく見ると、片方の眼がぼやけている。それに、少し無気力であるようにも思われた。彼女を観察しているうちに、喧嘩の最後の瞬間の一コマが浮かんで来た。チェリーヘッドの嘴に小さな血の点が見えたのを思い出したのだ。キャサリンの血だったのだろうか。彼女には、怪我をしている様子は見えなかった。

その翌日になっても、群れの中の不穏な流れは続いていた。雨が降り、非常階段から一羽のチェリーヘッドの呼ぶ声がずっと聞こえていた。たった一羽に餌をやるため雨の中に出て行くのは気が進まなかったけれど、あまりの執拗さにとうとう出て行くことにした。そこに行くと、うろたえるようなものが目に入った。上側の嘴の真ん中に、大きなギザギザの穴があいていたのだ。飛んでいる途中、何かに衝突したに違いない。頭が濡れていて、誰なのかは分からない。傷はぞっとするような具合だけれど、その鳥が誰だったにせよ、鳥自身は傷のことなど気にかけていないみたいだ。それほどひどく壊れていたら嘴の残りも砕けてしまうのではないか、心配になるほどだった。嘴の中の黒い肉のようなものが剥き出しに見えるような気がするし、化膿してしまいそうだ。翌日、そのオウムが再び姿を見せた時、サムであることに気がついた（サムの名は、私が好きだった、父のおじさんにちなんでいる）。エリックに次いで二番目に力を持っていると、私が考えている鳥だ。嘴の穴は前日と同じほど状態が悪そうに見えるのに、サムはたいしたことではないという風に振る舞っている。ジェイミーに電話をかけてサムの嘴について尋ねてみると、心配には及ばないという。嘴は指の爪と同じように生えてくるし、新品と同じほどしっかりしているそうだ。

奇妙なことはそれ以上極端に展開することはないだろうと思っていたのに、しかし、また別の信じられないことが起こった。夏の最初の日で、私は非常階段に出てオウムたちが来るのを待っていた。遥か遠くに小さなグループの声が聞こえ、それから、私の方に向かってやって来るのが見える。なぜなのか、彼らが非常階段に到着する前に、何かが起こりそうなのが分かっていた。群れの中に、新しいオウムがいたのだ。種類も違っている。ベニガオメキシコインコだ。

ベニガオメキシコインコ（*Aratinga mitrata*）は、外見はチェリーヘッドにとてもよく似ている。体は緑色で、頭に赤い色がついている。といっても、赤い色彩は、嘴の頂点を横切る栗色の帯とアイマスクのように見える眼のまわりの細い部分に限られている。普通、チェリーヘッドよりわずかに大きい。この新しく加わった鳥は群れのどの鳥より、コナーと較べても、もっと大きかった。嘴もほかの鳥より大きいし、特徴のある声はどこかカモメの声を思わせる。そんなに遠くからどうして群れに新しい鳥がいることが分かったのか、実のところ確かでない。しかし、おそらくその声がそう感じさせたのだろう。

ベニガオメキシコインコはチェリーヘッドたちの後から非常階段までやって来ると、種が入った鉢の上の彼らに加わった。神経質な上に攻撃的で、隣りにとまっている誰にでも突きかかって行く。チェリーヘッドたちは彼がいることに閉口した様子で、どう扱えばいいのか困惑しているようだ。餌やりの後半、彼は私が立っているところにやって来て、手からいくつか種を取った。彼にもリングがついている。野生で捕まった鳥というわけだ。検疫番号を読み取ることができるほど人慣れしている。ＣＳＰ２０３番。その何日か前、私はオリバー書店で働く友人を訪問したところだった。それで、その書店の名前、オリバーをその鳥につけることにした。

群れに新しい鳥がいて幸せだったけれど、その思いは長続きしなかった。翌日オリバーがやって来た時、彼がチェリーヘッドたちを大騒ぎさせるのを目にした。鉢の縁を伝い歩きしては、そこにとまっているみんなを蹴り出してしまう。餌やりが始まって二、三分で、再び私のところに来た。種をあげようとすると、手すりの上のチェリーヘッドたちが私の袖をグイと引っぱって引き戻そうとする。みんなは、私が彼を励まそうとするのが気に入らなかったのだ。餌やりが終わった時、とうとうチェリーヘッドたちはみんなで彼を追い出した。オリバーは庭に飛んで行き、一番背の高いヒマラヤスギにとまり、そこでカモメのようなキリキリ声でわびしそうに鳴いていた。オリバーが元の飼い主のところに帰ってくれたら、群れにとっても、オリバーにとってもありがたいだろうに。何日間か新聞を買って遺失物欄に目を通したけれど、いなくなったベニガオメキシコインコの広告を出している人はいなかった。

親密な一羽と一人

その頃までに、ドーゲンは慣れてきていた。私は、さらに状況を一歩前進させたかった。ペット雑誌には、鳥が飼い主の手に乗ったらそのたびに「上に」とか「上に乗って」とか言うように、という忠告がいつも載っている。誰がボスなのか、鳥に示すためだ。その方法を試してみることにした。ドーゲンを下のスタジオに連れて行き、マンデラの昔のロープのジムの上に乗せた。訓練は、棒ではじめることになっている。彼女の前に立ち、体と棒の間にヒマワリの種を持った手を差し出す。「上」と私が言う。「上、上」。ドーゲンは、だからどうなのだといった様子で、ロープから飛び降りると床をトコトコ逃げはじめた。私は棒と種を持って追いかけ、彼女を角に追いつめる。それから、棒と種を床の少し上のところにかざし、「上、上」と言い、彼女は再び逃げる。部屋じゅう追いかけまわした。急激にではないけれど、執拗に。十分、あるいは十五分。その訓練が終わる頃には、実際、彼女は棒の上に乗るようになっていた。

それから数日後、次のステップに移った。手にとまらせることだ。彼女と種の間にもう一方の手を甲を上にして差し伸べ、繰り返し上に乗るよう誘ってみた。彼女は拒絶する。もっとも、私の方だって、彼女がただちに手の上に乗ることを期待していたわけではない。それから数日間、毎日少しずつやってみた。棒の方だと、差し出されるたびに喜んでそれに乗る。しかし、手の上には断固乗ろうとしなかった。「上、上」を何度繰り返してもひたすらロープの上にいて、どうすることもできないように見える。それから、ある訓練の時、私の腕に乗り移りそうな仕草を見せ、実際腕に乗った。前進していると思ったので再び手を出してみるけれど、あくまで手の上には乗ろうとしない。何故なのか、理由が分かった。腕に乗る場合、安定を保つため嘴で袖をつかんでいる。しかし、脚の神経が冒されている彼女には、剥き出しの、比較的滑りやすい手の肉の上に脚を踏み出すことは不安なのだ。自分がしてほしいことにばかり気を使って、彼女が克服しなければならないことにまで注意を向けていなかった。

ドーゲンは私が食べているものに熱中し、それが私たちを近づけてくれた。私は、彼女がそうしたい時にはいつでも私のお皿から食べるのを許した。ある晩、夕食を終えた後、彼女を腕に乗せて居間に運びリクライニングシートの背中に置いた。それは背が高く、居間の窓のすぐ前にあったので、ドーゲンはそこにとまって移り行く世界を眺めることが好きだった。彼女をそこに降ろし、私は椅子のクッションに膝をついて腕を彼女のまわりにまわした。動きを止め、彼女の反応を待つ。ゆったりくつろいでいるように見える。それで、ゆっくり、ちょうど私の鼻が彼女の首の後ろの滑らかな羽に軽く触れるところまで自分の顔を下げて行った。オウムにはカビっぽい香りがあって、私はそれが好きだった。私は大きくそれを吸い込み、彼女は完全にじっとしている。頭の羽を唇でそっと撫でてみた。それでも、反対しない。それで私は、指で彼女の首を撫ではじめた。間もなく、彼女の体のすべての筋肉と関節の輪郭を慎重になぞっていた。非常に注意深く、細心の注意を払ったので、彼女は私が何をすることも許してくれた。しかし、鳥類の背中は敏感だし、ドーゲンについて考えてみて、私は自分が最もしたいと思っていることは差し控えた。手の平で愛撫することだ。私には、ガールフレンドが必要だった。

孤独なオウム

キャサリンの状態は、日ごとに悪くなってきた。着地はぶざまだし、いったんとまっても、彼女がしたいことは寝ることだけだ。捕まえようかとも思ったけれど、もはや非常階段にやって来ることは滅多にない。餌やりのほとんどの時間電線にとまったまま、嘴を背中に埋めている。それほど弱っていたというのに、一度ナゲキバトがすぐ側までやって来た時にはその尾羽に咬みつくだけの生命力は維持していた。誰も自分に近寄ってほしくないみたいだ。時々コナーが近づいて行くような時も、彼にさえ突きかかった。衰弱していくにつれ、キャサリンとコナーの心理的距離はますます離れていった。コナーは非常階段に座り、虚空を見つめていた。

ドーゲンに太陽の光と新鮮な空気を与えたかったので、ある日彼女を籠に入れ、東側のバルコニーに行った。本を一冊持って行き、隣りに腰を下ろして本を読みはじめると、すぐにコナーが姿を見せた。籠の上に降り立ち、ほんのしばしドーゲンの様子を観察し、それから私を見てクークー鳴きはじめた。彼の眼は怒りを帯び、ますます叫び声を上げげ、その声が甲高くヒステリックになっていく。ドーゲンを籠に閉じ込めたことで、私を厳しく非難しているのだ。コナーは籠について知っている。少なくとも五回、籠に入れられたことがあったはずだ。捕獲された後の囲い、飛行機の籠、検疫所、ペットショップ、そして飼い主の家。いつもコナーの尊敬を勝ち取りたいと思っていたので、彼からの非難には刺すようなうずきを感じる。同時に、彼が状況を推し量り、私に対する判定を下すことができたことに魅了された。

じっと我慢を重ね、恭しく振る舞うようになって数ヶ月後、ソニーは次第に本来の自分に戻りつつあった。ほかのオウムたちにひどい目をあわせても罰せられなくなった。その夏、ソニーとエリックはいつもチームを組んで一緒に群れの縄張りを飛びまわり、食べ物を集めては巣穴で待つ連れ合いのところに持ち帰った。仮に群れにリーダーがいたとすれば、それはエリックだったに違いない。ソニーが日がな彼と一緒に過ごしているということは、完全に社会復帰したことを示唆している。そしてそれは、群れ全体にとっても幸いであることがすぐに明らかになった。

私は、何日かすればオリバーも落ち着き、自分の居場所を見つけるだろうと思っていた。しかし、一週間後、彼は依然ほかの鳥が鉢に来ることを許さなかった。彼に歯向かうものはいない。手から餌を食べているものには支障がないけれど、鉢から食べているものにとっては困った問題で、オリバーはまったく頭痛の種だった。彼らは非常階段の上に小さなグループで集まり、互いに困惑の眼差しを交わし合っている。鉢に乗ることができなければ、どこか別の場所へ飛んで行ってそこで食べなければならない。とうとう、こうなったらオリバーを捕まえ、もしも誰か飼い主を見つけることができなければどこか遠いところに連れて行って放すことにしようかと考えるところまで進んだ。

オウムたちは、いくつかの小さなグループで一日中非常階段にやって来ては飛び去る。それで、その時まで、オリバーとソニーが直接出会ったことはなかった。ある日、同時にふたつのグループが到着した。ソニーが鉢の縁にとまった時、オリバーがすでにそこにいた。オリバーは横歩きをしてソニーが食べているところまで行くと、威嚇するように嘴を開いて彼に向かって突進した。ソニーは、オリバーを無視して食べ続けている。そこでオリバーはもう一度突きかかった。今回はソニーも突き返した。オリバーが攻撃するごとに、ソニーは同じように応じている。軽いスパーリングに過ぎなかったとはいえ、敢えて誰かがオリバーに歯向かったのはこれが初めてだ。ソニーを脅かすことができない——印象づけることさえできない——ことを知って、オリバーは退却した。これを見ていたほかの鳥たちが、鉢の上の昔の場所に向かう。エリックもオリバーに挑戦し、再びオリバーは引き下がった。それからというもの、オリバーはどんな対立の時も萎縮するようになった。

オウムたちは、サンフランシスコの涼しさにはすっかり適応していた。しかし、今や夏の暑さの方が大きな問題だった。エル・コト・デ・ガーザ・エル・アンゴロのパトリシア・チャヴェス・リヴァーの研究拠点では、年間の平均気温は二十三、四度だ。それなら、二十六、七度くらい何ほどのこともないと、みんな思うかもしれない。しかし、気温がそれくらいになると——サンフランシスコではめったにない——オウムたちは翼を大きく横に広げ、イヌのように喘ぐ。ある日、気温が三十二、三度以上になったことがあり、高温でキャサリンやチョムスキーが参ってしまうのではないかと心配だった。キャサリンは実に愛らしかったし、しかもコナーの連れ合いだったから、病気になったほとんどのほかの鳥よりキャサリンのことが気にかかった。チョムスキーは、かろうじて命をつないでいるというありさまだ。私は二度彼を捕まえようとして、二度とも失敗した。そして、高温に対する心配が的中した。その後、二度と両方の姿を見ることはなかった。しかも、その日姿を消したのは、キャサリンとチョムスキーだけではなかった。コナーも消えてしまった。

来る日も来る日も、彼がいないかどうか目を凝らした。動けなくなったキャサリンの面倒を見ているのだろうとも考えた。しかし、もしそうなら、どうして餌をもらいに私のところに来ないのか。近くのフィルバート階段に住む人が電話をくれて、彼の家のネコが緑色の翼をくわえて来たと話した時、私は最悪の事態を考えてゾッとした。一週間コナーの姿をチラリと見かけることもなく、再び彼に会うことは諦めてしまった。そして、群れの問題は相変わらず拡大してきていた。エリックがどんよりした眼で餌を食べに来た。私はそれほど気にかけなかった。オウムたちは始終小さな問題を抱えているし、自分で片付けてしまう。しかし、間もなくエリックは、それきり消えてしまった。サンフランシスコにオウムがいること自体あまりに不自然で、審判が下ったのだろうかとさえ思いはじめた。

その夏は、全般的にイライラが募る夏だった。不満の長いリストがあった。鳥たちは小さなグループに分かれて一日中やって来て、絶えずそのつど外に出て餌やりをしなければならない。みんな私を当てにして空腹を満たしていたから、肉体的にまいってしまう。私の手や腕に乗ろうと叫びながら争い合うおかげで、手も腕も爪で引っ掻かれ、あまりに居心地悪くなりただただみんなどこかへ行ってほしいとさえ思った。あまりに食べ物を私に依存していることも、気がかりだ。オウムたちは空になった何千もの種の殻を隣りのデッキや、ヘレンの裏庭にまき散らす。ふたりの機嫌を損なわないよう、絶えず種を掃き集めなければならなかった。エドナはサンフランシスコが気に入り、弁護士との面談とは別に街を見物するためしばしばルイジアナ州からやって来るようになった。彼女が来るたびに非常階段の汚れをゴシゴシ洗い、自分の持ち物をコテージに運ばなければならない。自分自身何か意味のある仕事をするべきだと考える歳になって、まだ私はさまざまな臨時の仕事で生活している。ドーゲンに対する責任を果たすことに膨大な時間がとられ、自分自身の新しい状況を打開するためには何ひとつしていなかった。何やら、罠にはまり込んでしまった感じだ。暑い日には、暑さが嫌になる。風のある日には、風が嫌になった。

姿を消して十日後、コナーが再び現われた。小さなグループと一緒に飛んで来て、私の足元のいつもの場所に着地した。つま先と嘴がベリーの果汁ですっかり染まっている。幾分落ち込んでいるようだけれど、そのほかは同じに見える。キャサリンが死んで、コナーには孤独な生活が運命付けられているらしい。チェリーヘッドが彼を全面的に受け入れるということはないだろうし、彼にとっては辛いことだ。というのも、もしもオウムに関して何か私が学んだことがあるとすれば、それは、彼らがいかに社会的であるかということだったからだ。捕まえて家の中に連れてこようかとふと考えることもあったけれど、自分がそうしたことを決める立場にあるとは思われない。これまで目にしてきたことから、野生のオウムたちは、囚われの生活よりいかに孤独でも自由な生活の方を好むと信じないわけにいかなかった。

友達どうし

そうした中で、囚われのドーゲンと私は、身近な友達になった。日に日に、彼女が私に対して設けていた境界が崩れてくる。今や、まったく自由に彼女を手で扱うことを許してくれている。手を背中にのせ、包み込むように肋骨をぐいと押すことさえできる。彼女も私にピッタリ寄り添うことを好み、おかげで頭を充分掻いてやることができないほどだった。彼女に構っていられないほど私が忙しい時は、彼女は静かに居間の窓の敷居にとまり、外を眺めていた。そのほかの時、私たちは離れられなかった。時々は、あれこれ雑用で家の中を歩きまわる私についてくることもある。後ろをヨタヨタ歩いてついてくると、ツルツルのコルクの床をコツコツ叩く足指の爪の音が聞こえてきた。彼女は、嘴で私の身繕いをするのが好きだった。顎ヒゲや頬のヒゲ、首や耳のまわりを整えてくれる。私は、彼女の好きなようにやらせた。

ある時私は、椅子に座り、手に持ったグラノーラを食べていた。ドーゲンは目の前の床で遊んでいる。グラノーラを分けてあげようというつもりはなかったので、自分が食べていることを彼女には気づかれないようにしていた。しかし、私がコソコソ何かを噛んでいるのに気がつくと、彼女は急いで床を這ってきて、私の足に登り、そこから体を伝って肩のところまでやって来た。すでにグラノーラを食べ終えていたけれど、彼女は執拗に自分の脚で私の下唇を引っぱり、私の歯をきれいに嘗めている。あまりに馬鹿げた振る舞いで、私は笑い出してしまった。私が笑うと、彼女はさらに口の奥深くまで入り込もうとする。何をするのか見たいと思い、大きく口を開けた。彼女は頭をすっかり中につっこんで、口の中のグラノーラのくずを探していた。

ドーゲンを籠の中に閉じ込めたままにしておくのは嫌だ。それで、籠に入れるのは自分が長く家を空けなければならない時だけにした。また、彼女を訓練しながら、いつも何か不快な感じを抱いていた。今なら、罵るのをやめさせるため彼女に向かって大声で怒鳴る必要などなかったことが分かる。もしも私がもう少し忍耐強かったら、彼女は自分の方から罵るのをやめていたに違いない。ボーとマンデラと、ドーゲンの兄弟ジョーンズは、寝室の窓のところにドーゲンがいるのを見つけるといつもやって来た。彼らが訪ねてくるとすっかりドーゲンは興奮し、おかげで私に、彼女が本当に属しているのはどこなのかいつも思いださせてくれた。彼女を馴れさせるため特別な努力を払うことをやめ、「上」の命令も捨てた。私たちは、飼い主とペットでなく、友達どうしでありたかった。ありのままのドーゲン、すなわち、野生の鳥であるままにさせ、躾は彼女の安全を確保するためだけにとどめた。夜眠る前、私はベッドに横になり、T字型のとまり木にとまっている彼女を見る。それは愛おしい光景だ。小さな野生のオウムが両脚でとまり木をしっかりつかみ、羽毛をフワフワふくらませ、眼を閉じ、オウムが満足している時のしるしである嘴をこすり合わせる断続的な音が聞こえてくる。

彼女を家の中に入れて二ヶ月後、ドーゲンの体調は万全状態の八十五パーセントくらいにまでに安定してきている。間もなく毛替わりが始まる頃で、獣医に彼女の状態をチェックしてほしかった。私は依然ヘレンのための使い走りをしていて、彼女が支払いを申し出てくれるに十分の信用は築いている。しかし、ドーゲンの問題が本当は何だったか、獣医がはっきり見つけ出すには遅すぎるし、ヘレンにしても、正確な情報を得るのに必要な一連のテストに要する費用までは賄えない。何かのウィルスに感染したという可能性もあるけれど、それより、何か毒性のものを食べた可能性の方が高いと獣医は言っていた。獣医によれば、若者は、おとなら避けることを学んでいるものを食べることがあるという。問題の起こったのがちょうど一年のうちの、若い鳥が両親の元を離れ、日々の導きを受けられなくなる時期だったということを考えれば、それは理屈に合う。

ある朝私は、ドーゲンを肩に乗せて外に散歩に出た。彼女は再び庭を訪ねたいだろうと思い、グリニッチ階段を廻って下りて行った。グリニッチ階段を歩いているとひとりの女性が私を呼び止め、なぜ野生のオウムを持っているのかと尋ねた。非常階段は高いところにあって、階段からは見えにくい奥に引っ込んでいる。

私の姿が階段から見えるのは、ほんのわずかの場所しかない。それで、私がそこで何をしているのか見たことがある人はそれほど多くない。しかし、その女性、シンシアは気づいていた。隣人たちのほとんどは自由にしているオウムを見るのが好きで、私が鳥を捕まえたのだと考えた人は誰でも腹を立てる。それで、手短にドーゲンの事情を説明した。

シンシアはオウムに特別な関心を寄せていて、家にも三羽飼っている。彼女は、一番最近手に入れたオウムについて話しはじめた。オウムを虐待していた家から救い出された鳥だという。その鳥が、それまで彼女の家にいたインコのうちの一羽にとても攻撃的な態度を示すと嘆いていた。虐められているインコは何年もシンシアと一緒だったお気に入りのメスで、明らかに新しいオウムは彼女が飼っていたもう一方のオスには優しく、メスを彼から引き離しておこうとしている。新しい鳥は好きだけれど、あまりに問題になって来たので新しい飼い主を探したいと望んでいた。誰か、メスのブルークラウンに興味がある人を知らないだろうか？

私は、びっくり仰天した。自分の考えに一瞬の冷静な評価を加えてみる。といっても、単なる形だけの問題だ。

「そうですね。まあ」と、私は彼女に言った。「実を言うと、私は確かに、メスのブルークラウンに関心のある誰かを、知っているんですよ」

ブルークラウンのバッキー

その鳥、バッキーを群れに放すことをシンシアに同意してもらうには説得が必要だった。私は、事態がまずくなる可能性は少ないと請け合った。私にしたところで、二羽のブルークラウンが互いにうまくいくかどうかはっきりしない限りバッキーを放そうとは思わない。もしも相性が良かったら、コナーはきっと彼女の面倒を見るはずだ。もしも偶然何かがうまくいかなかったら、単に彼女を連れ戻すだけで問題はない。シンシアはそれについて考えを巡らし、いい考えみたいだからバッキーを引き取りに来てほしいと電話してきた。

バッキーの体の大きさは印象的だった。それまで見てきたブルークラウンのようにほっそりしていない。太ってはいないけれど、がっしりして、ただただたくましい。これなら、チェリーヘッドに対してもありのままの自分でいることに何の困難もないように見える。バッキーを夜の温度に順応させようと思うので、彼女の放鳥まで二、三週間かかるだろうとシンシアには告げた。どうなっているか、そのつど経過をきちんと知らせてやるつもりだ。詮方なくバッキーの来るべき冒険についてしばらくおしゃべりしたけれど、早く家に戻りたくてたまらない。すでに午後も遅く、群れは間もなく塒に帰ってしまう。それに、自分がコナーのために何を見つけてやったか、早く彼に見せてやりたかった。

再びエドナが街に来てマクシンの家に滞在していたので、ドーゲンと私は下のスタジオに戻っていた。バッキーの入った籠を持って入って行くと、ドーゲンは高いロープにとまって私たちを見ている。別のオウムの到来でドーゲンは興奮するだろうと思ったのに、まったく関心を示さない。籠を床に置くと、バッキーはマンザニータ［硬く表面がなめらかで、とまり木によく用いられる］の木の枝のとまり木を勢力的に行ったり来たりしはじめ、力強く叫んだ。彼女の胸は際立った形をしていて、もったいぶって歩いているわけではない時でさえフワッと膨らんで見える。籠の戸を開けお皿に食べ物をあげようとすると勢いよく攻撃してきたので、私はたじろいで後退してしまった。そのまま籠から出たバッキーは部屋の中をのし歩き、私はそこに立って見ていることしかできなかった。彼女には怖じ気づいてしまう。バッキーはドーゲンがとまっているところに飛び上がると、自分の優位を示そうとした。しかし、体は遥かに小さかったにもかかわらず、ドーゲンはあっさり第一ラウンドを制した。

オウムの一団が庭に到着したので、何とかバッキーを籠に追い立て、そのまま外に持ち出した。エドナが街にいる間、家の非常階段を使うことはできないので、コテージの長いバルコニーの方にオウムたちを誘うようにしていた。バルコニーはちょうどヘレンの住まいと同じ高さにあり、そこには簡単に行ける。バッキーの籠を下に置いてコナーを探したけれど、コナーはこのグループの中にいなかった。三羽のチェリーヘッドがバッキーの籠のまわりに集まり、籠の隙間から彼女をつついている。バッキーは夢中で気がつかないみたいだ。とまり木の上を行ったり来たりし続け、自分の要求を叫び続けていた。

バッキーはそれまで、ずっと今のようにたくましかったわけではない。経歴をすっかり聞いたわけではないけれど、私が聞いた部分は、多くのペットのオウムに典型的なものだった。何らかの理由で、バッキーの飼い主は彼女を友達に譲った。新しい家に到着すると、彼女はふんだんに世話された。しかし、オウムを飼うことの物珍しさも次第に褪せ、家族は彼女を無視するようになった。種や水も充分ではなく、栄養不足になって彼女は痩せてきた。水のお皿も忘れられ、干上がっていることさえある。時間の経過とともに籠から出してもらうことも少なくなり、大声で叫ぶようになった。家の息子はバッキーを黙らせようと怒鳴り返し、それでも叫びやめないと籠に毛布を被せてしまった。欲求不満が募ってきて、彼女は自分の羽を抜きはじめ、飼い主に咬みつくようになった。親戚のひとりがそんな彼女の様子を見ていられなくなり、ある日誰もいない時を狙って家に入り込み、バッキーを救出した。彼はバッキーを友達に預け、その友達からシンシアがもらったのだ。シンシアは鳥を飼った経験が豊富で、彼女の保護の下でバッキーは羽を引き抜くのをやめ、太ってきた。別のインコとの問題が生じてくるまでは、万事うまくいっていた。

　バッキーを引き受けることについては危険も大きかった。シンシアは再び戻してもらうことなどいやだから、バッキーにもドーゲンにも、私が責任を負わなければならない。その上、私はまったく知らなかったけれど、外来種の鳥を環境の中に勝手に放つのは違法行為で、法律的には告訴される可能性もあった。とはいえ、たとえそのことを知っていたとしても、おそらく同じようにしていただろう。コナーが好きだったし、コナーに連れ合いを持たせたかった。子どもっぽい考えであることは承知で、なお、もしもコナーを助けることができれば、彼は私に感謝して友達になりたいと思ってくれるだろうという微かな望みも抱いていた。

　その間、コナーにはまったく仲間がいなかったわけではない。キャサリンが姿を消して間もなく、オーストラリア産の小さなインコが群れに加わった。私は彼をスミティーと名づけた。淡青色で、頭と翼に黒と白の縞模様があり、眼が小さくて黒い。チェリーヘッドたちより遥かに小さく、飛ぶ様子はチェリーヘッドたちよりさらに常軌を逸している。それなのにスミティーは、群れに追いついただけではなく、しばしばその先頭を切って飛んでいた。オウムたちはめったにほかの種類の鳥に注意を払わないけれど、ほかのオウムに対してはこの上なく敵対的だ。過去に私は、別の小型インコ、コボウシインコとソデジロインコが群れに加わろうとするのを見たことがある。チェリーヘッドたちは新しい鳥に挑みかかっていた。今回も型通り彼らはスミティーに敵対した。咬みつきかかっては脅す。それでも、彼はひるまなかった。嘴をできる限り大きく開き、脅かし返す。虚勢ではない。スミティーは強情で、臆することなく嘴を交えた。大きな鳥が立ちはだかろうとするたびに、尾っぽを咬む。『オズの魔法使い』に出てくる、ロリポップギルドの小さな住人たちを思い出させた。実際のところ、コナーにしたところで、スミティーに優しかったわけではない。それでも、寛容だったので、スミティーはコナーの行くところどこにでもついて行くようになった。

オウムのお見合い

二羽を引き合わせようとした最初の日、コナーは姿を見せなかった。そこで、翌朝早くヘレンの家のバルコニーにベッキーを持って行き、そこで待った。オウムの最初の一団が食べに来た時、バッキーは静かに身繕いしていた。今回はコナーも一緒で、彼を見た途端バッキーは興奮して叫びはじめた。ブルークラウンの叫び声はコナーの注意を惹いたけれど、ドーゲンと同じく、彼も特別の関心は示さなかった。彼は、いつもの自分の場所に行った。籠から一メートルあまり離れた場所で、種を食べながらどんな感情も示さず静かに彼女の方を見やっている。食べ終えるとコナーはブラ籠の方に近づき、その上に登った。それでも、彼女を見てことさら幸せそうにも見えない。ほかの鳥が飛び去るとコナーも一緒に去った。しかし、群れが庭を出る前に彼は引き返し、ヒマラヤスギのてっぺんにとまった。バッキーは絶望的なキリキリ声を上げてコナーに呼びかけ、コナーは木の中にとまって身繕いしながらそれを聞いている。時々彼は、彼女の呼びかけにほんのわずか反応する。そのまま三十分が過ぎた。

私は家を掃除する仕事を引き受けていたし、自分がいない間バッキーを外に出したままにはしておけないので、籠を拾い上げ、スタジオの方に戻りかけた。これを見るや、コナーはバルコニーの手すりに飛び降りて抗議した。十分後にそこを離れる時、彼はまだ彼女に向かって叫んでいた。

仕事から戻ると、すぐにバッキーを外に連れて行った。数分後、大勢のオウムの一団が庭に入って来た。コナーも中にいたけれど、別の一羽の鳥の到着が、一瞬もっと私の関心を惹いた。すでに八月に入っていて、何日も前から私はメスたちが巣からやって来るのを心待ちにしていた。今見ているのは最初の鳥で、まったく驚いたことにマーフィーじゃないか。てっきり死んだものと思っていたのに。ということは、彼女はマーロンの妹ではなく、連れ合いだったということだ。両方一歳にもならないうちにペアになり、彼女は二歳になる前に巣ごもりしたということになる。私の理解では彼らはまだあと一年は繁殖しないはずだから、多分、ほかの鳥たちと同じように行動しただけなのだろう。

　その日の朝と同じように、コナーはまず食べ、それからバッキーの籠の上に上った。時折チェリーヘッドの誰かがバッキーを調べにやって来ると、しかめっ面をしたコナーが飛び降りて追い払う。一緒にやって来たグループが庭を去る段になって、コナーは後に残った。奇妙なことに、コナーはいまだにはっきりバッキーに対する関心を示したわけではない。ほとんど籠の上で身繕いしたり、うたた寝したりしている。バッキーは野生でいるところを捕獲されたのか、繁殖業者の手で育てられたのか、私は知らなかった。当時、彼女くらいの歳のブルークラウンには、人工繁殖したものは少なかった。しかし、彼女は、野生のオウムなら知っているはずのいくつかのことをきちんと知っているみたいだ。ほかのオウムたちが遠くから近づいてくると、バッキーはコナーの叫び声に加わり、自分がいることを知らせる。後に、タカが上空に飛んで来た時も、バッキーは黙り込み、油断なく空の上のタカの航跡を追っていた。どちらの行動も、おそらく本能的なものだろう。それでも、放鳥に関し、ほんの少し自信を感じさせてくれた。その日は終日、小さな群れが来たり去ったりしていて、コナーはどれにも加わらず、日没までウォルトン・スクウェアの塒に帰ろうとしなかった。

　コナーが去ってから、バッキーを家の中に入れ、もっと彼女と親しくなろうと努力した。確信を持って外に放し、それを見事成功させるには、彼女に信頼してもらわなければならない。自分がバッキーを恐れていることをシンシアに話すと、そんな必要はない、バッキーはとても馴れていると言った。しかも、たいてい「ハロー」だけだけれど、バッキーは話すこともできるという。それで、いろいろやってみて、とうとうバッキーにハローと言わせることができた。さらに励ますと、ラジオのアナウンサーのような抑揚と声の調子で一句もぐもぐつぶやいた。何を言っているのかは理解できない。その後彼女は黙り込み、ハローさえ言わなくなった。手に乗せようとすると拒む。甘い声で囁きかけ、指を彼女の脚に押しつけ、いろいろな角度から手を差し伸べてみたけれど、まったくその上に脚を出そうとしなかった。ドーゲンが近くにとまって見ている。バッキーがいつまでたっても動こうとしないので、ドーゲンはそれまで聞いたことのない声を上げはじめた。突然、「上、上」と言っているのに気がついた。びっくり仰天だ。命令の言葉を使うことは何週間も前にわざわざやめにしていたのに、ドーゲンは覚えていたのだ。しかし、二度と同じことは言わなかった。

オウムは話せるかどうか、人びとはよく尋ねる。それは奇妙な質問だと私は思う。野生のオウムは話さないし、ヨウム African gray parrot 以外、物真似の才能を発揮することもない。高度に社会的な動物だから、自分が身を置いているどんな共同体でもすっかりメンバーになり切ろうとするだろう。従って、囚われの鳥の場合、人間が話すのを学ぼうとするかもしれない。しかし、頻繁に音を繰り返して学ぶだけだ。といって、自分の言っていることをまったく理解しないというのではない。理解していることを示す、確かな証拠もある。ある種類のオウムは、ほかの種類よりよく話す。チェリーヘッドはうまい話し手とは言えないし、ブルークラウンもほんのわずかましなだけだ。しかし、話す能力というものこそ、オウムにとっては呪いの種だった。そのことこそ、人間がそれほど熱心にオウムを所有したいと願う理由のひとつとなってきたからだ。そして、オウムが話すのに失敗することが、しばしば、オウムに話してほしかった人がオウムを無視し、捨ててしまう結果をもたらした。

バッキーに対するコナーの感情は、最初曖昧だったけれど、すぐに明瞭になった。バッキーは自分の鳥だ。彼は群れと一緒に飛ぶのをやめ、毎日、一日中バッキーの籠の上にとまっているようになった。エドナが街を去って私もマクシンの家に戻り、そこではバッキーの籠を東側のバルコニーに出しはじめた。コナーのための特別食のお皿も一緒だったので、糧秣《りょうまつ》のためにそこを離れる必要がなくなった。スミティーも、ずっとそこに一緒にいるようになった。スミティーは籠の編み目の間から中に入り込み、籠の床で食べ物くずを漁る。バッキーが家の中にいる時は、二羽のブルークラウンはいつでも互いに呼びかけ合っていた。バッキーの姿が窓から見えると、コナーは窓の敷居に飛んで来て彼女を見つめる。仕事のため家を離れなければならない時、私はバッキーとドーゲンを籠の中に入れる代わりにコテージスタジオを使いはじめた。そこはあまりに汚れていて、徹底的に手を入れない限り再び貸し出すことがないのは確実だ。それで、籠に入れず二羽をそこに残したままにしておいても、彼女たちがその場所をダメにしてしまうのを心配する必要などなかった。コナーはそうした動きを全部承知していて、しばしばコテージを取り囲む低木の植え込みにとまり、中を覗き込んでいる姿を見かけた。彼がいるとバッキーは喜んで夢中で叫ぶ。コナーがいないと不安になり、いつも決まり切ったようにとまり木を伝い降り、水の皿に上り、そこから向きを変え、またとまり木の反対側に歩いて戻って行くという同じ動作を繰り返す。彼女は、コナーの真似をした。もしも私が手からコナーにリンゴの一切れを渡すと、彼女も籠の中でリンゴを食べる。コナーにヒマワリの種を渡すと、バッキーも種のお皿の方に行く。バッキーはひたすらコナーを愛し、コナーもバッキーを愛していた。

私自身、バッキーが好きになってきた。彼女は新しい鳥だったし、多くの時間を彼女と過ごすようになった。それまではドーゲンと過ごしていた時間で、ドーゲンにはそれが気に入らない。事実、彼女はとても焼き餅焼きだ。鳥の飼い主たちが鳥は嫉妬深いと話すのを耳にしていたけれど、私自身、自分でそれを見て驚きもし、楽しみもした。それが嫉妬であることは、見間違いようがない。私がバッキーに注意を向けると、ドーゲンもやって来て注意を惹こうとする。バッキーは両手で翼を包み込み愛撫するのを許してくれたけれど、そうすると、ドーゲンはいつもやめさせようとする。私の手を咬み、袖を引っ張るのだ。群れのメンバーも私がほかの鳥にそうしようとすれば、仲間を守ろうと同じことをする。しかし、ドーゲンの場合、バッキーを守っているのではない。結局ドーゲンは、同じように自分を愛撫することを許してくれるようになった。バッキーに注意を向けた後、私が行って横になると、ドーゲンはすぐに駆けて来て胸の上に登り、撫でたり掻いたりしてもらいたがった。

意外な結末

放鳥の準備のため、バッキーを夜も外に出したままにしておくことにした。八月の気候は温暖で、彼女は容易に適応した。気温は本当の問題ではなく、できる限り注意深く、すっかり準備を整えておきたかったのだ。彼女にもしものことがあったら、きっとやましい思いに捕らえられるだろう。思いつく気がかりな点は、唯一怪我の心配だけ。ほかに見落としはないか、始終考え続けていた。バッキーを放すことについて助言をもらえたらと思い、専門知識を持つ女性に電話してみた。私がしようと思っていることに興味を持ち楽しみに思ってくれるだろうと予想していたのに、彼女は断固それに反対だった。彼女の心配は、バッキーの安全というより、地元に本来棲んでいる鳥たちの健康に対する心配だ。土地本来の鳥はすでに十分長く困難に直面してきていて、さらなる競争はよくない結果をもたらしうると、彼女は言った。ドーゲンを放すことには、問題を感じていなかった。ドーゲンはすでに野生状態からきていたものだからで、現在の環境にさらにブルークラウンを加えてほしくなかったのだ。彼女は、それが違法だという点には触れなかった。おそらく、どっちみち私には関係なかろうと考えたのだろう。私は、もう一度考えてみると彼女に告げた。ある部分彼女に同意したけれど、コナーとバッキーを一緒に放すことに対する私の情熱は、ほかの懸念を凌駕した。それでも、自分は間違っているのだろうか、いろいろ訝らずにいられなかった。

バッキーを放す日がとうとうやって来た。シンシアもその場にいたいと言うので、彼女の仕事が終わるのを待った。バッキーの飛行筋が幾分か萎縮しているだろうことは分かっていたから、いずれにせよ、一日の遅い時間を待つ方がよいだろうと考えていた。バッキーが自由にはち切れんばかりになり、しかもそれが日中のあまり早い時間だったら、すっかり消耗してしまうだろうと気がかりだったのだ。五時半、すべての準備が整った。シンシア、群れ、コナー、みんなそこにいて、一方バッキーはとまり木の上を落ち着きなく行き来している。私は神経質になっていたけれど、はやく終えてしまいたい。バッキーがまっすぐ籠を抜け、愛する相手のところに向かうのを思い描いていた。しかし、戸が開いても、彼女は動かなかった。唯一の動きはチェリーヘッドたちのもので、戸を開けたことに驚き、電線に舞い戻った。コナーは非常階段に残り、バッキーに向かってクークー鳴いている。しかし、バッキーは出てこようとしない。一分後、彼女はおずおずと籠の戸の横木の方に踏み出し、それからまた横木に退却した。コナーが彼女に向かってクークー鳴き続け、今回バッキーは、びくびくしながらもすっかり外まで歩み出た。非常階段の床に佇み、ぐるっとまわりを見まわす。湾の平らな広がりと、遠くの山々が長い地平線を形作っている。世界の巨大さに圧倒されているように見える。コナーがしびれを切らした。手すりを離れ、家の一角を飛びまわりはじめたのだ。バッキーは一瞬躊躇し、それから、彼を追って飛び上がった。私は、自分が目にしたものに気持ちが沈んだ。彼女の尻の先が奇妙な具合に小刻みに動き、何だか、飛びながらヨタヨタ歩きをしているように見える。バッキーは、東側へ三十メートルほど行ったところに密集する大きなモントレーイトスギにどうにか辿り着いた。そこで、コナーが一緒になった。何羽かのチェリーヘッドが、新しいブルークラウンを調べるため頭上を飛んでいる。幾分煩わしそうだったけれど、彼女は平然としている。突然、全員――バッキーとコナーを含め――が木から飛び出した。群れ全体が北に向かって飛び、それから、丘をまわって姿を消すのを私は見ていた。シンシアは有頂天だ。万事すばらしくうまくいったと思っている。バッキーの飛行の悪戦苦闘には気づいていない。私は、自分も興奮しているように振る舞った。しかし、大きな間違いを犯してしまったと密かに感じていた。

翌朝早く起き、ドーゲンを下の食堂に連れて行った。一緒に窓のところに座り、バッキーとコナーが到着するのを待った。進捗状況をシンシアに電話することになっていたけれど、午前中いっぱいどちらを目にすることもなく窓際に座っているだけだった。とうとう午後早く、バッキーが姿を現わした。一羽だけで、庭をさっと横切り、モントレイ・ヒマラヤスギに飛び込んだ。コナーは一緒でないらしい。非常階段に出て食べにこさせようとしたけれど、彼女はちっとも応じようとしない。コナーがやっと姿を見せたのは午後遅くなってからで、彼も一羽だけだった。コナーが去って一時間後、再び庭を横切って飛ぶバッキーをちらっと見た。どうしてコナーは家に来ようとしなかったのか、どうしてバッキーと一緒ではないのか、理解できなかった。

そのまた次の日の朝早く、コナーが非常階段に姿を見せた。彼が食べている間、ヒマラヤスギの中からバッキーがクークー鳴いている声が聞こえる。今では、ヒマラヤスギのその場所がバッキーの行動の中心になっていた。コナーは彼女がとまっているところに飛んで行ったけれど、二、三分後には飛び去ってしまった。少なくとも、バッキーはまだ生きている。ドーゲンと私は、午前中いっぱいバッキーの姿を捉えようと探していた。しかし、時々ちらっと姿を見かけるだけだった。コナーは時々姿を現わすけれど、決してバッキーと一緒ではない。万事計画通り、には進んでいない。今ではバッキーのことが気がかりだ。彼女を連れ戻したかったけれど、非常階段に来ることを拒否している。

お昼過ぎ、電話のベルが鳴った。お風呂に入っていたけれど、何かが電話に出た方がいいと告げている。急いで湯船を飛び出して電話に出た。近所に住むルイスからだった。何かいつもと様子が違うので、何がどうなっているのか心当たりがないか私に訊きたかったという。彼によると友人のひとりが町を離れていて留守の間、庭に水を撒いてくれるよう頼まれた。それでグリニッチ通りからちょうど南に三ブロック離れた友達の家にいると、オウムが飛んでいるのが見えた。特別理由はなかったけれど、彼は鳥に手を振った。手を振った途端、一羽の鳥が突然向きを変え、まっすぐ彼の方向に向かってきて近くのイチジクの木に着陸した。ルイスは手に食べ物を持っていたので、どうせ無駄だろうと思いながら、オウムが下に降りてくるか食べものを差し出してみた。彼はオウムたちが本当に野生であることを知っていたので、その鳥が肩にとまった時は少し驚いた。鳥は食べものを少し食べ、それから彼の耳を軽くチョンチョンと咬みはじめる。すっかり魅了され、ルイスは鳥を木に戻すとカメラをとるために家に駆け込んだ。するとオウムも後からついて来て家に入り、探索をはじめた。その時点で、ルイスは電話してきたのだ。私は鳥を外に出さないように彼に頼んだ。仕事の約束があってすぐ出かけなければならないので、急いでくれと言う。慌てて服を着て籠をつかみ、彼の家まで走って行った。バッキーは、昔の籠を見ると、すぐそれに飛び込んだ。

パコと仲間たち

　というわけで、今私は二羽のオウムの責任を負っている。飛行用の羽さえ生え戻って来たら、ドーゲンを外に放すことには自信がある。しかし、バッキーには新しい家を見つけなければならない。ドーゲンが病気だった頃のように、もしもバッキーをもらってくれる人を見つける前に家を出なければならなくなった時どうするか、道から道へバッキーを持ち運んでいる自分の姿を思い浮かべてみる。そんなシナリオになったら、バッキーが飛べないということがどうしても必要だ。それで、バッキーの翼を切ってもらうことにした。羽を切ってくれた女性は、自分が見た中でバッキーは一番大きなブルークラウンだと言っていた。

　バッキーもドーゲンも外にいるのが好きだったので、毎朝二羽を家の東側のバルコニーに出した。コナーが再びバッキーの籠の上で一日じゅう過ごすようになった。セキセイインコのスミティーも、ぴったり彼に従っている。スミティーは人間の手で育てられ、生涯ずっと人間の間で過ごしてきたというのに、私に対しては用心深い。自由でいるのを好み、いつでも距離をとっている。バッキーの籠の食べ物くずを食べるほか、彼はコナーの寛容に甘えてコナーの嘴からこぼれ落ちる破片を食べている。しかも、そうした関係は、食べ物をあさるだけの間柄を越えてきた。両方ともブドウが好きだったけれど、スミティーの嘴は小さくて皮ごと口にくわえて破ることができない。コナーはブドウを脚でつかんで空中に持ち上げ、スミティーが剥き出しになったブドウをくちゃくちゃ齧るのを許していた。

　私は、バルコニーでブラブラしているのが好きだった。しかし、コナーに煩わしく思われるのは嫌だ。彼がすぐ近くにいる時、どの程度まで普段通り振る舞っていられるか、戯れに試してみた。時々、コナーが籠のてっぺんにやって来るのを待って、それからバッキーのお皿の水を取り替えた。できるだけさりげなく振る舞うようにしながら、彼の方はすべてのオウム同様わざと暢気そうにしているのか、本当にそうなのか、違いを見分けてみた。私が自然にくつろいでいる時には、彼も私のすることを気にしない。こちらが暢気を装っている時には、私から眼を逸らさなかった。

その前の年、私は、巨大なオウムの赤ん坊たちが家のドアから行進しながら入ってきて、その際私を突き倒してしまう夢を見た。それから一年と一日経った時、また、別のオウムの夢を見た。今回の夢では、非常階段から家の中に入っていくと、食堂のテーブルのまわりに五羽のオウムがいた。最初、全部赤ん坊かと思った。しかし、近くに寄ってみると赤ん坊はその中の一羽だけで、しかもオウムでも何でもなく、何か毛がふさふさした動物だ。最初の夢がその年初めてヒナたちが到着することを告げる前兆だったことを思い出し、今度も一日中、赤ん坊がいないかどうか目を光らせた。しかし、一羽もいない。その翌日も見なかったし、そのまた次の日も、見なかった。

四日後、まだ一羽の赤ん坊も見ていない。何か悪いことでもあったのか、心配になってくる。翌朝、日の出の前に起き出し、ウォルトン・スクウェアまで歩いて行ってみることにした。オウムたちがそこを塒としていることは知っていても、そこに巣を作っているかどうかは確証がなかった。

ウォルトン・スクウェアは可愛らしい小さな広場で、何か奇妙な様子でほかのサンフランシスコの公園と違っている。街の一ブロック分を占め、背の高い松で囲まれた内部は、草の茂ったいくつかの小さな丘と桜の木々としだれ柳で牧歌的な感じがする。大きな岩のまわりに、十三本の背の高いポプラが生えている。公園の特異な雰囲気は、おおむね、広場のそこここにおかれた三つの芸術作品がもたらしたものだ。ひとつは、画家のジョージア・オキーフと二匹のイヌの銅像。ふたつ目はロブスター、カモメ、カニ、松の木を描いた多色のタイルを表面に貼ったオベリスク（方尖塔）。三つ目は、それ自体現代彫刻作品にもなった大きな噴水で、バラバラに置かれたコンクリートブロックから立ち上がった四本のトーテムポールのような青銅の構造物から水が流れている。

ウォルトン・スクウェアに到着した時、赤ん坊のオウムが松の木の枝をぴょんぴょん飛びまわっていてくれればいいのに、と思った。しかし、オウムはいない。オウムの姿はまったく見えなかった。確実に十分早く来たつもりだし、オウムたちが塒を出て行くのを見逃したはずはない。守衛さんにオウムが飛び立って行くのを見たかどうか尋ねてみると、オウムの群れは何週間も公園に姿を見せていないという。鳥がやってこなくなったと彼が言うちょうどその頃、自転車で広場を通りかかったことがあるのを思い出した。大掛かりな道路工事が行なわれているところで、多分、削岩機の音がオウムたちを怯えさせ、否応なく巣を捨てさせたのかもしれない。もしそうなら、大きな後退だ。この何ヶ月の間に、群れはたくさんのものを失っていた。ドーゲンは衰弱し、キャサリン、エリック、ステラ、チョムスキー、それにメンデルスゾーンが亡くなった（フィルバート階段のところでネコがくわえていたのは、おそらくメンデルスゾーンの翼だ）。今では、群れにいるのは二十四羽だけで、初めて非常階段に来るようになった時より二羽少ない。私は、暗い気分を胸にウォルトン・スクウェアを後にした。その年は新しい赤ん坊はいないだろうと希望を捨て、自分が群れの消滅を目撃する証人になっているのではないか気がかりだった。

ヒナ鳥の季節

ところが、その日遅く、その年最初のヒナ鳥が姿を現した。ことオウムに関しては、いつもそんな風だ。自分に何かが分かったと思った途端、彼らはひと捻り加える。時々、まるで自分に対し彼らは老獪な冗談を加えているかのように感じられるほどだ。美しい緑色の赤ん坊で、セバスチャンと名づけた（彼の名前は十六世紀マゼランの死を受けて船団を引き継ぎ、世界周航を達成したスペインの冒険家ファン・セバスチャン・エルカーノにちなんでいる)。彼に関して最も注目すべき点はその両親で、両親は、若いマーロンとマーフィーだった。

その前の年、すべてのヒナたちはそれぞれ二、三日の間を置いて巣立った。それで、もっと来るだろうと準備していた。しかし、ほかに一羽の赤ん坊も現われないまま一週間が過ぎた。それで諦めてしまった。今回は、私が諦めた以降も、依然新たな赤ん坊は来なかった。といっても、ほかにもいたかもしれない。ある男性が、ネコがフィルバート階段でまた別のオウムを捕まえるのを見たと話してくれた。オウムは赤ん坊だったか、おとなだったか、執拗に問いただしてみたけれど、ネコとオウムは茂った灌木の中にいて暗くて見えなかったという。おとなのオウムの中にいなくなったものはいないから、また別の赤ん坊だったに違いない。

ほぼ一年前から、オウムの写真を撮るためカメラを借りていた。結果に至極満足していたので、いくらか余分の小銭があると、いつも新しいフィルムを買った。特に、ヒナたちがやって来るのは楽しみで、赤ん坊のいい写真を撮りたいと思っていた。マンデラが赤ん坊だった時何枚か写真を撮ったけれど、カメラもフィルムも非常に質が悪く、写真はきれいにでき上がらなかった。今借りているのは前より高級なカメラだから、引っ越ししてしまう前にぜひとも質のいい写真を撮りたかった。それでも赤ん坊たちはとても遊び好きで、スチール写真ではなかなかうまく捉えられない。そんな時、ある隣人がビデオカメラを貸してくれるというので有頂天になった。

非常階段に出て何か撮影する面白いものがないか探していると、マーロンとマーフィーの赤ん坊、セバスチャンがほんの四、五メートル先の電線に着陸し、すぐにショーがはじまった。並んで平行に走っている二本の電線で遊んでいる。電線の間隔は十五センチほどで、一本がもう一方より少し低い。上側の線は太くてピンと張られ、下側のは細くて緩んでいる。映像は、左脚で上の電線に逆さまにぶら下がっているセバスチャンの姿からはじまり、身を乗り出して嘴で下側の電線をつかもうとしている。少し手間取ったけれど、とうとう左脚と嘴で両方の電線に自分を固定した。それから小刻みに体を動かし、少し体を揺すって空いている右脚を下の電線の方に移動させる。下の電線をつかむと嘴の電線を離し、その結果両脚を大きく開く形になった。下の電線はブラブラ緩く、姿勢を維持するのがむずかしい。それで右脚の緩い電線を離し、その脚で上の電線を探り、両脚で上の電線から逆さまにぶら下がった。頭を起こし、上の電線まで頭を持ち上げようとしている。うまくいかない。それでまた頭を下げ、もう一度嘴でグラグラする下の電線をつかんだ。そのままそこに三十秒ほどぶら下がり、ぼんやり電線を咬んでいる。それから再び頭を上げ、今回はどうやら上の電線を嘴で捕まえることができた。それから脚の電線を離し、嘴だけでぶら下がった。空中を爪でひっかくように動かし、体を九十度の角度で行ったり来たり、行ったり来たりさせている。それから、素早い優雅な動きで上の電線を右脚でつかみ、その脚で逆さまにぶら下がり、もう一度嘴と左脚で下の電線をつかみ、上の電線の右脚を離すと素早く動かして下の電線をつかんだ。そこで静止する。完璧な、十点満点だ。しかし、電線があまりに緩んでいてあわや落ちそうになったところで、セバスチャンは画面から消えた。

赤ん坊を巡って

夏の終わり間近のある午後、ドアのベルが鳴った。普段訪問客などほとんどいないので呼び鈴を聞くのは新奇な体験だ。戸口のところにいる男は、見覚えはあったけれど、誰なのか思い出せない。自分はジェフリー・チンだと自己紹介され、やっと思い出した。私がサンフランシスコにやって来た時以来目にしてきたポスターに顔が出ている、ギターとリュートの奏者だ。

ジェフリーが言うには、前の晩ガールフレンドのメアリーと一緒にノースビーチを歩いていて、一羽のオウムが自動車の下に姿を隠すのを目にした。鳥は飛べないようで、ふたりは捕まえて家に持ち帰った。食べ物と一緒にオウムを箱に入れたけれど、食べようとしない。ジェフリーは以前私が群れに餌をやっているのを見たことがあって、アドバイスがほしかった。

彼の言い方からすると、どうやら赤ん坊のチェリーヘッドのようだ。見に行っていいかどうか尋ねると、もちろんいいと言う。私はセバスチャンが何か問題に巻き込まれたのだろうと予想した。しかし、そうではなかった。新しいチェリーヘッドの赤ちゃんだ。段ボール箱の一角にうずくまり、ボーッと疲れ切っているように見える。まだ自分で食べ物を食べることはできず、何も食べたことがないのだ。ジェフリーとメアリーは、鳥をどうしていいのかまったく分からなかった。進んでそれを引き受けるべきだろうか。

赤ん坊はギター奏者に助けられたので、それにちなんでパコと名づけることにした。フラメンコ・ギタリストのパコ・デ・ルシアだ。群れの中の誰が――誰かいるとして――親として名乗り出るか、興味津々だった。私はパコを籠に入れ、非常階段に出した。その時初めて彼をきちんと見た。体にはどこも悪そうなところは見えない。美しい羽だ。明るく、新鮮で、まったく真新しい。黒く輝く眼は赤ん坊の無垢を湛え、眠さで重くなっている。嘴はまだ赤ん坊の体の一部分で、成熟していない。パコのは獅子鼻のようで、ほとんど灰色をしている。嘴の側面には、両親が餌をやる時刺激して反応を起こさせる、一時的な、裾幅の広いくぼみがある。時々低いしわがれ声を出す以外、静かにしていた。私に気づいていないようで、視線は私を素通りし、何かを待っているように見える。生後八週間というところで、その頃の暮らしでは、それがすることのすべてなのだ。すなわち、両親がどこかから戻ってくるのを待っていること。

彼のお父さん、お母さんが彼を見つけて取り戻そうとするのに、それほど時間はかからなかった。ドーゲンの両親、ガイとドールの子どもだった。パコを見つけた途端彼らは籠のところに飛んで来て、てっぺんにとまった。途端にパコは命を吹き返した。ガイとドールが見下ろすと、パコは不安げに籠の内側をグルグルまわっている。ガイが籠の桟を齧ってバラバラにしようと試みていると、ほかの一羽のチェリーヘッドが頭上に飛んで来た。ガイは仕事を止め、長い間その鳥を追い払おうとしていた。その日遅く、夕闇が訪れる頃になって、ガイとドールはやっと自分たちの赤ん坊を救出しようという試みを止めた。彼らが飛び去ると、パコはとまり木から籠に飛びつき、彼らが消えてしまうまで眼で追っていた。

籠を家の中に運び、食堂のテーブルに置いた。彼は私を恐れていない。籠の戸を開けて手を中に差し入れると、すぐ指の上に乗った。パコを部屋の床の上におろすと、ただちにとまる場所を探してあちこちまわりはじめた。その時、彼の問題に気がついた。左側の翼が少し垂れ下がっている。二、三度空中に飛び上がろうとしたけれど、何も起こらなかった。折れてはいないようだ。しかし、片方の翼をバタバタさせることができない。きっと、どうにかして傷めてしまったのだ。パコの両眼が閉じられ、それで私は持ち運びできるT字型のスタンドに彼を乗せて寝室に連れて行った。すぐに食べ物を与えなければならないことは分かっている。しかし、家にあるものはどれも彼には食べることができない。ドロドロに擂り潰したものが必要だ。ジェイミー・ヨークの店に行って、パコのことを話した。いつものように、私は無一文だったけれど、ジェイミーはまたもや私の要求に応えてくれた。缶入りの鳥用ベビーフードとプラスチック製の給餌用スポイトを渡してくれたのだ。そして、幸運を祈るよ、と言ってくれた。

私は夜明けまで起きていて、パコに食べさせようと悪戦苦闘した。最初の試みはそれほどうまくいかなかった。缶に書かれた説明書を読むと、とてもじゃないがうまくいきそうにないことがたくさん書かれている。餌をやるたびに、スポイトをすっかり消毒することが大切である。餌をやり過ぎるのは危険だし、足りないのも危険。パコの嗉嚢がいっぱいになったところで止める。といわれても、鳥の嗉嚢が口と胃袋の間にあることは知っていても、正確な場所は知らない。それがいっぱいかどうか、どうやって確かめるのかも分からない。ベビーフードはコーンミールとほかの材料を混ぜたもので、お湯で溶いてドロドロにする。おかゆは四十度以下に冷めてから与えることになっていて、それより冷たくてはダメだし、それより熱ければ嗉嚢がやけどしてしまう。これだって、適当な温度計などないから、推測しなければならない。

最初にスポイトでおかゆを吸い上げてみて、濃すぎることが分かった。それでもう少し薄いのを作ったけれど、パコの喉に落としてやろうとしても嘴をしっかり閉じ、それを開くことを拒否する。そんな小さな生き物であるにもかかわらずオウムは驚くほど強い顎の筋肉を持っていて、嘴をこじ開けるため格闘しなければならなかった。スポイトからおかゆを絞り出そうとする私に激しく抵抗するおかげで、彼の口の中よりも彼の上に、もっとたくさんおかゆを落としてしまった。私はドーゲンの方を眺め、彼女には助けてくれる気はないだろうかと思った。

翌朝、籠に入った三羽の鳥を東側のバルコニーに持ち出した。バッキーとドーゲンを別々の籠に入れて隣り同士に並べ、パコの籠をドーゲンの上に置いた。今やバルコニーの歩哨兵のようになったコナーとスミティーは、日の出直後にやって来た。数分後、ガイとドールが姿を見せ、庭に滑り込んでくると、籠の中のパコに気づきバルコニーの手すりに着地した。ガイとドールがパコに呼びかけ、パコは呼びかけに応えて再び籠の内側にしがみつき、一生懸命まわっている。ところが、コナーが、ガイとドールがバルコニーにいることに腹を立てた。重ねた籠の上に飛んで行くと、そこを立ち去るよう彼らに向かって叫んでいる。コナーは単に自分の地所を守ろうとしているだけだろうと考え、私はパコの籠をつかみ、ガイとドールたちだけでパコと一緒にいられるよう家の中を通り抜けて反対側の非常階段のところに運んで行った。ところが、家族がそこで再会しようとしていると、コナーが非常階段にやって来てパコの籠めがけて突進した。ガイはコナーに眼を向け、オウム式のやり方で「あっちへ行け！」と命令する。それから、ブルークラウンに突っかかっていった。コナーは身をかわし、立ち去ろうとしない。今やガイもコナーも怒りに燃え、ヒステリックに叫び出した。まだまだ早朝で、近所の人たちを起こしてしまうのではないか心配になるほどだ。と、突然、彼らは叫ぶのを止め、慌てふためいて飛び去った。タカがいたのに違いない。

ガイとコナーの間の激論には、何かしら私を魅了するものがあった。コナーは単に自分のテリトリーを守ろうとしていたわけではない、と言えそうな気がする。パコに対する自分の権利を主張していたのだ。といっても、私の好奇心をそれほどそそったのは、権利の主張そのものではない。これまでも、個々の鳥を知るようになるにつれ、彼らの個性に関する私の直感が現実に裏づけられるのをたびたび目にして来た。コナーの場合、追放の身の上に対する彼の怒りや憤りが感じられ、しばしば自分自身の群れをほしがっているのだと想像した。パコに対するコナーの権利の主張は、各々の鳥は個々それぞれ人生における違った問題を抱え、相互に区別でき識別できる違った性格を具えているという私の感覚を強めてくれるものだった。

それからの数日、コナーは、ガイとドールを彼らの赤ん坊から遠ざけようとする意志を貫いた。一日中厳戒態勢を維持し、パコの籠の横にぴったりくっついていた。ガイとドールが近づくたびに厳しい警告を発していた。私は、もしもパコをしばらく家の中に留めておけば、コナーも落ち着くだろうと考えた。パコの姿が見えなくても、ガイとドールは彼に呼びかけ続けている。そしてパコも、ほかのオウムの声は無視したのに、彼らにはいつも応じていた。パコを再び家の外に出すと、依然ガイとドールはバルコニーの手すり以上近くには近づくことができなかった。コナーの執着にぴったり遮られ、彼らは戸惑いながら互いに見つめ合い、それから飛び去った。

スポイトでの給餌に馴れてくるに従い、パコはもっとくつろいで私から餌をもらうようになった。彼はガリガリに痩せていて、頻繁に餌をあげる必要があるし、私の方もそれを楽しみはじめた。依然、ドーゲンがパコに食べさせる本能を具えてはいないか期待したけれど、今のところ、自分の幼い弟には何の関心も示さない。

はぐれヒナの哀しみ

群れに種をあげる鉢を使っていない時、それは台所の床に置いてあった。群れへの餌やりの合間合間、ドーゲンはしばしば急いで台所に入り込むと鉢の屑の中に残っている手のつけられていない種を探す。いずれにしても、結局パコは自分で餌を食べることを学ばなければならないのだし、ある晩、はじめてみることにした。パコをドーゲンと一緒に鉢の上に置いたのだ。

パコはドーゲンを注意深く見ていて、それから彼女を真似、嘴で空っぽの殻の中を前後に掃き集め、時々止まってはロいっぱいの殻を咬んだ。鉢の中には実の入ったヒマワリの種はほとんどなかったけれど、台所の床に散らばった中にはいくつかある。ドーゲンは鉢から降り、それを食べはじめた。パコもドーゲンに続き、種を割ろうとする。種を嘴の中であちこち動かしてみるけれど、それをどうすればいいのか分からない。それで彼は種を口から落とし、ドーゲンのところに歩いて行って自分の頭を上下に振りはじめた。頭の羽を膨らませ、翼を下げ、甘えた声を出しながらじっとドーゲンを見つめている。ドーゲンは一瞬見返し、それからくるりと背を向け、慌てて台所から出て行った。彼女の姿が角を曲がって見えなくなった途端、パコは心配になって走って後を追った。

パコの羽が治る前にガイとドールがパコへの繋がりを失ってしまったら、パコを放すことはできなくなるだろう。パコは群れのやり方を知らないから、先生が必要だ。思い付くことができる唯一の解決方法は、ドーゲンとパコを一緒に放して、ドーゲンがパコの先生として振る舞ってくれたら、というものだった。そのことが可能になるためには、まずは繋がりができなければならない。それで、両者の間に何か起こるか見るため、二羽を同じ籠に入れることにした。ドーゲンが水を飲むと、パコも水を飲む。私が部屋を離れようとすると、ドーゲンはとまり木から飛び降りて籠の横棒にしがみつき、パコもそうする。ドーゲンはパコと一緒に籠の中にいるのは嫌だと私に告げようとしているので、両方を外に出し、それぞれ左右の手にとまらせた。ドーゲンが翼をバタバタさせはじめ、パコもそうした。献身はいつもパコの側からで、ドーゲンはそれに報いようとしない。翌日私は、パコがドーゲンの横に立って頭を上下に振っているのを目にした。ドーゲンは煩がっている。それにもかかわらず、彼女は身を伸ばしてパコの嘴をつかみ、パコの頭を何度か上下にぐいと引き上げた。といっても、実際に食べ物を吐き戻してやったりはしない。明らかにドーゲンは、パコに向こうに行ってほしいだけだ。パコの方は、ドーゲンが食べ物をくれないことにはお構いなしだった。うずくまるようにして翼を広げ、無性に幸せそうに見える。

その週いっぱい、ガイとドールは毎日バルコニーに来て、赤ん坊を取り戻そうとした。しかし、コナーは彼らがパコに近づくことを拒んだ。ある朝、パコに近づくことに失敗した後、ガイとドールは大きなカリフォルニアイトスギの木に飛んで行って、別の二羽のオウムの隣にとまった。ドールが頭を振り、隣りにいる鳥の嘴をつかむのが見えた。私はもっとよく見ようと目を細めた。赤ん坊だ。二羽の赤ん坊。

その日遅く、非常階段で別の鳥たちに餌をあげていると、六羽のオウムの一団が家の方に飛んでくるのが見えた。一目見ただけで、そのグループにも別のヒナ鳥がいるのが分かる。彼らは、おとなたちよりもっと元気いっぱい、不格好な飛び方をしている。一団はグリニッチ階段の真上の電線にとまった。ソニーとルチアと、四羽の新しいヒナたちであるのが分かる。巣立ちの時で、ただみんなより遅かっただけだ。着地した途端、赤ん坊たちは電線を離れ、目的もなく思い思いの方向に素早く飛び立った。ソニーとルチアは彼らを追いかけまわし、赤ん坊をかき集め、それから家族みんなで庭の中を何度も何度も八の字を描いて飛びはじめた。それまでにも同じようなことは見ていたけれど、それが何なのか分からなかった。ソニーとルチアは、子どもたちに編隊飛行を教えていたのだ。その後数日のうちに、群れ全体がそれに加わった。みんなで庭を飛びまわり、普段より賑やかに鳴き叫んでいる。叫びながら円を描いて飛び、それから木に降り立ち、そこで静かになる。数秒後、みんな木から飛び上がり、また庭で円を描き、叫ぶ。彼らはしばしば、辺りにタカがいる時に同じようなことをする。しかし、ここには、恐怖というより忘我的な雰囲気があった。彼らは、自分たちの力を喜んでいた。

その年は八羽の赤ん坊が生まれた。マーロンとマーフィーに一羽、ソニーとルチアに四羽、ガイとドールに三羽。パコは家の中から群れの熱狂を眺め、声を聞いていたけれど、彼自身はそれに加わりたそうでも悲しそうでもなかった。ただほかの鳥たちと同じように興奮しただけで、飛ぶことはできなくても、大きな翼を打ち振って何センチか空中に跳び上がりながら床を走っていた。こちらは腹がよじれるほどおかしくて、彼はおおむね満足していることだし、気兼ねなく、思う存分笑った。

パコは、赤ん坊の無垢と信頼をもって自分の状況を受け入れていた。しかしドーゲンは、時々幽閉状態に打ち拉がれているようだ。ドーゲンには、何かもの思いに沈んだようなところがある。何時間も庭と空を窺いながら、居間の窓の敷居のところで過ごしていた。通常は群れの到着に興奮したけれど、時として、悲しそうに響く静かな、小さな呼び声を上げる。何度か、すすり泣いているような声を聞いた。彼女の悲しさを感じるたびに、私は、自分は彼女を群れに戻すのだという誓いを新たにした。今では、それはそう遠い将来のことではないように思える。彼女の毛が生え変わりはじめていた。切り詰めた羽毛が抜け、新しいものに入れ替わりつつある。まだ十分飛べないけれど、水平に飛ぶことはできる。床を歩く時、今でも体がぐらぐら揺れる――まるで階段を上るかのように、硬直した脚を持ち上げる――けれど、全体的な状態はおおいに改善していた。彼女がいなくなったら寂しくなることは確かだ。私たちは、互いに近しくなっていた。

私たちの間には、毎晩夕食の後、彼女が期待する儀礼があった。彼女は私が寝椅子に行って横になるのを待っていて、私の胸に登り、長い夜の愛撫をしてもらう。私が彼女の体を撫で、首を掻く間、眼を閉じ、頬を私の胸に置く。たまに訪問者がいるような場合、彼らはたいてい鳥がそんなに情愛深いことに驚きを示した。ほとんどの人は、鳥はよそよそしく、感情を持たない動物だと思っていた。

新たな証言者

群れの歴史を調べることがいつも頭から離れず、私が何をしているか近所の人たちがいろいろ知るようになるにつれ、何か興味深いことを見たり、何か詳しいことを知っている人が連絡してくれるようになった。おかげで、パズルのさらに多くの空白が次第に埋まってきた。ある日、丘を下っている途中、デヴィッド・ケネディーに出会った。デヴィッドは私とほぼ同じ頃ノースビーチに引っ越して来た人物で、界隈で起こっている何ごとにも常に細心の注意を払っている。それまでにも、群れがどれくらい長くその辺りにいるのか、情報が混乱していることを何度も話していた。私自身は依然六年間と考えていて、たいていの人が話してくれたことと符合する。しかし、二十年という証言をどう扱っていいか分からない。多くの人びとの言うことはあまり当てにできなかったけれど、デヴィッドはオウムを知っていて——彼自身も一羽飼っている——自分にはその謎が解けたと思うと語った彼の言葉に耳を傾けた。

「今では僕は、この群れがここにいたのは六年間だけだと確信している。しかし、その前に別のオウムの群れがいたんだ。違う種類の鳥で、ソデジロインコ canary-winged parakeet だ」

そう聞いた途端、細々した一連の事柄がぴったり収まった。なるほど、サンフランシスコには野生のオウムの群れがふたついたということだ。そんな可能性は考えたことがなかった。群れがひとついるというだけで十分奇妙だから、ふたつの群れなどというのは想像できなかったのだ。私は家に帰り、自分のノートを見返し、いくつかほかの情報源となった人たちに電話した。すべて辻褄があっている。アーミステッド・モーピンが『都市の物語』の中で語っていたテレグラフヒルの野生のオウムは、ソデジロインコだったのだ。かつてはその種類がこの辺りの丘では一般的で、今はミッション地区にいる。従って、私がドロレス公園近くを自転車で通りかかった時頭上を飛んで行くオウムの影を見たのは、ソデジロインコの一羽だったということになる。このことが、この辺りの愛鳥家たちの間の共通の知識となっていないことにびっくりした。

ある日の午後、非常階段で群れに餌をやっていると、ひとりの婦人がグリニッチ階段に立ってこちらを眺めているのに気がついた。何かことさら関心があるようだったので——長い間そこにいた——餌をやり終えてから、話しに降りて行った。名前をローレル・ローテンという。彼女によると、かつてラッシャンヒルに住んでいた頃、オウムが家の餌箱にやって来たそうだ。彼女は、引っ越しするまで何年間もその鳥を観察していた。いくつか細かい点を尋ねてみたけれど、多くは覚えていなかった。随分前のことだ。当初、二羽のチェリーヘッドがいて、彼女の夫がヴィクターとイネスと名前をつけたそうだ。ある年、その二羽に子どもが生まれ、その後群れはひたすら大きくなった。ローレルと私が話している間に、群れが庭に戻って来た。家に来て餌やりを見ないか尋ねると、彼女は喜んでそうすると答えた。

非常階段に面する二段式ドアの上半分を開け、ローレルは台所に立って私がオウムに餌をあげるのを見ていた。彼女は鉢の上の一羽を指差し、名前を尋ねた。私はエリカだと答えた。絶対確かとは言えないけれど、彼女には、その鳥は自分たちのイネスであるような気がすると言う。群れが去った後、亡くなったエリックの写真を見せた。彼女はしばらくそれを点検し、そう、きっとこれはヴィクターかもしれないと言った。エリックとエリカ同様、ヴィクターとイネスも両方リングをつけている。しかし、彼女がその二羽をヴィクターとイネスだと思ったのは、リングのせいではない。ただ、何となくそう感じたのだ。彼女はコナーのことを思い出したけれど、いつコナーが群れにやって来たのかは思い出せなかった。随分早い頃だったと思うと答えた。ローレルに質問を続けたけれど、詳しいことはあまり思い出せなかった。彼女は昔、群れについての日記をつけていて、多分、それになら答えがあるかもしれない。そして、そう、何よりも彼女は、写真を撮っていた。私は唖然とした。写真はまだあるだろうか。ええ。その日記を借りることはできる？　写真は？

いいですとも。

ローレルの日記は、私が望んだほど詳しいものではなかった。しかし、群れの初期に関する確かな情報を提供してくれた。それを読むにつれ、終始、まるで自分自身の日記の断片を読んでいるかのように感じた。私たちの個人的な経験も同じで、すなわち、オウムに出会うまで彼女も鳥には関心がなく、しかし、群れが彼女の人生を乗っ取ってしまった。彼女は、一九八七年の三月にヴィクターとイネスを目にするようになった。その後、一九八九年の夏、その二羽に四羽の赤ん坊が生まれ、その内の二羽は巣立ち後間もなく死んだ。私が初めて目にしたのは、ヴィクターとイネスと、生き残った二羽の赤ん坊の四羽ということだ。一九九〇年の晩夏、ヴィクターとイネスはさらに四羽の赤ん坊を巣立たせた。それから何週間かの後、コナーが姿を見せた。彼女が持っていた写真は群れの初期の歴史のこの時期に撮られたもので、コナーも中に入っている。それから間もなく、ベニガオメキシコインコが群れに加わった。ベニガオメキシコインコはペット店で一般的だから、それがオリバーだと断言できる特別な理由はない。本当はどうなのか、はっきりさせるような写真はなかった。寒波がやって来た朝、私が頭上を飛んで行くのを見たのは、十羽からなるこの一団――一九九〇年後半から一九九一年初期のどこかで姿を見せたキャサリンの加入ということも可能だ――だったのだ。一九九一年、翌年の夏、ヴィクターとイネスはさらに四羽の赤ん坊をもうけ、一九九二年初めローレルが引っ越しでラッシャンヒルを離れた時、群れには十四羽の鳥がいた。ヴィクターとイネス、一九八九年の二羽の赤ん坊、一九九〇年に生まれた四羽の赤ん坊のうちの三羽、一九九一年の四羽全部、コナーとキャサリン、それにベニガオメキシコインコ。私にとって、彼女の日記から生まれた大きな疑問は、リングをつけた鳥についてだった。ローレルの日記では、ヴィクターとイネスとコナーの三羽を数えているだけだ。しかし、私が初めて群れを見た時には、少なくとも六羽いた。いつ、どのようにしてほかの鳥たちは群れに加わったのだろう。

ローレルに会ってそれほどしない頃、お兄さんが昔オウムたちのために種を外に置いていたという女性と話す機会があった。喜んで話をするといって、電話番号を渡してくれた。お兄さんのジムの方は、オウムについて話すのはあまり気が進まないみたいだ。何か価値があるようなことを話せるとは思っていなかったからだ。鳥に餌を与えていたのはほんの数ヶ月だけで、それも何年も前のことだから、あまり覚えていないという。ジムは愛鳥家で、愛鳥家たちは常に明快な観察をする。それで私は、彼の気持ちが解けるまで説得した。ふたりの考えを突き合わせてみて、彼が餌をやっていたのは一九九二年から一九九三年に至る秋から冬までであることを突き止めた。その期間は、ローレルの退場と私の登場の間の隙間の一部を埋めてくれる。彼は、かつて、一度に三十五羽のオウムを数えたことがあると言った。その数はあまりに予想外だったので、もう一度聞き直したほどだ。ああ、三十五羽だったよ。子育てだけでは、その数は不可能だ。リングをつけていた鳥もいたのだろうか？　彼は、多分三分の二はそうだったろうと思うと言う。ところが、その冬の終わり、群れの鳥の数はそれまでの半分近くに減ったそうだ。彼が覚えている限り、減少は突然だった。彼が思い出したのはそれだけで、その後間もなく、彼は餌をやらなくなった。

ということは、ローレルの引っ越しと私の到着の間のどこかの時点で、群れのメンバーの数が急激に増加し、新しい鳥の多くはリングをつけていた、ということになる。それにはふたつの説明を考えることができる。ひとつは、大きな事故か何か。鳥を入れた箱が壊れたとか、鳥小屋の戸が開けっ放しになっていたとかして、たくさんの鳥が逃げ出したという可能性。もうひとつは、おそらく中核グループのサイズが大きくなるにつれ、飛行中の群れの叫び声が、籠を逃げ出して海岸通り地域の北部にバラバラに棲んでいたペットのチェリーヘッドを惹きつけたという可能性。壊滅的な集団死のことを考えると、第一の想定に傾く。オウムは寒い気候に適応できるけれど、どの時期に外の環境に出て行くかが問題だ。もしも春か夏に逃げ出したのなら、順応するための時間は十分ある。しかし、集団逃走が晩秋か初冬に起こったなら、気温の急激な変化は多くの鳥の命を奪ってしまう。

体の大きなオウムは北アメリカの冬を乗り越えられるけれど、逃げ出したオーストラリア産の小型インコにとって寒さは致命的だ。私も気候が変わる前にスミティーを捕まえたかったので、秋の初め、捕獲用の罠を用意した。しかし、それでも遅すぎた。彼は罠を仕掛ける前にいなくなってしまった。スミティーが消えた後、コナーは再びまったくひとりになり、私が彼に注意を注ぐようになって以来初めて魅力的ではなく見えた。頭と首がごちゃごちゃな醜い刺毛でおおわれている。新しい羽が生えはじめる時、羽は蝋分を含む角質の鞘で包まれていて、鞘はやがて自ずと剝けてしまう。しかし、自分では届かない場所に生えている刺毛をきれいにするのは、その鳥のパートナーの仕事だ。刺毛があると痒いから、鳥はなるべく早くそれを取り除いてしまいたい。バッキーは、ドーゲンの身繕いをするのが好きだった。それに私は、ずっと、コナーをバッキーのところに連れて行く方法は何かないかと思っていた。ある日、それを実現することがむずかしくないことに気がついた。私がしなければならないことは、スミティーを捕まえようとした計画をコナーに用いることだ。

復縁

私はずっと、コナーの食べ物をお皿の上に置いていた。計画を実行するには、籠の戸口から中に入れられるようなもっと小さなお皿に彼を馴れさせなければならない。彼が新しいお皿を自分のお皿と認めたことを確信して、私はその皿を空の籠の中に入れた。彼は気軽に籠の中に入り込み、そのお皿から食べている。私は最初は適当な距離をとり、それから毎日少しずつ籠に近づいて行った。彼を籠に入れたいと切望はしていても、自分のしていることに何となく気がとがめる。何度も何度も、自分自身に対し、これはコナーのためにやっていることだと言い聞かせた。そして、バッキーが彼の身繕いをすませたらすぐに解放してやると約束した。

とうとう、それ以上待っている理由がなくなった。

コナーは籠の中で食べていて、私はゆっくり彼の方に歩いて行った。あとは籠の戸を閉めるだけだ。それなのに、私の心臓はその行為にはまるで複雑なことが伴ってでもいるかのように反応している。遂に私は懸念を押しのけ、コナーを中に閉じ込めた。彼は、ほとんど反応しない。黙って閉まった戸を眺め、それからまた食べ続けている。私は籠を持って、バッキーが籠の中で待っているスタジオに降りた。ふたつの籠を隣り合わせに置き、戸を開ける。二羽とも静かに籠から出て、それから籠のてっぺんにのぼり、並んでそこにとまった。どちらも、どんな感情も表わさない。コナーは頭を下げ、バッキーは仕事に取りかかった。

三十分後、バッキーがひと休みした時になって、コナーは自分がおかれた状況を吟味しはじめた。その段に至り、すべてを何やら不審に思っているらしい。ためらいながら飛び上がると、部屋の中を低空で飛行し、出口を探している。スタジオの前面には、三枚のブラインドで覆われた二メートル半ほどの窓がある。ブラインドとブラインドの間に隙間があって、コナーはその隙間から外に飛び出そうとして窓に衝突した。怪我はない。またしばらく飛びまわり、部屋を調べ、それからバッキーの隣に着地した。二羽は頬と頬を寄せ、バッキーがコナーの脚の上に自分の脚を置いた。まるで、手と手を取り合っているように見える。

翌日の朝までにバッキーはきちんとコナーの身繕いを終え、コナーはまたいつものハンサムな姿になった。その時点で彼を放すことは約束してあったし、彼を騙したことについて自分が正しかったと思える唯一の方法は、約束を守るかどうかだけだ。しかし、バッキーとコナーは一緒にいてとても幸せそうに見える。私は、外に出たいかどうかコナーに尋ねてみた。その質問をした途端、彼は自分の頭をバッキーの胸にもたせかけた。それを「ノー」という答えと受け取ることに、どんな不都合もなかった。

それでも、自分の動機が潔白であったことを確かなものにしたかったので、翌朝、彼とバッキーがいかにうまくやっているかどうかにかかわらずコナーを放すことに決めた。もしも望みなら、いつ戻ってきても歓迎だ。彼を外に出すためには、まず籠の中に入れなければならない。ほかの鳥なら、追いかけまわしてタオルで捕まえるところだ。しかし、少なくともコナーには手荒ではない方法で外に出てもらうことにしようと決めた。指を脚の横に置くと、彼はすぐそれに乗った。その応答があまりに即座で暢気そうだったので、それまで彼は長い間、誰かのペットだったに違いないことに気がついた。といっても、非常階段では、まったくそうしたことはない。彼を籠に入れ、バルコニーに持って行った。籠の戸を開くと、急いでそこを去ろうとはしない。とまり木にとまって庭を見まわしている。水を飲み、それから籠の戸の一番下の横桟につかまり、そこでまた少し辺りを見まわし、それから空中に飛び上がった。家のまわりを飛び、非常階段に着陸した。私は家の中に駆け戻り、種を入れたカップを手に非常階段のドアのところに出て行った。彼は、罠にかけて捕まえる前と同じように私に接してくれた。

その実験があまりにうまくいったので、その二日後、もう一度コナーを捕まえることに決めた。コナーは何の懸念も示さず籠の中に入り込んだ。戸を閉め、家の中のバッキーのところに連れて行く。コナーは籠から出ると、バッキーの隣にとまった。彼らはただちに身繕いと、体を寄せ合うことを再開した。彼らを眺めていて、コナーの首の後ろの柔らかくてフワフワした羽を撫でたいという昔の欲望が浮かんできた。鳥に触れることを許してもらえるというのは、天にも昇る気持ちだ。コナーとバッキーがとまっているところに歩み寄り、手を彼の方に下ろしていく。私が何をしているのか彼に心配させないよう、ゆっくり、慎重に手を動かす。しかし、そんな風に私の手が近づいてくるのは、薄気味悪く見えたらしい。まるで、忘却の中に沈み込むことで私の手を避けることができるとでもいう風に、体を沈めて平らにした。それでも飛び去ることはなく、私はほんの少し彼を撫でることができた。

コナーとの毎日が決まりきった日常の形をとりはじめた。彼は家に入り、夜を過ごし、翌朝また外に出て行く。私が「罠」を置くたびに、すぐそれに入り込む。彼は、家の中に入りたがっているようだ。それから自分がどうなるのか、理解するのに十分な知性を具えているはずだ。その段取りはコナーとバッキー双方にとってうまくいき、両者の絆が育つにつれ、ドーゲンとパコの関係も近くなった。コナーがパコと両親の間の絆を断つのに成功していたことからするなら、歓迎すべき展開だ。おそらく両親に甘えることができなかったという理由で、パコは外の群れにいる赤ん坊たちよりうんと早く自分で食べることを学んだ。たった一週間でそのやり方を身につけたのだ。いったん自分で食べることを学ぶと、頭の毛をふくらませ、頭を上下に振り、私が非常に人の胸を打つ声だと感じたねだり声を出すといった、赤ん坊臭い振る舞いをしなくなった。翼が治るに従い、自由に家の中を飛ぶままにさせておいた。翼を試しているのを見ると不思議な感じがする。パコは飛ぶことを愛していた。居間を突っ切り、食堂の壁際を旋回し、素早く居間に戻る。すべて、あっという間だった。

群れの厳しさ

十月後半までに、群れは再び小さな集団に分かれて飛ぶようになった。この時期、群れのメンバーの数をいつもよりはっきり数えることができる。通常のパターンでは、何羽かの赤ん坊が巣立ち後間もなく死に、その後個体の数は安定し、冬を通してその大きさが維持される。その年は七羽の赤ん坊のうち二羽（生まれたのは八羽で、その内の一羽がパコ）が死に、群れの個体数は二十九羽だった。十一月のある餌やりの時、五羽の鳥の姿が見えないことに気がついた。異常なことではない。小さなグループがここに来る前の餌場に取り残され、後になって群れに追いつかなければならないということはしばしば起こる。ざっと見たところ、姿が見えない五羽はソニーとルチアと、生き残った三羽の子どもたちだ。その後、午後半ばの餌やりの時も、依然ソニーの家族はいなかった。餌やりの途中、空の高いところから庭に向かってくる彼ら五羽の姿を発見した。近づいてくるにつれて、到着を知らせる彼らの声が聞こえてきて、一方非常階段の鳥たちがイライラした様子を見せている。ソニーの家族がヒマラヤスギに降り立つと、四羽のオウムが彼らを迎え撃つため非常階段から飛び立った。ソニーはまた群れから追い出されたのだ。四羽がヒマラヤスギに近づいて、大きな闘いが始まった。六羽のおとなのオウムが固いひと塊になり、流血の殺しの叫びを上げながら喉や眼を狙って戦う。イヌの喧嘩と同じくらい激しい。ソニーは強力に防衛したけれど、次第に圧倒されてくる。彼とルチアは、赤ん坊を引き連れて退却して行った。

私は処罰の執行官たちが誰なのか、ぜひとも知りたかった。みんなオスなのだろうと予想したけれど、四羽が非常階段に戻ってくるのを見て、二組の夫婦であることを発見した。スクラッパーとスクラッパレーラ、ヘンリーとヘンリー夫人（ヘンリーの名は、作家のヘンリー・ミラーにちなんでいる）。ヘンリーがその中にいるのを見ても驚かない。彼はいつも命令する立場にいるように見えたし、特にエリックが死んでからはそうだったからだ。しかし、スクラッパーがそこにいるのには驚いた。スクラッパーは静かで小さく、普段は自分自身のこと以外に関わり合わない。あらゆる鳥の群れにつつきの順番があると本にはあり、この群れではどうなっているのかずっと知りたかった。しかし、それまでのところ、どんな序列も識別することができなかった。もしもスクラッパーが頂点近くにいるのだとしたら、彼が文字通り羽毛を抜かれているというのは、何とも皮肉なことだ。スクラッパレーラが彼の喉の下辺りの毛を何度も何度も引き抜くので、羽毛が生え戻らなくなっている。

鳥が強い立場を思わせるような何かをする場面はたくさんある。しかし、それは恒久的なものではない。

たとえば、ソニーはオリバーが威圧できない鳥だったけれど、そのことは群れの中でのソニーの地位と何の関わりも持たない。ソニーはひと夏中エリックと一緒に飛びまわり——もしも頂点の鳥がいるとしたら、それはエリックだ——それでもほかの鳥たちにとっては、だからどうということはなかった。また、実際エリックが明白に指導者の役割を果たしているという様子も見られなかった。群れがいつ非常階段を離れるか、彼が決めたことはない。それはまったく全員の総意によって決められる。また、私自身確かではなかったけれど、エリックが喧嘩に負けるのを目にしたことも一度あると思う。また逆に、簡単に押さえつけられるような鳥でも、日によっては誰も彼に逆らおうとはしないというのを目にすることもあった。

以前の私は、その点単純だったかもしれない。しかし今では、動物の王国にあって野生ということはしばしば暴力的であることを意味している、という点を理解している。ある日の午後、ヘレンの家のバルコニーで餌をやっていると恐ろしい叫び声が聞こえてきた。見上げると、私の目の前、ちょうど手の届かないところでマーロンが二本の電線に首を挟まれているのが目に入った。窒息しそうになっていて、その彼を、身を守ることのできないのをいいことに何羽かの群れの仲間が嘴でつついている。ひどく興奮し、まるで彼を殺そうとでもしているかのようだ。私は手を叩き、彼らをそこから立ち退かせようと怒鳴りつけた。マーロンを助けられるとは思っていない。そのまま窒息して死んでしまうだろう。しかし、少なくとも、仲間の誰かに突き殺されるのは承知できない。ところが、鳥たちが下側の電線を飛び立った途端それが持ち上がり、その拍子にマーロンは自由になった。あまりに心配で、私は実際の状況をよく見ていなかったのだ。きっと、マーロンが下の電線にぶら下がっていた時、ダラリと垂れ下がった上の電線に何羽かのオウムが乗ったのだ。鳥の重さで上の電線がマーロンよりもっと下まで下がり、中の何羽かが飛び去ると今度は垂れ下がった電線が上に戻ってきて、彼がぶら下がっていた電線との間にマーロンの首を挟み込んでしまったに違いない。その後で、マーロンが無防備な体勢にいるのを見て、ほかの鳥が攻撃したというわけだ。

争いの後、ソニーの家族は数日間姿を隠していた。それから、まったく前と同じように、ソニーとルチアは少しずつ群れに再統合するのを許された。最初ソニーは、鉢のところにも、私のところにも近づくことを許されなかった。非常階段の端に追いやられ、そこを歩きまわっては散らばった種を漁っている。少し怪我を負わされたらしく、蝋膜の上にかさぶたがあった。ルチアも鉢に乗ることは許されなかったけれど、私に近づくことは遮られなかった。それまで、彼女との接触はあまりなかった。しかし、今では、毎日種を求めて私のところにやって来る。梯子の支柱にとまり、前に身を乗り出して絶望的な様子をするのに抵抗できず、私は彼女が種を取れるよう特別な努力を払ってやった。

それからしばらくして、冬の初めソニーの日常への復帰が果たされようとしていた頃、彼はひどい事故に見舞われた。そしてそれは、私に責任があった。

大晦日の夜、フィルバート階段を降りてくると、夫婦が私を引き止め、近所に住んでいるのかどうか尋ねた。ロイとコートニーは愛鳥家で、オウムについて知っている人を探しているという。三人にとって、予期せぬ幸運な出会いだった。コートニーの話では、その年の初め、彼女とロイは街の中の森がある地域で何羽かのオウムが木の穴に出たり入ったりしているのを目撃した。そこはオウムたちの塒なのか、彼女は誰かに尋ねたかったのだ。その場所ならありそうなことだ。それこそ、何年間も不思議に思っていた問いへの答であるのかもしれない。私は彼らに、春になったら必ずそこを行って調べてみると伝えた。話していて、ロイは痛んだ木を治す樹医であることが分かった。私は、オウムたちが食べているいろいろな木の名前を知りたいと思っていた。教えてあげようと言ってくれて、あちこちの庭を巡り歩きはじめた時、群れが到着した。

頭上の電線にとまり、私を見つめて待ち切れなさそうなキーキー声を上げている。そこで私は、餌やりを見に家に来ないかロイとコートニーを誘った。彼らを台所の非常階段に面した場所に立たせ、私は鳥たちに餌をやる。

私は鳥たちよりロイとコートニーの方に注意をとられ、ふと左足の下に何かあるのに気がついた。下を見下ろすと、ブーツの踵からひと揃いの尾の羽が突き出ている。しかし、それに続いているはずの鳥の姿がない。私はゾッとした。見上げると、尻尾のないソニーがヒマラヤスギに向かって奇妙な形で飛んでいくのが目に入った。彼は死んでしまうだろうと思った。全部自分が悪い。すべての鳥に尻尾があるということは、絶対的な必要性があるということのはずだ。そう思って私は餌やりを中断し、できる限り丁寧に、ロイとコートニーに急いで引き取ってもらった。ソニーに対してしでかした罪を自分ひとりで懺悔し、心に刻みつけたかったのだ。幸いソニーは大丈夫そうだ。飛ぶのは大変になったけれど、あちこち行くことはできる。羽が根元から引き抜かれた場合すぐにまた生え戻りはじめるから、ソニーが尻尾を持たないのもそれほど長期間ではないだろう。しかし、学校の生徒と同じでオウムたちは欠陥のある群れのメンバーを見下すから、ソニーを嘲るまた新しい理由ができたというわけだ。

二羽のその後

コナーとバッキーは一緒にいて幸せそうだったけれど、私は依然何日間ずつコナーを外に放した。そうすれば、家にいるか野生にとどまるか、どちらを選ぼうと彼の自由であることが分かるはずだ。時々彼は群れと一緒に夜を過ごす。しかし、それよりもっと頻繁に、三十分ほど庭を飛びまわってからまた籠に戻ってくる。そしてまた籠に入り込み、そのまま家の中に連れて行かれる。家の中にいる時はあまりに容易に私の手の上でくつろいでいたので、外でも喜んで同じようにするだろうか、私は考えた。その次の時、コナーを放し、バルコニーに戻ってきた時片手を差し出してみた。彼は、すぐに乗ってきた。

それに気がつくまでしばらくかかったけれど、外にいる時のコナーと家の中のコナーの間には、はっきりした見かけ上の違いがあった。外では常に美しく、生き生きしている。家の中では奇妙に色が褪せ、生命感に乏しい。外に放つたびに、彼は直ちに美しさを取り戻す。それが単なる私の想像でないことは、その期間私が家の中と外で写した写真の中でも違いが明らかなことで分かる。家の中にいる時の彼は、時々病気上がりのように弱々しく振る舞った。時には、とまり木まで身を引き上げるのに悪戦苦闘しなければならない。外では決して起こらないことだ。群れに加わったのはその時から六年前で、すでに彼はおとなだった。その時には人間や家にすっかり馴染んでいたから、その前の数年間ペットだったに違いない。コニュアは、もっと大型の種類のオウムほど長生きしない。ペットのコニュアが三十五年間も生きていたという話を聞いたことはあるけれど、それは特別だ。コナーは、コニュアとしては老人なのかもしれない。

すべての生き物と同じく、オウムも成熟するにつれおとなしくなってくる。バッキーは確実に高齢で――少なくとも十五歳になっている――二羽のブルークラウンは身繕いと昼寝と食べること以外、あまり何もしない。ドーゲンは今では一歳半で、決して最初に会った時ほどじゃれまわったりしない。活気のないおとなたちと違い、パコはほとんどいつも動いている。バッキーに喧嘩をふっかけるのが好きで、わざと怒らせることさえある。バッキーは彼にうんざりし、威嚇しながら突きかかって行く。しかし、バッキーは飛べないのに対し、パコは飛べる。というわけで、簡単に大きな鳥から身をかわしてしまう。パコは、絶えずドーゲンを遊びの喧嘩に引き込もうとした。ドーゲンは抵抗する――その遊びはつまらないと思っていた――けれど、パコがあまりに情け容赦なくするので、彼を寄せつけないようにするためだけにでも彼と争わなければならなかった。二組の鳥どうし、たいてい互いを無視し合っていた。しかし、いったん喧嘩になると、通常ブルークラウンが勝つ。しかし、ドーゲンとパコが、バッキーかコナーかどちらか一羽と二対一になる時には、彼らも奮闘した。オウムは高いとまり木が好きで、三羽は居間の高い敷居が好きだった。ドーゲンの飛行が高く上昇できるほどまでに改善し、彼女とパコは高い場所を要求するようになった。コナーが高い敷居まで飛んで行くごとに、ドーゲンとパコはコナーがそこを立ち退くまで苛める。自分たちがそこを使わない時でさえ、そうする。バッキーは飛ぶことができなかったので、コナーの応援ができない。ある晩、私がバッキー、ドーゲン、パコと一緒に寝室にいて、コナーがまだ下の居間にいる時、二羽の若い鳥が一緒になってバッキーを襲った。バッキーは自分だけで対処できると思ったけれど、とうとう走って逃げはじめた。その時点で私が争いをやめさせても、数分後にはまたはじめるだけなのは分かっている。それで、下に行ってコナーを連れてきた。しかし、コナーはバッキーを助けなかった。T型のスタンドに飛んで行き、そこにとまったままだ。それでも、彼の姿を見るだけでバッキーには十分だった。彼女の眼つきがしっかりし、頭と首の羽毛を膨らませ、おかげでコブラのように見える。彼女は堂々と前進し、自信に満ち、攻撃的で、ドーゲンとパコの意気を打ち砕いた。

一月になって、コナーが震えはじめた。断続的で、病気のようには見えない。それでも、その震えが止まるまでコナーを外に出すのは止めることにした。それからの数週間、四羽の鳥と私は四六時中一緒で、おかげで彼らの性格を詳細に知るようになった。パコは子どもで、まだ心の中は野性的だ。コナーは協力的ではあるけれど、よそよそしく、バッキーは誇り高い老いた女王というところ。ドーゲンは優しく、情愛深い。

滅多に訪問客はなかったし、時々の細々した仕事以外家を離れることもなかった。しかし、自分に友達がいないという感じはしなかった。鳥が友達だったからだ。ある晩自分の日記を読んでいて、私は自分の九月の夢が実現していることに気がついた。家には四羽の鳥がいて、その内の一羽は赤ん坊で、髪の毛の長い哺乳類と一緒にいて（私の髪は、ほとんど腰まである）、みんなで食卓を分け合っている。比喩的にも、文字通りの意味でも。

私は、家にいる四羽それぞれの性別が知りたかった。血液標本からオウムの雌雄を調べる会社について読んだことがある。そこで、お金を貯め、何組かの検査キットを注文した。テストのためには、爪を切って血を採らなければならない。予想していたほどむずかしい手術ではなかったし、鳥にはまったく痛くないらしい。私は血を研究所に送った。ある日家に帰ってくると、郵便受けに結果が届いていた。戸口を入りながら封筒を破る。中には四通の証明書が入っていた。私が考えた通り、パコはオス、ドーゲンはメスだった。バッキーとコナーは？　両方共、オスだった。

過酷な野生

群れの分散と再結合の一年のパターンの詳細が分かりはじめた。オウムたちは十一月から二月初めまで単一の集団で飛びまわり、それから最初の分散が起こる。最初動きはわずかで、一日のある部分群れの主要集団から小さなグループが離れ、その流れはよりたくさんの、より小さな集団の形成に向かって加速され、夏の初めにピークに達し、その頃メスが卵を産む。七月遅くと八月初めに卵が孵ってからは、雌は一日のある部分、再び連れ合いと一緒に飛びはじめる。八月いっぱい個々のグループは着実に大きさを増し、九月までには巣立ちに至り、群れは再び分散する。ヒナを連れたカップルは、九月の末、あるいは十月初めまで夫婦毎に別々の道を進み、それから、赤ん坊たちを群れの日々の生活の中に連れていく。この時が、群れが一年のうち最も騒々しさを発揮する時期だ。十一月初めまでにみんな静かになり、二月まで群れは凝集して安定を保ち、それからまた分散しはじめる。

その二月、私が目にした最初の分離グループは、たった二羽の鳥だけだった。ボーとマンデラだ。しかも、彼らは典型的な分離の様子を示さなかった。毎朝最初に東側のバルコニーにやって来て、一日中そこで過ごす。どういうわけなのか、彼らはドーゲンとパコに強い興味を持っていた。二羽は彼らの籠の上にとまり、バーの間から中の鳥とやり合った。そもそもボーとマンデラがバルコニーに来ること自体、十分いつもと違っていて——群れの残りの鳥たちは非常階段に来るだけだ——しかし、彼らはドーゲンとパコが家の中にいる時さえ、そこに留まった。時々、ボーとマンデラが居間の窓枠にしがみつき、中を覗いて二羽の友達を探しているのを目にすることもあった。ボーが特に熱心だった。マンデラが食べ物を漁りに行くたびに、ボーはあまり一緒に行きたくなさそうな様子だ。そこまで熱心にバルコニーに留まっているので、私は彼のためそこに食べ物を置きはじめた。

その二月は、もうひとつ別の、普段とは違う分離グループがあった。ベニガオメキシコインコのオリバーは群れに受け入れられ、今ではギブソン（頭のてっぺんの羽毛がオレンジがかっていて、私の友人のギターを思い出させた。そのギターの商標がギブソンだった）と、旧姓モーツァルトのコンスタンツァ（モーツァルトの名前を本当のモーツァルトの夫人、コンスタンツァに変えていた。オスだと信じているギブソンが、モーツァルトに求愛しているのを見たからだ）と共にトリオを形成している。三羽ひと組というのを見たのは初めてだ。ギブソンとコンスタンツァの真正なカップルが、そんなに易々とオリバーを受け入れたことには興味津々だった。

ある朝、私が籠の掃除と皿洗いという決まりきった毎朝の仕事をしようとしていると、電話が鳴った。エドナからで、マクシンが老人施設で転んで腰骨を折ったという知らせを受け取り、翌朝飛行機でサンフランシスコに着くので、空港に迎えに来てほしいと言う。電話を切る前に、彼女はこの滞在の間に家を整理する可能性が高いことを口にした。だから私にも、新しい住まいを探してほしいとのことだった。

この瞬間を、三年間ずっと恐れていた。それは死のようなもので、いずれ来ることは分かっているのに、まるで永遠にその家に住めるかのように暮らしてきた。今や、終わりは近い。私はひどいパニックに陥った。運んで行けないものはすべて廃棄しなければという思いに駆り立てられた。鳥たちはどうすればいいだろう？　コナーは放してやればいい。しかし、バッキーと、ほかの鳥たちは？　ドーゲンとパコは来たるべき放鳥に備えて夜の間、非常階段に出してきたけれど、ドーゲンに準備ができているかどうか確かではない。家のまわりなら十分うまく飛ぶことができるだろう。しかし、左側の翼の中ほどに何本か短い、切られた羽毛があり——二本か三本だと思う——まだ生え変わってきていない。彼女は翼には敏感で、私が調べようとしてもまったく協力的ではない。といっても、それはほんの小さな隙間だし、大して問題にはならないだろうと思われる。早いうちに放鳥することを促す、もうひとつ考慮すべき理由があった。エドナが到着したら、私は下のコテージスタジオに戻らなければならない。そこだと、放した後のドーゲンとパコの状態を監視するのがむずかしい。少なくとも彼らが外で暮らしはじめる最初の一日か二日は、接触を保っていたい。となると、そうすることができる唯一の方法は、今すぐ彼らを放してやることだ。そう決心するまでに、一分もかからなかった。

私はドーゲンとパコを籠に入れ、外に運んだ。寒くて陰鬱な灰色の朝だった。ボーとマンデラは、すでにバルコニーの手すりの上で待っている。感傷的になっている時間はない。私は籠の戸を開け、一歩後ろにさがった。しかし、ドーゲンとパコは外に出てこようとしない。それまでは、外にいて籠の戸を開けなければならない時、いつでも、断固彼らが身動きできないようにしてきた。彼らはいつでも私に従っていたけれど、今もまた、いい子の鳥たちのままでいる。籠の中に手を差し込んで、外に運び出さなければならなかった。二羽が籠の戸からすっかり外に出るや否や、ボーとマンデラが彼らの方に飛んで来た。彼らの接近はパコとドーゲンを怖がらせ、保護を求めて私の肩に飛んで来た。私はそこに立ったままパコとドーゲンが飛んで行くのを待っていたけれど、ボーとマンデラがあまりに近すぎる。ドーゲンとパコは私の肩から動くのを拒否していて、それで、また彼らを籠に戻し、家の中に持って行った。

一時間後、もう一度試してみることにした。今回は、戸を開けるとパコとドーゲンが外に出て来た。すぐに二メートルほど飛び上がり、低く飛んだ。ボーとマンデラが彼らに向かって飛び、ドーゲンとパコはバタバタと私の頭に降りて来た。いまだに離陸したくなさそうだったので、私はドアに向かって歩き出した。まさに家に入ろうとした時、彼らは飛び上がって庭に向かい、ボーとマンデラがすぐ背後から追った。ドーゲンとパコは幾分面食らっているように見える。しかしそれは、予想していた通りだ。四羽のチェリーヘッドはヒマラヤスギの中にとまり、ボーとマンデラは大きな枝のまわりでドーゲンとパコを追いかけまわしている。それから、ドーゲンとパコは別の木に逃げ、ボーとマンデラは彼らから離れない。その後、四羽のチェリーヘッドはみんなコイトタワーの方角に向かって飛び、姿が見えなくなった。

二羽の奮闘

掃除や荷造りがたくさんある。仕事をしていると、時々丘の上の方からドーゲンの甲高い声が聞こえてきた。彼女の声が聞き分けられることに、自分でびっくりした。パコの方は、声を聞くこともなかったし、姿も見なかった。昼近く群れが食べに来た時、私の手を離れた二羽を探したけれど、どちらもいなかった。群れが去った後、遠くからキーキーいうドーゲンの声が再び聞こえてきた。私は非常階段に戻り、彼女がどこにいるのか探した。どこかコイトタワーの近くにいるようなのに、姿は見えない。突然、パコの姿が見えた。タワーの東北側にいて、頭がおかしくなったかのように叫びながら大きな円を描いて何度も何度もまわっている。

その日遅く、群れが食べに戻ってきた時、今回はドーゲンも一緒にいた。手すりの上のちょうど目の前にいたにもかかわらず、最初誰だか分からなかった。少し疲れたように見える。しかし、それほど心配はしなかった。力を蓄えるには何日間かかかるだろうと考えていたからだ。餌やりの途中、ドーゲンは私の手首の昔の位置に飛び乗った。私が手首をまわしている途中、セバスチャンがドーゲンの頭の毛を何本か引き抜こうとする。ドーゲンは彼のなすがままに任せていた。必要とあらば、どうやって自分で身を守るか、彼女は知っているはずだ。群れが突然飛び上がってまた舞い戻ると、ドーゲンも同調した。群れへの彼女の帰還は簡単な事柄になりそうに思われた。

餌やりが終わり、ドーゲンとボー以外みんな去った後、ドーゲンとボーは残って一緒に鉢から食べた。食べ終えると二羽はモントレーイトスギに飛んで行き、並んでそこにとまった。マンデラは群れと一緒に去っていた。数分後に戻って来てボーを探していたけれど、ドーゲンとボーが並んでとまっているのを見つけると、マンデラとドーゲンの間に争いが勃発した。オウムは極めて嫉妬深い生き物だったから、もしもドーゲンとボーが一緒にいるのを発見してマンデラが怒らなかったら、そっちの方が驚きだ。大掛かりな喧嘩ではなく、三羽はじきに平和になった。

相変わらずパコのいないことが心配になりはじめた。そのひと月前に鳥類学者と交わした会話が何度も浮かんでくる。私が電話してドーゲンとパコの放鳥について意見を求めると、彼女は、パコには「群れの感覚」がないかもしれないと警告してくれた。パコはその前の餌やりの時ほんの少し姿を見せていたけれど、再び頭上高くを大きく旋回しているだけだった。彼のシルエット――急速な、強ばった、浅い翼のビート――は、何やら馬鹿げて見える。彼の騒々しい歓喜に加え、私は大声で笑わずにいられなかった。しかし、パコが旋回しているのはどうやって降下するのか知らないせいかもしれないという考えが浮かび、笑うのを止めた。

ドーゲンとボーとマンデラが夜の塒に向かって庭を離れ、その時初めて、ドーゲンの左側の翼をきちんと見ることができた。隙間は考えていたより大きい。それでも、彼女はことさら問題もなく飛んでいる。家の中に戻り、居間の長椅子に腰を下ろすと、束の間の静けさを経験した。バッキーとコナーは眠っているし、街は静かだ。家の雰囲気の変化を感じることができる。私は奇妙な虚ろさを感じていた。

もしも私に物事をコントロールする力があったら、切り詰めたドーゲンの羽がすっかり生え戻るのを待っていただろう。ドーゲンとパコがすっかり順応していることを確かめていただろう。そして、天気予報を調べていただろう。すぐに、その年最悪の嵐の中に二羽を放したことが明らかになった。一晩中激しい土砂降りの雨が降り続き、突風はほぼ時速八十キロ（秒速二十メートル）以上に達した。寝るのは不可能だ。寒い暗闇の中で、親愛なる生活のため枝にすがりつきながら、びしょ濡れになっているドーゲンとパコの姿を思い描き続けた。

翌朝、ご飯を作っていると、バッキーが警戒の叫び声を発した。窓際に駆け寄ると、三羽のオウムがまっすぐ非常階段にやって来るのが見える。外に出ると、ドーゲンとマンデラとボーが非常階段の手すりにいた。ドーゲンはびしょ濡れで、憔悴しているように見える。ボーとマンデラは、何とか切り抜け、すっかり乾いたままでいる。一生懸命ドーゲンに何かを食べさせようとしたけれど、彼女には食べる興味がなかった。外見的な憔悴とは別に、少し様子がおかしい。彼女はマンデラとボーが食べ終えるのをじれったそうに待っていて、私の方は無視している。それから、三羽揃って非常階段から飛び上がり、そのまま上って行った。彼らが去って間もなく、バッキーが再び叫びはじめた。今回も警戒音のようで、私は急いで外に様子を見に行った。そこで私は、コイトタワーの上をひたすらけたたましい勢いで旋回している一羽のオウムの姿を目にした。

その朝遅く、ドーゲンとボーとマンデラが非常階段に戻って来た。四番目の鳥が一緒で、パコだった。彼はまるで、悪天候などまったく苦にしなかったように見える。事実、エネルギーに溢れているかのようだ。多分彼はいつもの馴染みのお皿で食べたいだろうと思い、私は家の中に戻って彼の籠を持ってきた。しかし、私がそれを持っているのを見た途端、彼は非常階段から逃げ出して電線にとまった。籠を家の中に戻して彼に呼びかけたけれど、来るのを拒否している。私はかつて、家の中にいる鳥の中ではパコが一番馴れるだろうと考えた。赤ん坊の時は手で餌をあげたし、本によればそれは深い絆を生み出すはずだ。しかし、パコは、常に私とのわずかな距離を維持し、恐れを抱いていた。

彼は依然、心の中では野生の鳥なのだ。ほかの三羽に食べ物をあげていると、群れの残りのものたちが到着した。パコはまだ来ようとしない。餌やりが終わり、四羽は群れと一緒に飛び去った。四、五十メートル先でドーゲンとボーとマンデラが群れを離れ、自分たちだけの方向に向かった。パコも群れを離れたけれど、三羽の後を追うのではなく、再び自分だけ別の方向に向かって行く。

天候が悪い場合、群れは通常、いつもより頻繁にやって来る。時には一日八回にもなることがあって、それはそんな一日だった。午後、パコが餌やりに加わりはじめた。最初彼は、私が左手に持ったカップに乗りたがった。しかし、そこはマンデラとボーの場所で、彼らは許さない。それでパコは手すりに来て、私がそこで餌をやっていたほかの鳥たちと肩を並べた。二、三の面倒に遭遇したけれど、うまく切り抜けている。群れが飛び上がると彼も飛び上がり、今回はみんなと一緒の群れに留まった。

メスを巡る戦い

その午後遅く、空港にエドナを迎えに行った。家へのドライブの途中、私は中身のない空冗談に会話を向けようとした。何が来るかは分かっていて、それを聞きたくない。何であれ、どんな議論もなしにその場所を離れる方が遥かにいい。幸い、エドナも、その話題を持ち出さなかった。車を止め、モンゴメリー通りからフィルバート階段へ行き、ダレル通りを通り、ダレル通りから家まで荷物を運ぶ。それから彼女は私を解放し、私はそのままコテージスタジオに向かった。ドアを開けようとしたちょうどその時、何かが目に入って私は足を止めた。四羽のオウムが延々と円と八の字を描いて庭を飛びまわっている。恐ろしく速い。しかし、私を驚かせたのはそのことではない。何のもの音も立てていなかったことだ。それは気味悪いだけではなく、普段とあまりに違っていた。最初に考えたのは、ドーゲンとボーとマンデラが隊列を組んで飛ぶことをパコに教えているというものだ。しかし、どうも違うらしい。とうとう一羽のオウムがキーッという叫び声を発し、オリバーの声であることが分かった。一団が電線のところに行ってとまり、マンデラの右の翼が垂れ下がっているのが見えた。残りの二羽が誰なのか、遠くて分からない。ほんのしばらく休んだ後、四羽はみんな空中に緊急発進し、絶え間ない無言の宙返り飛行を再開した。

私はその夜、バッキーとコナーと一緒にコテージで過ごした。天候が再び崩れ、異常に寒くなって、湾岸地区の高い丘の上の方には雪が降った。群れに関して、心配ないことは十分分かっている。寒さを凌ぐことはできる。しかし、ドーゲンとパコに関しては不確かだ。朝早く、私は叫び声を一回耳にして調べに外に出た。無言の旋回をしていた鳥の、同じ奇妙なグループだ。オリバーの叫び声が一回聞こえ、彼らがしばらく動きを止めた時、マンデラの垂れ下がった翼が見えた。依然、ほかの二羽が誰なのか分からない。おそらく、一羽はボーだろう。

その午後遅く、デッキに出ている時、再び彼らを見た。だが、今回は六羽のオウムがいる。彼らは依然、完全な静けさの中で飛んでいた。行ったり来たり、グルグル旋回する。毎日観察していた三年の間、そんなのは見たことがなかった。エドナは病院でマクシンと一緒に過ごし、彼女は使いたいなら家を使ってもいいと言ってくれていた。そこで、グループが旋回を解いて非常階段に飛んで行った時、彼らが誰なのか走って見に行った。非常階段へのドアを開けると、ギブソンとオリバーが非常階段の床じゅうボーを追いかけ回し、ドーゲンとパコとマンデラが彼らの上、手すりにとまって不安そうにしていた。

ギブソンが追走劇のライオンの役を演じ、オリバーはむしろ補助役を演じているように見える。群れの中の最も臆病者の一羽、ボーは、まったくうまくやっていない。ギブソンは追いつくたびに激しくボーを攻撃する。私は割って入り、やさしく両者を引き離そうとした。しかし、ギブソンは私を無視している。それで打つように彼を追い払おうとしたけれど、怖がらせることはできなかった。まったく奇妙だ。私が少しでも唐突な振る舞いをすると、鳥たちはいつもすぐさま反応して飛び去ってしまう。私が彼らを怖がらせることができないことなど、一度もなかったのに。

それでも、ボーが逃げ出してしまえるだけの十分な混乱を作り出すことはできた。彼は庭の方に向かって飛び出したけれど、隠れる場所を探す代わりにぐるっと輪を描き、すぐに戻ってきて私が手に持ったカップに着陸した。ギブソンもカップに飛んで来て、ボーを蹴り出す。その後ギブソンは、マンデラの方に注意を向けた。彼とオリバーは近くの電線の束まで彼女を追いかけ、そこで彼女は突然停止した。マンデラはくたびれているように見える。悪い方の翼が、いつもより垂れさがっている。彼女は容易に餌食にされてよさそうだったのに、ギブソンとオリバーは彼女を攻撃しない。それで私は、自分が何を目撃しているのか理解した。ギブソンは、ボーからマンデラを横取りしようとしているのだ。

争いの間、パコとドーゲンは種の入った鉢にとまり、自分のことだけに集中しようとしていた。一瞬ギブソンが注意を逸らすと、ボーはパコとドーゲンに加わる。私はボーがそこにいるとギブソンの気を惹くだろうと思い、パコとドーゲンに危害が及ばないようにするつもりで鉢のところに歩いて行ってその横に座った。それでも構わず、ギブソンはやって来た。私のところを迂回しようと試み、私は彼を叩き払わなければならない。あまりに奇妙な状況だったので、しばらくそこから身を引いて、何が起こるか見ているだけにしようと決めた。非常階段のいつもいる反対側の場所に戻ると、パコとドーゲンが手から食べようとやって来た。ボーもそれに加わり、今回はギブソンもそれを許している。彼とオリバーはマンデラが休んでいる場所に飛んで行き、彼女をはさんで両側にとまった。マンデラが電線を離れてボーに加わると、ギブソンは攻撃を再開した。

今回は、私がドーゲンとパコとボーとマンデラを腕に乗せ、胸の前で腕を交差させたまま向きを変えて家の方を向いた。できるだけ壁にぴったりくっついて、身を縮める。それでもギブソンはやめない。肘のところから彼を振り放そうとしていると、群れの中のグループのひとつが非常階段に近づいてくるのが聞こえた。どういうわけなのか、彼らの到着が秩序を回復させた。ギブソンとオリバーは落ち着きを取り戻し、食べはじめた。餌やりは普段と同じようになり、みんなが満腹になった時全員飛び去った。

数時間後、群れ全体が餌を食べにやって来た。いつもと同じように、マンデラは種を入れたカップに降り立った。すべていつもと同じになったようだったけれど、ギブソンがマンデラの横に着陸した。彼は平和そうで、オウムにはこれ以上できないというほど甘く優しい。しかし、私は彼に腹が立って来て、カップから追い払った。ギブソンは飛び立ってボーを探し、彼を見つけると攻撃は前にも増して悪辣だった。こんな混乱のただ中で、マンデラが私の真ん前の手すりにとまった。ギブソンがそれを見つけてやって来て、彼女かららちょうど三十センチほどのところに着陸する。私はカッとしてしまった。両者の間の手すりの上に強力な空手チョップを見舞うと、群れ全体が慌てふためいて電線に飛び移った。数分後、またギブソンとオリバーとボーの馬鹿げた光景がはじまった。ギブソンにはすでにコンスタンツァという連れ合いがいる。彼女はどこへ行ったのだ。それに、なぜオリバーが加わっているのだろう。ボーは私の隣の階段にとまり、ギブソンが彼を追ってやって来た時、私は再び彼を叩き払った。今回は、ギブソンは私の腕を思い切り咬んだ。とても痛かった。あまりの痛さに、腫れた場所をマッサージするため手を止めなければならなかったほどだ。腕を撫でさすりながら、これは真剣な群れの内部の問題で、おそらく私はただ離れているべきなのだと考えはじめた。

オウムたちは次第にポツリポツリと庭を離れ、ボーとドーゲンだけが後に残っていた。多分、もしもボーがマンデラを失ったら、彼とドーゲンがペアーになるだろう。それも、そんなに悪いことには思われない。しかし、私は、ドーゲンは自由のままでいるべきかどうか疑いはじめていた。彼女はとても疲れて見える。歩く時も、数ヶ月間なかったような仕方でよたよたしている。多分、彼女がそれほど疲れているのは羽毛を刈り込んだ結果なのだろう。あるいは、あまりにひどく神経を冒されていて、外に放されるべきではなかったのかもしれない。

　翌朝早く、エドナは古い友人を泊まりがけで訪ねるため街を離れた。彼女がいない間、家を使ってもいいと言う。六羽のグループが非常階段に降り立つのを目にして、事態がどうなっているか様子を見に上がって行った。マンデラは非常階段近くの電線にとまり、その前の日よりさらに翼が垂れ下がっている。すっかり憔悴した様子だ。オリバーとギブソンはまるで二羽の禿鷲のように肩と肩を寄せ合ってマンデラの近くにとまり、ドーゲンとパコと一緒に非常階段にいるボーが彼女に近づかないよう見張っている。マンデラがボーの方に行こうとするたびに、ギブソンとオリバーが飛んで行って両者を引き離した。ボーが敗北しつつあるのが見て取れる。その日私にはペンキ塗りの仕事があり、出かけられて幸いな気持ちだった。ギブソンの冷酷さにはうんざりしていた。

　帰宅して自転車をコテージに入れ、家に行く小道を歩いて行った。家の前のテラスを取り囲む塀の門を開けると、一羽のオウムのキーキー甲高い声が聞こえて来た。まるですぐ側にいるように聞こえ、不可解だ。オウムたちが家の南側に来ることは決してなかったし、頭上の楓の木の枝を透かして見上げても、オウムはどこにもいない。群れたちが、家の北側の非常階段のところで鳴き声を上げているのは聞こえる。それで私は、その中の一羽が上を飛んで行く時に鳴くのが聞こえたのだろうと決めた。そのままテラスを通って行き、前のドアにカギを差し込もうとすると、またも、大きな声がすぐ近くから聞こえる。オウムは、私の足のすぐ横にいた。ドーゲンだった。ドアを開けると、小さなよろめく脚で可能な限り速く、慌てて家の中に飛び込んだ。もはや飛ぶことができない。居間の窓のところから音が聞こえ、見上げるとパコが窓枠にぴったりつかまっている。私がバルコニーに出ると、頭に飛んで来た。パコを髪の毛につかまらせたまま、家の中に戻った。それから、皿に種を入れ、彼らのために床に置いた。二羽とも飢えている。

群れが呼んでいるので、私は外に出た。ボーとマンデラがカップのところに飛んで来て、ギブソンとオリバーがまたしてもボーを攻撃しに来た。諍いから身を引いていようと心に決めていたけれど、単純にそうしていられなかった。ボーとマンデラを引き離そうという考えには、何とも同調できない。それで再びギブソンを追い払いはじめた。彼は情け容赦がない。しかし、今回は私の方だってそうだ。それまでの激論では専守防衛を自分に強いてきたけれど、今回は攻勢に転じた。ギブソンにはうんざりだ。私たちの喧嘩は群れを警戒させた。私がそんな風にするのを、彼らは見たことがない。食べるのを止め、私がギブソンを追いかける間、神経質そうな低い鳴き声を上げていた。マーロンだけが、何が起こっているのか関心なさそうに見える。私が手加減しないでギブソンを叩こうとしているのを見て、オリバーは退却した。オリバーの助けがなくなると、ギブソンも情け容赦ない勢いを失った。さらに何回か前ほど気の乗らない攻撃をした後、彼はマンデラを奪い取ることを諦めた。餌やりが終わる直前、私は和平のしるしにギブソンに種を差し出し、彼はそれを受け取った。

群れが去った後、ドーゲンとパコの様子を見に家に入った。パコはくたびれている。しかし、ドーゲンほどではない。彼女はすっかり参ってしまっていた。私は仰向けに居間の床に横になり、彼女を胸に乗せた。彼女は眼を閉じ、私はほとんど一時間ほども彼女をさすっていた。そのままにしていたら、彼女はもっとそ

こにいただろう。しかし、私は立ち上がって荷造りを
はじめなければならなかった。

事態が動く

ひと晩休んで、ドーゲンは元気になった。それにしても、前日彼女は意図してわざわざ表のドアへ行ったのか、テラスの上を飛んでいてガソリンが尽きてしまったのか、知りたかった。もしも前者なら、彼女は場所と私の日課に関する鋭い知覚を証明したことになる。私がいつもそのドアを使うのに対し、ドーゲンはほんの数回しかそのドアを通ったことがない。しかも、いつも籠に入ったままだ。ドーゲンはとても幸運だった。もしも非常階段に降りていたら、私は事態が悪くなっていることに気がつかなかったかもしれず、そのまま中に入って彼女を落胆させていただろう。エドナが街を出るのにその日を選んだことも、また、彼女には幸いだった。エドナは、オウムをいささか迷惑がっていたと思う。たびたびオウムのことを、私の「ハト」と呼んでいた。ドーゲンが戸口に立っているのをもしも見つけたら、おそらく、ドーゲンを靴で追い払っていたかもしれない。

私はできるだけエドナを避けていた。しかし、永久に身をかわしていることはできない。ある日の午後、彼女が電話をかけてきて、家に来てほしいと言う。話したいことがあるそうだ。義務的に温かい言葉をかけた後、彼女は用件を切り出した。マクシンの介護の費用を払うため、家を貸し出さなければならない。つまり、私は引っ越さなければならないということだ。いったいどんな予定でいるのか、私は尋ねられた。そう言われたところで、新しい状況に備える探索といっても、生半可なものだ。究極的にはひとつの方向しかないことが自分には分かっている。状況が導くままに、どこにでも行くこと。それは、心安らかな決心ではない。それでもなお、人生におけるなんの進展もないことにまたしても失望しながら、一方では、自分自身から逃げ出すことに恐れを抱いていた。私の理解では、自分自身の道を歩むのを止めたら自分はダメになってしまう。ほかには道がない。といって、エドナにそのままそう言うことはできなかった。彼女は七十歳を過ぎた、深南部のクリスチャンだ。理解してもらえるはずはない。公平に言って、少数の元ヒッピー以外、私と同じ歳のほとんどの人たちは分かってくれないだろうと思う。それで、今準備中のすばらしい新事業計画があって、それをスタートさせるまで泊めてもらえる友達が何人かいると彼女に話した。その事業計画の本当の中身については曖昧だったけれど、どちらにしても彼女には関心がないことだ。

その家の新たな法的状況について彼女が詳細に話しはじめた時、私の注意は非常階段から呼んでいるオウムたちの方に漂っていた。オリバーが非常階段へのドアの枠につかまり、窓ガラスにピッタリ体を押しつけて中の様子を窺っている。私は、どうやって彼らを私から引き離して過ごせるか考えていた。それは悲しい仕事だ。私の注意が再びエドナに舞い戻り、彼女が用意してくれたひとつのいい知らせを聞き取るのに、やっと間に合った。二、三週間ルイジアナ州に戻るつもりで、サンフランシスコに戻って来た時、マクシンの持ち物を家から運び出すため助けがいるという。もしも望むなら、この家にあと二ヶ月間いても構わないと言うのだ。

私は、それまで二年半の間、毎日四度か五度、鳥に餌をやってきた。しかし、厳密に言って、彼らが私に依存していたわけではない。手に入れられる食べ物はたくさんある。コトネアスターの実、トヨンの実、ブラックベリー、ピラカンタ、モクレンの花、サクラの花、梯梧の花、花をつけたユーカリ、松の実、ビャクシンの球果、サンザシの実、ビワの実、ストロベリーグァヴァ、スモモ、リンゴ、ナシ、それらを食べるのを見てきたし、話も聞いた。彼らは愛鳥家を識別し、利用もする。私の餌やりが彼らの生活を容易にすることは事実だろう。もしも私が彼らに何かしてあげたことがあるとすれば、それは、満腹なお腹で自分たちのテリトリーを探検することを可能にしてあげたことだ。だから、依存はしなくても私を当てにするようにはなった。私が身を引き離していようと考えた目的は、彼らにとって変化をできるだけ滑らかにすることだった。

私はまず、餌やりを一日おきにすることからはじめた。時間が経つにつれ、私がしていることから幾分かの魔法が消えてきていた。タカが近所にやって来た時には、タカがうんと近くにやって来て群れを追いやってほしいと望んだことさえあったほどだ。しかし今、こうして餌をやることができるのも終わりつつある以上、彼らと一緒にいられる残された時間を大切にしたかった。春になって、群れの中で大きな変化が起こる季節だ。オリバーとギブソンは、今やほかの鳥が入り込めないカップルになっている。何と不思議な物語の結末だろう。オリバーはメスだったに違いない。それで、彼女の名前をオリーブに変えた。群れの女家長であるエリカは新しい連れ合いを見つけ、私はその鳥をラッセルと名づけた。マーロンの頭の赤い羽は法外にふさふさ生え茂り、もっと赤い頭の鳥は群れにはたった一羽しかいない。時として、頭に赤い羽があればあるほどより有力な鳥のように見える。しかし、マーロンには当てはまらなかった。盛んに喧嘩を仕掛け、ほとんどいつも負けていた。

ある日、餌をやらないはずの日に、マーロンとマーフィーと、もうひと組のおとなのペアが非常階段にやって来た。台所で仕事をしているところで、彼らに見つけられたので姿の見えない別の部屋に移った。二組のカップルは長い間待っていて、その内喧嘩が始まった。あまりの大きな音に、私は隠れていた場所を出て、何が起こっているのか見ようと窓際に走って行った。激しく病的なゴロゴロ声を出し、嘴で互いにつつき合っている。両者を引き離すより、眺めていようと決めた。音ほど暴力的ではない。軽くつつき合い、ひどい叫び声を上げながら嘴と嘴をぶつけ合うだけだ。争いは、マーロンと相手側のオスが、お互いの爪を絡み合わせたまま非常階段の床に転がって終わった。それから、四羽は揃って飛び去った。それ以来、餌やりのない日には、非常階段に通じるドアに紙を吊るして目隠しすることにした。それでも、気詰まりな気分だ。彼らから中は見えなくても、私の方からだと何時間も手すりの上に並んでいる彼らのシルエットが見える。彼らを拒否するのはむずかしかった。

家の中にいる鳥をどうするか、いまだにいい方法は浮かばない。気が進まないけれど、私の将来は不確かだし、ドーゲンとパコの羽を切り詰める以外選択肢はないように感じられた。パコの羽を切るのは初めてで、そのことで彼は変わった。それまでは常にほかの誰よりも元気溌剌で怒りっぽかったのに、羽を切ってからはうんと協力的になった。ドーゲンとパコが飛べなくなり、コナーが居間の窓の高い窓枠の主人になってからは、二羽のチェリーヘッドの過去の虐待に対してきちんと返礼していた。特に、ドーゲンに対して敵意を示している。彼に一番迷惑をかけていたのはパコであることを考えると、何だか奇妙な話だ。時々コナーはドーゲンに対しあまりに意地悪になるので、介入しなければならなかったほどだ。

二羽のブルークラウンを一緒にしておこうと考えていたけれど、そこには予想外の複雑さがあった。彼らの関係に亀裂が生じてきたのだ。問題は、バッキーの慢性的な所有願望だ。コナーは、いつも外に出て近所を飛びまわりたかった。たまには、群れと一緒に夜を過ごすこともある。といっても、いつも翌朝には戻って来る。バッキーは、コナーが外に出て行くことがまったく気に入らなかった。コナーを外に出そうと籠の中に手を入れるたび、私の手を咬む。それから、コナーを籠の壁にしっかり押さえつけて彼を咬み、彼の身繕いをし、彼を咬み、また身繕いする。言いたいことは直感的に明らかだ。「行くな。愛している。行くな。愛している」それは極度に神経症的で、思うに、籠の鳥だけに見られる粘り着くような愛情だ。時にはコナーがバッキーと一緒に籠に留まることを選ぶこともあった。しかし、別の時は、彼は素早く私の手に跳び乗った。天候が暖かくなるにつれ、コナーはますます長い時間外で過ごすようになった。

一歩前進

エドナの甥、ジョーがしばしば仕事でサンフランシスコにやって来て、街にいる時はいつでもこの家に泊まった。一度私は、オウムについて本を書こうと思っていることをちょっと口にした。彼が言うには、もし本を書こうと思っているならコンピュータが必要だ。古くなったコンピュータを提供しよう。私はコンピュータについてまったく何も知らない。どうやって動くのか、何をするのか。だから、本を書くのになぜみんなそれを必要としているか理解できなかった。自分の目でそれを見ようなどと本当には予想していなかったし、人からもらうには恐ろしく高価なものに思われる。しかし、ある日の午後、運送屋がそれを戸口まで届けて来た。ジョーは、コンピュータ、モニター、プリンターの一式を送ってくれた。それらをどうしていいか分からなかったので、図書館に行って何冊か本を借りた。いったん基本的なことを頭に入れると、手書きのノートと日記をすべてそれに打ちこみはじめた。

意識を機械に向け続けるのは、ひと苦労だった。立ち退きの日はほんの数週間後に迫っている。しかも、いまだに行くところがない。ノースビーチにいた頃には、何度もそうした不安定を切り抜けてきた。しかし、最後にそれに耐え忍ばなければならなかった時から八年経っている。住まいの快適さとその中で家の面倒をみる役割に、すっかり馴れっこになってしまっていた。今や、馬の背に乗って魔法のように私を助けにやって来る予測できない出来事を心待ちにするまでに落ちぶれてしまっているほどだ。そうした期待が、現代の生活とまったくかけ離れていることは分かっている。今の世は個人が自分自身の選択で己の道を切り開いて行く時代だ。といって、そのことは、偉大なる精霊に従う古代的生き方の核心にだってあるものだ。偉大なる精霊と私たち人間の間の合意は、私たちは内的自己を養うことに励み、精霊は私たちの望みを慮ってくれるというものだったはずだ。私の頭では、次にとるべき自然なステップは、連れ合いを見つけ、ふたりを支える仕事を見つけること。それに、依然として田舎に引っ越したかった。実際、そうした動きを渇望さえしていた。特に、偉大な洞察の瞬間と私が信じたものを体験した後は。

洞察とは、こうだ。ある日私は、初めてサンフランシスコに来た時泊まったのが、マクシンの家から何軒か隣のアパートだったことを思い出した。ダレルプレイスは人目につかない、わずか一ブロックだけの長さしかない小道で、それが偶然に起こる確率は極めて低いと思う。そうした符号に加え、居間の長椅子に座っていると、何キロも先のバークレーの大学キャンパスにある鐘楼が見えるという事実に気がついた。そこは、初めて湾岸地区に越して来た時ストリート・シンガーとして活動した場所だ。私はこうした気づきを、自分がひとつの円環を一周し、今はサンフランシスコを離れる時だという宇宙からのしるしと受け取った。この解釈がおおいに気に入り、それが現実になるよう望むようになった。自分の方は、支払うべきものを払い終えた。もしも宇宙に正義があるのなら、すべてのことは、まさしく私が望んだ通りに起こるはずだ。そう言い聞かせ続けた。それなのに、その家での私の時間は尽きようとしているし、望むようなことが現実に起こりそうなしるしはどこにもない。不安になりはじめた。少々、頭もおかしくなってきていた。

時々休憩をとって、群れに餌をやったり、ボーとマンデラを訪れたりした。ボーは依然ドーゲンとパコに執心し、マンデラはぴったり彼に寄り添っている。群れが飛び去った後にボーが残った時、私は彼と一緒に外に出た。そして、群れが北に向かうのを一緒に眺めていた。オウムたちは、数百メートル先のフィッシャーマンズワーフに近づくと、そこで旋回し、こちらに戻りはじめた。しかし、それから再び向きを変え、また最初の方向に向かって行く。家から遠いある地点で、一羽のオウムが群れを離れ、ぐるっとまわって戻ってくるのが見えた。そのまま家まで飛んでくると、非常階段のボーのすぐ隣りにとまった。もちろん、マンデラだ。飛行中の混乱の中で、どうしてか彼女は、ボーが一緒に来なかったことに気づいたのだ。群れの引力から離脱できたのはたいしたものだと思う。マンデラが降り立った途端、彼女とボーは互いの嘴を咬み合い、おかしな、甲高い、ボリボリいう音を立てた。オウムがそうするのは何度も見たことがある。明らかに、ひとつの挨拶の形だ。

ボーとマンデラと、自由な時のコナーは、揃ってバルコニーの権利を主張した。時々は、そのことで喧嘩もした。ボーとマンデラは眼を吊り上げて翼を広げ——闘いの姿勢だ——コナーは怒りで毛を逆立てる。ボーと彼を援護するマンデラは、たいていコナーを圧倒する。すると、コナーはバッキーの籠の背後に隠れる。少しずつ鳥たちから身を隠すようにしたことで、いくつか予期せぬ結果が生まれた。私が何をしているか見るため、何羽かのオウムがぐるっとまわってバルコニーに来はじめたこともそのひとつだ。ソニーとルチアもその中に入っていて、彼らがマンデラとボーを相手に喧嘩をはじめた。ソニーとルチアがマンデラの両親であることを考えると、敵対関係は特に興味深い。その中の誰も、自分たちの関係に気づいているような証拠は見られなかった。彼らの間柄は、群れの中のほかの鳥どうしの関係よりことさら近しいように思われない。赤ん坊は、次の繁殖期まで両親にピッタリ寄り添っているけれど、その後関係は終わるように見える。それでもなお、当事者たちが忘れてしまうのかどうかは疑問だ。何しろ、私が学んだ限り、オウムたちはすばらしい記憶の持ち主なのだ。

オウムたちと距離を置く

さよならを言うことが、それほど悲しかったわけではない。自分は自分の人生を行く必要があると感じていた。しかし、オウムたちを気晴らしの相手と見ている私がいる一方、別の私は、群れとの出会いは運命付けられていたのだろうかと考えていた。確かに、彼らとの本当の繋がりを感じた。彼らを友達と見ていたし、ある程度、その感情を互いに持っていた。ある朝群れが到着した時、餌やりができないほどコンピュータに熱中していた。それで、鉢を持ち出すとそれを置いてすぐ仕事に戻った。数分後、気持ちを変えて外に戻った。オウムたちは鉢の上に群がっていたけれど、カップを手に持って出て行った途端、みんな鉢を離れて私の方にやって来た。

シュレヴポートでほぼひと月を過ごし、エドナがサンフランシスコに戻って来た。彼女が到着する前の晩、私はドーゲンと、パコと、コナーと、バッキーと、コンピュータと、持ち物すべてを下のコテージに移した。コナーはコテージに出入りすることに馴れていなかったので、彼を外に出すのは中止した。彼とバッキーをどうするか、まだ決めていない。二羽を一緒にしておく方に依然傾いてはいたけれど、それに反する理屈もある。といっても、彼らの関係が次第に大きな問題を孕むようになっていたというのが理由ではない。それまでの数週間、コナーが外で群れと一緒に夜を過ごすたびにバッキーはパコを押しのけ、ドーゲンの隣りにとまった。今やバッキーは、コナーが家にいる時でさえ、時々ドーゲンのところに行くようになっていた。

エドナは、私が家に来て何日かおきに餌をやることを許してくれた。私はそれを三日目ごとに切り詰めた。ある日、それまで下の階に住んでいたハーヴィーが出て行った。そして、とうとう、あれ以来どうして彼との間に問題が起こらなくなったのか理由を知った。家賃の支払いが何ヶ月間も滞り、不平を言える立場にはなかったらしい。新しい借家人のディックが来て、彼はオウムに餌をやることに興味があると言う。どの種をオウムが好むのか教えてやると、彼は生の穀類の大きな袋と餌箱を買って来た。餌箱は、建物から突き出た腕木にぶら下げられた。それはちょうど東側のバルコニーの真下で、ボーとマンデラが最初にそれを発見した。間もなく、ほかの鳥たちも同じように来るようになった。

どんどん終わりの時が近づいてくる。エドナは、台所の設備、家具、美術品、本を引き取ってくれる買い手を見つけた。そしてとうとう、誰もいらないゴミと、彼女が寝ていたベッドを除くすべてがなくなった。引っ越しも少し手伝ったけれど、彼女がしてほしかった大きな仕事は最後の掃除だった。掃除機をかけ、埃をふき、洗い、などなど。全部仕上げるのに三週間時間があり、その後管理会社が家を引き取って私は立ち退かなければならない。エドナは私の幸運を祈ると、ルイジアナに戻って行った。

その最後の二週間、スタジオから母屋に移動した。今やその場所も虚ろで陰鬱に感じられる。しかし、スタジオよりはいい。スタジオは寒くて湿っぽく、黴臭い。家に戻った最初の日、コナーを解放した。二、三時間後非常階段に姿を現わしたとき、彼はいつも以上に私に対して用心深かった。バッキーとドーゲンとパコを東側のバルコニーに出すと、ボーとマンデラは一日中続く見張りをただちに再開した。今回、コナーはそこにいる連中に加わらなかった。非常階段までやって来るだけだ。手に乗せようとするたび、飛び去ってしまう。バッキーは再びドーゲンと仲良くなったけれど、それでもまだ、コナーの方が好きだったと思う。コナーは、ボーとマンデラがいるという理由でバルコニーを避けているのだろうか。その後コナーは姿を消し、それから六日間姿を見せなかった。戻って来た時、彼はグループのところにやって来たけれど、相変わらず振る舞い方はよそよそしい。餌やりの途中、普段目にしない出来事を目撃した。スクラッパーとスクラッパレーラが大きな諍いをはじめたのだ。そのカップルはしばしばつまらない口論をしていた。それにしても、今回のは激しい。本当の喧嘩みたいに見える。

群れが去った後もコナーは残り、それからもっと食べた。彼とバッキーの仲がどうなっているのか、探らなければならない。それで私は、自分の決まりに反することをした。こっそりコナーの背中に手を伸ばし、彼をぐいっとつかんだのだ。彼は自由になろうともがいたけれど、もがき方は優しかった。まるで、彼の方が私を傷つけはしまいか心配しているみたいだ。彼を家に持ち込み、バッキーと一緒の籠に入れる。ただちにバッキーは怒りの塊となって、力一杯彼に襲いかかった。今回はことのほか意地悪く、攻撃を緩めようとしない。まるで、「この野郎！　俺を捨てて出て行くなんて！　二度とお前になんか会いたくない！」とでも言っているみたいだ。コナーはいっさい身を守ろうとしない。籠の隅っこに身を屈め、バッキーは襲撃を続けている。それで私が介入し、コナーを外に出した。なぜなのかまったく理解できないけれど、バッキーとコナーの関係が終わったことははっきりしている。コナーをバルコニーに連れて行き、そこで自由にした。

餌やりの回数が減るに従い、彼らが来る回数も減った。彼らの側には感傷に浸っている時間などない。食料を貯めておくことはできないから、毎日の最初の心配事は食べ物を探すことだ。彼らはディックの餌箱が気に入り、そこを使うオウムの数は毎日増えていった。

群れも私も、新しい日課を見つけ出さなければならない。しかし、私にはまだ自分の方向を示すヒントが見つからず、不安とイライラが募ってきていた。自分は無理矢理グル（導師）にねじ伏せられ、その間に、一年また一年、自分の青春が漏れ落ちて行ってしまっていたように感じられる。同じ年齢のほかの人たちが恋に落ち、旅行し、冒険している間、私はクローゼットの中で自分のお尻の上に座っていただけだ。彼らが勉強し、キャリアを積み重ねている間、私は神について本を読み、生活のためトイレ掃除をしていた。自分が年を重ね、どこにも行き着かないのを目にして苦々しい思いだった。私は神の、あるいは偉大なスピリットの、あるいは宇宙的意識――何と呼んでもいい――の存在を疑わなかったけれど、そのことと私の幸せとはまったく別の事柄であると感じはじめていた。

その家での最後の仕事は、非常階段をすっかり掃除することだった。はじめる前、もう一度オウムたちに最後の餌やりをした。繁殖期が近づき、群れは分散している。しかしなお、幸運なことに、いつになく大きなグループが食べにやって来た。お気に入りの鳥のほとんどにさよならを言う機会ができた。最初に手から餌をやった鳥たち――ノア、マーロン、マーフィー、スクラッパー、そしてコナー――がそこにいる。ことさら長い餌やりになって、とうとう私の方から止めにしなければならなかった。彼らがまだそこにいる間にドアを閉めたけれど、ほとんど感傷的になることはなかった。自分の心配があまりに大きかったからだ。彼らが去った後、再び外に出て非常階段を掃き、昇降階段を下げ、積もりに積もった鳥の糞をこすりとった。

次の日家の管理会社がやって来ることになっていて、私を救ってくれるような、予想できない魔法の出来事の展開などどこにもありそうにない。行くことができるのが分かっている場所は、世界にひとつ、下のコテージスタジオだけだ。ひどい状態で、そこを貸し出すことがないのは分かっている。ヘレンは肺気腫がすっかり悪化していて、どうしても私の手助けがほしいと思っていた。彼女は喜んで、私が自分の下の階にいることを隠してくれるだろう。心配しなければならないのは、家の管理人がコテージのまわりをうろうろ見てまわることだけだ。

そこに降りて行く道ははっきり分かっていた。しかし、そこに戻らなければならないことに、私は腹を立てていた。初めてその道をやって来て以来、私の生活状態はそのつど、それ以前のものよりわずかずつ改善されていた。一度も無理矢理逆戻りさせられたことはなかったのに、今回は撤退だ。何だか、意地悪な精神を持つ神さまに裏切られたような感じがする。家を離れる直前怒りの発作に捉えられ、私は自分が持っていたスピリチュアルな本をすべて破り捨て、ゴミ箱に放り込んだ。そして、二度と宗教には関わり合うまいと心に誓った。

不思議なオウム、テュペロ

コテージスタジオのスペースは小さく、しかも今回は三羽の鳥と分け合っている。八年前初めてそこに移り住んだ時、私は限りなくひどい場所からやって来た。だから、その部屋の欠陥を喜んで受け入れることができた。三年間の贅沢な暮らしの後で、今や私の目に映るものはいかにそこがじめじめ湿っぽく、陰鬱な場所かということだけ。それまでも、エドナが街に来ている時いつもそこに泊まっていたけれど、何年間も大掛かりな掃除をしていない。蜘蛛の巣が張り、風呂場の壁は再びカビで覆われている。夜になるとネズミが天井裏を走りまわり、走るたびにゴミを撒き散らしている音が聞こえてくる。そこに住む唯一いいことは、庭のただ中にいるということで、しかし、眺めを楽しんでいるわけにはいかない。やることはたくさんある。

まずは、雑用請け負い屋であることにイライラすることから抜け出そうと決心した。何をするか。思いつく唯一のことはオウムについての本を書くことだけ。そこには、語るに値する希有な物語があると感じていた。書くことは、仕事に関する私の要求基準のすべてを満たしてくれる。自分がしたいことだし、創造的でもある。作家の運命に関する昔の恐れに関してなら、すでに貧窮し、路上を生き残り、もはや狂気に陥る心配も酒に溺れる心配もない。牛乳を運ぶ木箱をいくつかと古いドアを見つけ、即席で机をこしらえた。短編小説と歌を書いたことはあったけれど、一冊の本全体をどうやって書いていけばいいのか分からない。普段のやり方に従うなら、どうやって本を書くかについての本を何冊か買うことだ。しかし、そんなことをしている時間があるようには思われない。一日たりとも遅らせている余裕はない。私はただ座り、書きはじめた。

仕事に集中するあまり、ドーゲンとパコとバッキーのために割く時間はほとんどなかった。一日中籠に閉じ込めておきたくなかったので、ロープのジムを使うよう促してみた。お腹がすいたら、ロープから床に飛び降りて籠のところに行く。食べ終わった後またロープに上って行けるよう、鳥用の長い梯子を買ってきた。

安定した住まいを持っていた八年の間に、たくさんいろいろな物を溜め込んで、そんな狭苦しい場所で三羽の鳥と一緒に暮らすのは大混乱だ。糞を受け止めるためロープの長さいっぱいに新聞紙を広げ、絶えず絨毯の上の種の殻を探して歩く。一日の終わり、書くことですっかり疲れ切り、片付けようなどという気は滅多に起こらない。ある隣人は、まるで巨大な鳥籠の中で暮らしているように見えると言った。おまけに窓の引き戸が二重になっていて、二枚のガラスの間に模様のついた格子がサンドイッチ状に挟まれている。それが籠の編み目のように見えて、鳥籠暮らしの印象に視覚的効果を加えていた。三羽の鳥と私はあまりに接近して暮らしていたおかげで、時として互いのイライラが相乗効果を及ぼした。パコは私が靴を脱ぐのを見逃さず、強迫観念的に私の踵を咬むようになった。それを面白いと思ったのは、最初の数回だけだった。ほとんどの鳥と同じく、オウムは日が沈むと眠りにつく。それなのにここでは、私の活動のおかげで起きている。遅くなるにつれ、彼らの眼に苛立ちが浮かんでくる。電気を消すと、その瞬間、彼らはいつもちょっとした喝采の声を発した。

オウムたちは相変わらず庭とディックの餌箱にやって来ていた。しかし、私はすっかり世捨て人のようになっていて、滅多に会うことはなかった。ドーゲンとパコとバッキーは群れが行き来するのにちゃんと注意を払っていて、彼らが外で何が起こっているか分かっていることに感心させられた。しばしば彼らは、群れがタカの警報に使っている低いクークーいう声を出す。ブラインドが降ろされ外が何も見えない時にさえ、その声を出した。外に調べに行くと、そのたびに、タカが空高く滑空しているのを目にしたものだ。多分、辺りにいる鳥たちの警報音を聞くか、あるいは、おそらくタカの声そのものを聞くのだろう。それでもまだ、そうした彼らの警戒が理に適っているかどうかすっかり疑いが晴れたわけではない。しかし、それは、私が仕事の手を止めて休んでいる時はっきりした。北側の窓を背にして立ってバッキーを手に乗せていると、三羽が一斉に慌てて床に飛び降りた。同時に、何かが私の真後ろの窓ガラスに打ち当たる音が聞こえ、くるりと向き直ると、ギリギリのところで、近くの木に消えて行くタカの尾を見るのに間に合った。

ある朝、コンピュータに向かっていた時、ドーゲンとパコとバッキーが一斉に興奮した叫び声を爆発させた。右手を見ると、東側の窓の外のフーシャの木にボーとマンデラがとまっている。私は仕事に没頭していたので、すぐに彼らから目を離した。しばらく経ってもう一度見ると、彼らの姿はなかった。しかし、翌日、彼らはまたフーシャの木に戻って来て中を覗いている。無視していると、ボーはコテージの前を飛びまわった。コテージにはたくさんツタが絡みつき、その先が長く北側の窓まで伸びている。ボーは一本のツタに降り立つと逆さにぶら下がり、私たちを覗き込んだ。それからまるでターザンのように、ツタからツタへ落ち着きなく動きはじめた。おもしろかったけれど、私はなお、彼の存在を認めることを拒否していた。それで彼は、フーシャの木にいるマンデラのところに戻って行った。

デッィクの餌箱で食べていたオウムたちの何羽かが、ボーが何をしているのか好奇心を抱いた。二羽がフーシャの木に飛んで来て、それからほかの鳥たちが続いた。ほどなく、オリーブ、ギブソン、ソニー、ルチア、スクラッパー、スクラッパレーラ、プーシュキン（彼の名は、ロシアの詩人アレクサンドル・プーシュキンにちなんでいる）、それにジョーンズ、みんな窓の外側にとまり、中の私を眺めている。返事を拒んでいると、みんな飛び去ろうとしない。そのうち私は、自分が何だか偽善的であるように感じはじめた。すなわち、こういうことだ。自分は今、私のうちに深く根付いたこれらの鳥への愛について本を書いている。その同じ時、一方では彼らを避けている。私は立ち上がり、コップに種を入れて引き戸を開けた。最初のグループに餌をやっている途中、ほかの鳥たちが到着した。前回餌をやってから何週間も経っている。幸せな感じがした。しかし、ある光景を目にして気持ちが沈んだ。一羽の若い鳥が迷走するように飛びまわり、なかなかうまくフーシャの木に降り立つことができない。彼女の症状は、ドーゲン、マーサ、ステラ、チョムスキーの症状と同じだった。

餌をもらった鳥たちは翌日もやって来て、それ以降毎日来るようになった。コンピュータに向かっていると、しばしば彼らが背後のフーシャの木に集まっているのが感じられる。彼らは、私が立ち上がって餌をやりに行くまで静かに、辛抱強く待っている。それから、地獄の蓋が開く。窓際での餌やりは、いつにも増して競争が激しい。一番遠い枝にとまっている鳥のところまで手が届かない。それで、みんな私の腕に乗ろうと互いに争い合う。その間、ずっと昨日の若い鳥がグループの端の方をバタバタ飛びまわるのが見えていた。彼女が誰なのか分からない。状態は毎日悪化してきている。しかし、助けるためにしてあげられることは何もなかった。

哀れな若鳥

私がスタジオに移り住んでひと月後、老人ホームでマクシンが亡くなった。それは、家の管理会社が借主を見つける前だった。遺言に従い、エドナは指定されたいくつかの慈善事業団体に不動産を譲り渡し、団体は熱心にそれらを売ろうとした。不動産鑑定人が家を見に来ることをヘレンが聞きつけた。サンフランシスコの家賃の上昇は、建物が誰かほかの人手に渡るたび、そこに住んでいる借家人たちを不安にさせる。ヘレンは家を失うことを、私の手助けを失うことと同じように心配していた。いつ鑑定人が来るかはっきり分かったら私にも警告してあげると彼女は言う。しかし、そうしてもらったところで何も変わらない。私がそこにいることを隠し通しておくのは不可能だ。持ち物は全部そこにあるし、鳥はいうまでもなく、それらを全部隠す場所なんてどこにもない。私にできることは、ひたすら書き続け、ドアのノックを待つことだけ。

ノックの音がした時、私は机に向かっていた。ため息をつき、敵意を含んだ尋問に備えて心構えをする。しかし、鑑定人ではなかった。隣りの地所にある古いキャビンに住んでいる、テリーだ。テリーは興奮し、息を切らして話しはじめた。ガールフレンドのジャッキーとデッキで昼食をとっていたら、一羽のオウムがテーブルのすぐ横に墜落してきた。ジャッキーが拾い上げたけれど、鳥はバタバタもがいてその手を逃れ、飛び去ってしまった。彼が指差す方を見ると、確かに鳥は背の高いオニヒバの先端にとまっている。ほかの三羽のオウムが攻撃していた。

もっと近くで見ようと、グリニッチ階段を下りて行った。鳥は攻撃を躱《かわ》そうと木の幹を伝い降り、そこで幹をつかみ損ねた。六、七メートル落下し、木の幹に絡みついているツタの中に落ちた。三羽のオウムが降りて来て、攻撃を再開する。情容赦ない。病気の鳥は再び幹をつかみ損ね、またもや、今度は木の根元の茂みに墜落した。庭には野生化したネコがいて、ネコに捕まえられるのは嫌だ。私は急いでスタジオに駆け戻り、タオルを手に取るとグリニッチ階段を駆け下りた。手すりを飛び越え、何とか斜面を滑り降りる。その庭を手入れしていた婦人が一年前に亡くなって以来、草も木も伸び放題だ。雑草やブラックベリーのツタが絡まる中を、苦労して進む。木のところに着いて、低い灌木の枝に逆さにぶら下がっているオウムを見つけた。私を見るとパニックに陥り、地面を覆ったナスタチウムの繁みの中に落ちた。彼女が落ちた地点にタオルを投げ、あちこち手探りして捕まえる。タオルで包み、斜面を登り、家に戻った。

それは、窓から見たのと同じ若鳥だった。哀れな状態だ。以前のドーゲンよりもっと悪い。脚がすっかりダメになっていて、歩くことができない。続けざま仰向けに転び、体を起こそうともがく甲虫のように、空中を蹴り上げている。腹這いにさせるため、体を押してやらなければならなかった。ドーゲンが最初に病気になった時のように頭が横に傾いていて、頭をまっすぐ保つには嘴の先を床に置いておかなければならない。しかし、首のコントロールがほとんどできなくなっていて、そうすることさえむずかしい。三羽のオウムが攻撃して羽毛をむしり取り、喉のまわりの皮膚が斑のように露になっていた。体が弱って来たほとんど全部の鳥に、似たような傷跡が見られる。彼女が誰なのか知りたい。生き残った四羽のヒナのうちの一羽——前の年の夏に生まれた鳥——であることは分かる。しかし、彼らのどの鳥ともそれほど接してきていない。しかも、私が母屋を離れてから数週間で前より多くの赤い羽が生え育ち、外見の変化を追ってきていない。多くの点でソニーに似ているから、多分ソニーのヒナ、ジョージアかマシューだろう。はっきりさせることはできないので、新しい名前をつけることにした。彼女には何かことさら甘く優しいところがあり、ヴァン・モリソンの歌『テュペロ、ハニー』にちなんでテュペロとした。

テュペロはすっかり痩せ、胸部の竜骨型の骨が突き出ている。種を手渡してやると、それを割ることはできるけれど、随分時間がかかる。やっと殻を剥いたと思ったら穀粒を落としてしまい、首をコントロールすることができないので拾い上げられなかった。食べさせてやらなければならなくなりそうだ。私はいくつかの箱をかき分け、パコに食べさせるため使ったスポイトと鳥のベビーフードを探し出した。病気は重く、獣医に診てもらう必要がありそうな感じがする。近所の食料品店、スピーディーズは事実上のコミュニティセンターの役割を果たしていて、窓口のひとつが近所界隈の伝言欄に当てられている。私は献金を募るお願いを紙に書いて、テープでとめた。一時間もしないうちに、店主はひとりの買い物客から百ドル紙幣を託された。

以前ドーゲンを診察した獣医は毒物を疑ったけれど、今回の医者は、テュペロの問題はウィルス性のものだと確信していた。彼女の見立てでは、オウム病（「オウム熱」）でも、ニューカッスル病でもない。両方共、鳥には致命的な悪名高い病気だ。最も可能性の高い候補は、ハトパラミクソウィルスと呼ばれるもので、神経組織を攻撃するという。しかし、それはあくまで経験に基づく推測で、高額な検査をしてみなければはっきりしたことは言えないそうだ。私は、どうして若鳥だけがやられ、なぜ春に発生するのか質問した。彼女によると、ウィルスはいつでもいる。しかし、おそらく、春になると赤ん坊たちが両親から受け継いで来た免疫力が低下しはじめる。一方、自分自身の免疫システムがまだ十分発達していないからだろう。それを治す薬はなく、私にできる唯一のことはテュペロを休ませることだ。彼女の予想では、テュペロが生き延びる確率は五分五分というところだった。

テュペロは、ただちに私の時間の多くの部分を奪い取ることになった。一日に何度か食べ物を与えなければならないし、ヒートランプを使った治療をしたおかげで、絶えず温度を監視していなければならない。休んだおかげで、彼女は仰向けにひっくり返らなくなるまで安定した。しかし、まだ歩くことはできない。それでも、胸を床につけ、脚で押して動きまわることを学んだ。スピードを上げるため、脚で押しながら翼をバタバタさせる。本の仕事とテュペロの世話の間で、ほかの三羽のために割く時間はますます少なくなってきた。ドーゲンとパコは、新しいメンバーが気に入らなかった。ヒートランプの下に置かない時、私は自由にテュペロを部屋中動きまわらせた。しかし、絶えずパコを見張っていなければならず、そうでなければすぐにテュペロを追いかけまわす。私が外に出ていたある時、彼は彼女を捕まえて血が出るほどその脚を咬んだ。家に戻って床の上で血を流しているテュペロを見つけた時、パコに対してカンカンに腹が立った。彼自身に思い知らせるため、彼がクタクタになって動けなくなるまで部屋中追いまわした。彼は床の上に縮こまり、とどめの一撃が加えられるのを待っている。私は屈み込み、彼をつまみ上げ、彼がどんなに私を怒らせたか言って聞かせた。といっても、怒鳴りはしなかったし、話し終えてからキスしてやった。パコを追いかける私の追跡があまりに激しかったので、ドーゲンも何度かその中に巻き込まれた。その後、ドーゲンがやって来て、私たちの関係が壊れてしまったのかどうか気がかりな様子だ。友情に溢れた、しかし、心配そうな眼で私を見ている。今でも万事順調で、私がまだ彼女とパコを愛していることを確かめたかったのだ。

群れの方にも、再び時間をとられるようになった。逆らうことはできない。私が餌をやった鳥たちがほかの鳥を窓のところに連れて来て、日に日に群衆は大きくなる。フーシャの木の一番外側の枝にとまっている鳥に餌をやろうとすると、引き戸の枠につかまり、体を思い切り伸び出さなければならない。餌やりは家の中にいるチェリーヘッドたちにとって極めて興奮を誘うものだった。パコとドーゲンは、その間中病的なゴロゴロ声を上げ、甲高い悲鳴を発している。テュペロも籠を這い出し、私の足元まで床を這って来た。ある日など、群れがいることがとても幸せそうで、弱々しい小さなキーキー声を上げながら羽をパタパタさせ、部屋の中を円を描いて動きまわっていた。

群れの到着によって呼び覚まされる歓喜の瞬間以外、家の中でのテュペロの生活は陰鬱だった。オウムたちは衝動的でもあるし、強迫観念的でもあり、どれほどパコを罰しても効果がなかった。彼には、テュペロを攻撃することが止められない。従って、テュペロもあまり籠から出たがらず、一日のほとんどその中で眠って過ごしている。退屈を和らげてやろうと、私は彼女を外の散歩に連れ出すことにした。枝々と葉っぱと花と風と太陽の中で育ったのだから、それらを再び訪れることは彼女を和ませてくれるだろうと考えたのだ。彼女をつれて庭中歩きまわり、あちこちの花の前でとまってはよく見えるよう彼女を花のところに持ち上げてやる。オウムは花を食べるから、それぞれの花のタイプを見分けるに違いない。フーシャの花をオウムたちが食べているのを見たことはなかったけれど、テュペロはそれに一番興味があるようだった。彼女を花の近くで支えていると、いつまでもじっとそれを見つめていたものだ。おそらく、その美しさに見入っていたのだろう。そうではないと、いったい誰に言えるというのか。

不動産鑑定人はしばしばやって来たけれど、何の問題にもならないことが分かった。外部のコンサルタントで、誰が家屋敷にいるはずで誰がそうでないか、何も知らない。あるいは、意に介さない。彼の関心は、建物の状態と外見だけ。弾丸を避けてホッとしたけれど、状況は逼迫し、そのことが私を消耗させていた。

行方知れず

ある日、ゴミの山の中で気持ちが落ち込み、バッキーを連れて外に散歩に行くことにした。どうしてそんなことを考えたのか、今もってはっきり分からない。半ばぼんやりとした意識の中で、自分も気分が良くなるだろうと思ったのだ。バッキーの飛行の羽は生え戻りはじめていたけれど、スタジオの中ではまったく飛んだことがない。飛べないのだろうと、私は思っていた。バッキーを肩に乗せてグリニッチ階段を下りていて、突然、いったい自分は何ということをしているのかと思った。コテージに戻りはじめ、まさにドアに辿り着こうとしたその時、バッキーが肩から飛び降りて飛び去った。そして、グリニッチ階段に覆い被さっているコショウボクに降り、そこからまた飛んで、近くのアパートの建物の背後に消えた。自分を蹴飛ばしてやりたい気分だ。すぐに近所を捜しまわり、通りかかった人ごとに青い頭のオウムを見なかったかどうか尋ね、疲れ切って動けなくなるまで丘の階段を上ったり降りたりした。バッキーをもらったシンシアに電話して何が起こったか報告すると、彼女はカンカンだ。そうなるだろうと思っていた通りに。

数日後、バッキーがどうなったか知っている人に出会った。丘の麓にいる警備員が巡回中、道ばたで意識を失って横たわっている青い頭のオウムに遭遇したそうだ。明らかに、バッキーはどこかの窓に衝突して気絶したのだ。バッキーの真上の木の枝にもう一羽青い頭のオウムがいて、まるで、起き上がって飛ぶよう励ますような声をかけていたと言う。警備員は、バッキーが寒さで死んでしまうだろうと心配だったので、サンフランシスコの北三十キロほどのところにある小さな街、サンアンセルモの家に連れ帰った。バッキーを家に入れて間もなく、ブルークラウンはまた逃げ出し、前の戸口から外に飛んで行った。それ以来、バッキーを見ていない。しかし、近所に住む何人かは見たという。私はシンシアに電話し、耳にしたことを話した。彼女はすぐにやって来て、一緒に車でサンアンセルモに向かった。囮用にパコとドーゲンを籠に入れ、通りをあちこち走りまわって捜し、出会う人たちに尋ねたけれど、見つけることはできなかった。シンシアはまだ私に腹を立てていて、その間中こっぴどく叱りつける。私だって、自分のしたことを悪いと思っている。しかし彼女からすれば、どんな風に私が感じようと十分ではなかった。

テュペロと私の関係は親密になってきた。ドーゲンにしたように、私は仰向けになって彼女を胸に乗せ、首を撫でて愛撫する。彼女はそれが好きだった。私の手が下の部分に届くよう、翼をピッタリ寄せる。彼女の眼つきはいつも焦点が定まらないように見えたので、まったく方向が分からないのだろうと思っていたけれど、時が経つにつれ、彼女は部屋の形も、私がいつもどこにいるかも知っていることが明らかになった。ドーゲンはその病気を克服したのだから、テュペロだって生き延びることができないという理由は何も見つからない。私は、常に彼女の症状の改善を監視した。もしも、私の指を爪でぎゅっとつかむことができたら、とまり木にとまる能力が回復してきたということだ。もしも、ほんの一瞬でも頭を持ち上げたら、首のコントロールを取り戻しつつあるというしるしだ。具合が悪かった日々、私は母親のように心配していた。

私はかつてハンディキャップを持った子どもたちに対し、心ならずも否定的反応を示していたものだ。私自身、自分の反応を好ましいと思っていたわけではない。しかし、いつも、両親はこれからの自分たちの人生、子どもの世話という重荷をどうやって背負っていけるのだろうかと考えた。テュペロと一緒にいて、私は少しずつ、そうした疾患がどんなにとるに足らないことか感じるようになってきた。テュペロの羽毛はぼろぼろで、折れ、糞がこびりつき（それをきれいにすることは、私にはむずかしかった）、頭は常に横に傾いていたし、不自由なかじかんだ脚をしている。それでも、私の赤ん坊で、そのままの彼女が好きだった。

私は床に布団を敷いて寝た。毎晩決まってすることは、床に入ってから本を読むことだ。布団をかけた途端テュペロは籠から這い出し、体を押して床を進んでやって来る。私は彼女を布団の中にいれ、本を読むのをやめるまで寄り添わせておく。それから籠に戻すけれど、戻そうとするといつも彼女は不満そうな声を上げる。一緒に寝るわけにはいかない。彼女を押し潰してしまうだろう。それで私は、彼女をタオルに包んで枕のすぐ横の床の上に置くことにした。そうすることで彼女は満足した。スタジオには持ち運びできる、昔のラジエーターのように見えるオイルヒーターが置いてあり、時々彼女はその近くで寝た。彼女はヒーターに敬意を払い、常に、少なくとも三十センチはそれから離れている。それで、私はそれを許しておいた。

私の予想に反し、群れは秋と冬の間数を減らすことがなく、たいていの死は春と夏にやってきた。五月から八月半ばまで群れが分散している間、誰が生きていて誰がそうでないか、把握するのはむずかしい。しばしば、自分が好きな鳥たちのことが気になった。マーロンは最初の餌やりの時は横の窓のところにいたのに、それ以来消えてしまっている。もっとも、繁殖期間中姿を見せなくなってしまうオスは珍しくない。ボーがマンデラをつれずに姿を見せはじめた時も、マンデラは巣ごもりしているのだろうと考えることは理屈にあっていた。その後、卵を産んだだろうと予想された時期から一週間ほど後、マンデラがボーなしで現われた。卵が孵るまで、メスはいつも巣に留まっているはずだ。仮にボーが彼女と交代してやったのだとすると、そんなのを見るのは初めてのことになる。マンデラはまたその後数週間姿を見せず、ボーは再び餌をもらいにやって来はじめた。ある日の午後、横の窓の側に立っていて、電線に三羽のオウムがとまっているのに気がついた。一羽は離れていて、二羽は一緒にいる。二羽の方は、一羽でいるオウムへの攻撃を繰り出し、一羽の方はフーシャの木に逃げて行った。ボーだ。片方の眼を取り囲む輪のうえの毛がひとかたまりなくなっていて、それは深刻な喧嘩をしたというしるしだ。種をやろうと窓を開けると、二羽が舞い降りて来てボーを追い払い、彼の場所を奪い取った。プーシュキンとマンデラだ。プーシュキンも、眼のまわりの輪の肉が引き裂かれている。ボーがフーシャの木に戻って来て、また喧嘩が始まった。ふたたび、プーシュキンとマンデラがチームを組んで、ボーに対している。ボーとマンデラを一緒にしておこうとした私の努力は、まったく無駄だった。しばらく争った後、プーシュキンはボーにも食べさせようという気になったようだ。しかし、マンデラは断固ボーを追い払おうとして、自分一羽だけで争いを引き受けている。今や、彼女にとってボーは何ものでもない。

ある日、文章を書いていて、誰かが頭の後ろを見つめているような感じがした。振り返ると、コナーが静かにフーシャの木にとまっている。コテージに移って以来、彼には滅多に会っていない。その少ない機会、彼はたいてい一羽だけだった。ほんの時々しか群れとは交わらないようだ。私から餌をもらってくれるかどうか立ち上がって見に行くと、彼は、万事うまくいっているといった風に振る舞った。それでも、あまり元気そうには見えない。頭と首が、再びたくさんの刺毛に変わっていた。種を手渡しながら私は、奇妙な真実について思いを巡らせた。初めて群れを目にするようになった時、コナーは私を魅了し、私は何とか彼に近づきたいと熱望した。しかし、いったんそんな機会が得られるようになると、私はあまりその機会を利用しなくなった。彼が家にいた時は、ほとんど注意を払わなかった。ある部分、少し距離をとっている方がコナーは好きだと私が感じていたからでもあったと思う。しかし、それですべて説明できるわけではない。ある面では、美しい女性にのぼせあがりながら、いったん彼女をものにしてしまうと関心を失ってしまう男のことを思い起こさせた。

懐かしい顔ぶれ

六月になって、何週間も会わなかった鳥たちの訪問を受けはじめた。いつものように、群れは熟考を促す新しい疑問をもたらしてくれる。再び姿を現すようになった鳥の一羽は、オリーブだった。やつれた様子は、巣を離れてやって来たメスに典型的なものだ。チェリーヘッドとベニガオメキシコインコの間に子どもをつくることが可能なのか、私は知らなかったし、私が尋ねた誰も知らなかった。別に、胸の毛にヤニのような物質をつけたオウムが一羽いた。巣ごもりしているメスで同じようなのを一度見たことがある。木のヤニがついているのだ。しかし、この鳥には連れ合いが見当たらない。初めて彼女を見た時、辺りにいる唯一の鳥はボーだけだった。ヤニを体にまとっているのはマーフィーだろうという感じがする。しかし、もしそうなら、マーロンはどこにいるのだろう。マンデラは、あの後また姿を見せなくなっていた。繁殖期の終盤、彼女はプーシュキンとペアを組んでいたけれど、いずれにせよ、巣ごもりすることになったのかどうかは疑わしい。

ある日、カナリーアイランドナツメヤシの木の穴を這い出したり、また入ったりしている二羽のオウムを最近見たという女性に会った。愛鳥家夫婦に出会ってソニーの尾を踏んづけた大晦日の出来事以来、巣のあるだいたいの場所は分かっていた。しかし、公園には随分たくさんの木があるから、巣を見つけるのは干し草の山の中から針を拾い出すようなものだ。今回女性がその木の正確な位置を説明してくれて、調べに行ってみることにした。

まるで会う約束でもしていたかのように、自転車で到着するとカップルは六メートルほどのヤシの木のてっぺんに近い、十五センチほどの穴に並んでとまっている。双眼鏡を借りて行ったので、カップルが誰なのか見るのは簡単だ。マンデラとプーシュキンだった。二羽がとまっていた場所は、緑のヤシの葉の真下、古い葉が落ちてしまった先端の切り株だらけの部分だ。古いマツカサのように見える。彼らの巣穴は穂軸の中央で、ヤシの葉の付け根が腐ったか枯れて落ちたか、あるいは掘り出すかした跡だろう。たくさんのヤシの葉の根元が地面に散らばっていたので、どんな風になっているのか見ようと拾い上げた。脆くて弱く、オウムの嘴なら簡単な仕事だ。私の立っているところからだと穴は浅そうに見える。しかし、マンデラとプーシュキンが中に入ると姿がすっかり見えなくなってしまうから、相応の深さがあるに違いない。彼らは、絶え間なく巣に出入りしていた。時々、ひとつの穴から入り別の穴から出てくる。ということは、トンネルを掘ったのだろう。別のオウムたちが呼び交わしている声が聞こえたので、さらに別の巣を探しに行ってみた。しかし、ひとつも見つからなかった。再びマンデラとプーシュキンがいるヤシの木に戻り、何枚か写真を撮ってから自転車のところに戻った。そこを去る時、巣作りの場所は群れの秘密だから、私も秘密の場所のままにしておくべきだと決めた。というわけでここでは、その場所を、ただエル・コト共和国とだけ呼んでおくことにする。

オウムの嘴は絶えず成長するので、咬むことで摩耗させなければならない。テュペロは咬む力がなかったので、下の嘴がとても大きくなった。いつもいつもジエイミー・ヨークに頼むのは気が進まないし、サンフランシスコには無料で羽毛を切り詰めたり、爪にヤスリをかけてくれるバードショップがほかにもある。テュペロの嘴をヤスリで削ってほしかったけれど、彼女はあまりに病気が重く、店に連れて行っていいものかどうか事前に電話して尋ねた。店の主人はまだ店に来ていなくて、それでも何も問題ないだろうという従業員の答えだった。

無料の羽詰めは人気があり、テュペロと私が着くと入り口の前から列が続いていた。かわいらしいメリーちゃんたちと一緒に並んで待っている人たちは、テュペロを見ると——彼女の首は捩じれ、コントロールできないまま伸ばされているし、眼が突き出て引きつっている——後ずさりし、神経質そうな眼差しで私を見る。とうとうひとりの女性がテュペロの状態について質問したので、私はそれまでの経緯を話した。突然、テュペロはちょっとしたセレブになった。テレグラフヒルの伝説的なオウムの一羽、というわけだ。

とうとう私たちの番になった。しかし、何をしてほしいか説明もはじめないうちに、店の主人は頭を振りはじめた。「ダメ、ダメ。すまないが、この鳥の面倒は見られない。病気が重過ぎる」

事情は理解できる。もしもテュペロがウィルスを持っていて、それが主人の道具についてほかの鳥たちに感染したら、とんだ災難になるだろう。あらかじめ電話したのはそのためで、彼女を連れて来ていいか、確かめたかったのだ。店の従業員と私の間に誤解があったらしい。私は向きを変え、テュペロと一緒にバスで家に向かった。そのできごとで、暗い気持ちになっていた。実際のところ、テュペロを籠に入れておく必要などない。そこで籠から出し、膝の上に置いた。私は彼女を撫で、彼女は私のお腹に身を寄せている。テュペロが受けてきたさまざまな拒絶について考えた。群れが彼女を拒絶した。ドーゲンとパコは絶え間なく彼女を攻撃し、そして今回、あの男が彼女の面倒を見ることを拒絶した。彼女のことを悲しく思った。私は彼女の唯一の友達だ。ふと、テュペロを散歩に連れ出し、コイトタワーに向かう途中のふたりの旅行者と交わした会話のことが思い出された。別れ際、片方の女性がこう言ったのだ。ずっとテュペロを見ていたけれど、会話の間ずっと幼い鳥は、大きい熱心な眼であなたを見上げていた、と。

巣立ちの時が近づき、さらに多くの鳥が食べに来るようになって、誰が亡くなり、誰が生きているのか明らかになりはじめた。いなくなった中に、マーロンもいた。彼は死んだのではないかと何週間も前に疑いはじめていたけれど、今は、確かだ。その前の年、マーロンと私の間にそれほどの接触はなかったのに、彼はいつも私の好きな鳥の一羽だった。マーロンの連れ合いのマーフィーは、ボーとカップルになっている。胸の毛に木のヤニがべったりついていて、最初、彼女が誰なのか確かではなかった。それで、新しい名前——スティッキーチェスト（ベタベタの胸）——をつけ、今ではそっちの名前で呼ぶ方が馴れてしまっている。いなくなった鳥の中に、ドーゲンの子どもでプーシュキンの昔の連れ合いだったジョーンズがいた。プーシュキンは、ジョーンズが死んだ後、ボーからマンデラを奪い取ったに違いない。マンデラは、巣を離れてやって来た最後のメスだった。多分彼女は、母親になろうとしているのだろう。そうしたら、赤ちゃんに接することを彼女はほかの鳥以上に私に許してくれるかどうか、俄然好奇心が湧いてくる。

すべての変化の中で最も大きな驚きだったのは、スクラッパーとスクラッパレーラが離婚したことだ。そんな例をそれまで見たことがなかった。日記を調べ、別れる少し前、二羽の間で激しい争いがあったことを記した書き込みを見つけた。この離婚は、一方の鳥が誰か別の鳥のために相手を捨てたというケースではない。両方共、今も一羽でいる。スクラッパレーラが取り憑かれたように毛をむしり取ることを巡って喧嘩をしたのだろうと、想像せずにはいられなかった。彼女は止めると約束し、それでも止められず、それでスクラッパーは去った、というわけだ。

群れが大きなグループで飛んで来るようになるにつれ、餌やりの際にフーシャの木にとまる鳥の数が増え、とうとう重みで枝が地面に届きそうなほど曲がるようになった。近所のネコが鳥を捕まえるのではないか、心配になってくる。手から食べようと鳥たちが争っているのを捌いているのに忙しく、ネコまで見張っているのはむずかしい。その新しい舞台設定は最初から不便が多く、それである日、コテージの前のデッキに場所を移して餌をやることに決めた。

デッキは、縦二メートル足らず、横三メートル半余りの長方形をしている。コテージは斜面に建てられ、そのせいでデッキはグリニッチ階段から一メートル足らず上にあり、おかげで舞台のように見える。すっかりボロボロになってしまい、床の梁の何本かは腐っているし、デッキの一角が階段の方に傾いている。床板のあちこちが柔らかくなっていて、踏み抜いてしまわないよう何枚かの合板で覆わなければならなかった。デッキを取り囲む手すりの支柱は一本を除いて全部腐って乾燥し、ボロボロだ。手すりはほとんど、そこに絡みついたツタと、コプロスマの大枝と、小さな輝く葉をつけた大きな灌木で支えられている。私は種を入れた皿をツタの絡まる角の支柱の上に置き、群れが食べに降りてくるのを待った。彼らはそんなに地上近くに降りることに神経質になっていたけれど、そんな疑念も克服した。お皿に集まることができる数は、一度に一ダースほどしかない。残りの鳥たちは手すりにとまり、手から種を取るか、あるいはお皿の場所が空くのを待つしかない。昔とまったく同じようだ。

出会いと別れ

九月初旬の朝早く、私は隣人のリーとおしゃべりをしながらデッキに立っていた。その時、九羽のオウムの群れが庭の方に向かってくるのが見えた。鳴き声から、その内の一羽はオリーブであることが分かる。オウムに関して私は第六感を磨いてきていて、すぐにこのグループには普段と違う何かがあることが分かった。最初の赤ん坊がやって来たのだ。二羽だった。新しい赤ちゃんを見ることはいつも嬉しい。しかし、二羽が近くの電線に降り立った時、喜びは驚きに変わった。赤ん坊の一羽の額に小さな赤い点々がある。こんなことは、チェリーヘッドの赤ん坊では見たことがない。しかし、ベニガオメキシコインコの赤ん坊では典型的だ。赤ん坊はオリーブとギブソンの子、つまりハイブリッド、ということだ！　私は興奮して飛びまわった。いったいどうしたのかリーが尋ね、私はこれ以上ない喜びの言葉を連ねて説明した。彼はポカンと私を見つめ、肩をすぼませ、歩み去った。

二日後、群れはまた別の驚きと共にやって来た。さらに二羽の赤ん坊で、ボーとスティッキーチェストの子だ。私が知る限り、ボーがマンデラをプーシュキンに盗られたのは、メスたちが通常卵を産む時の前の週だった。ボーがそんなに短い期間に、小さなチャンスの窓を通して新しい連れ合いを見つけ、巣に来させることができたのは驚きだ。ボーが親になるのは初めてだったし、群れの中では最も弱いオスだったから、おそらく彼の成功は群れ全体にとって何かよい兆候なのだろう。

二日後、サムとクリスティン（彼女の名は、私が五歳の頃惹かれていた少女の名前にちなんでいる）が、二羽の赤ん坊と一緒に来た。その前の二年間、少なくともひと組の両親は四羽の赤ん坊を産んだ。あと必要なのは、そんなグループを見ることで、それを見たら満足できる。数日後の朝、大きなグループがコテージの外の電線に降り立った時、大急ぎで赤ん坊の数を数えに行った。全部で十羽いる。私が思い描いた最低限は確保された。

群れがますます賑やかになるにつれ、ドーゲンとパコの興奮を煽った。群れが到着してからそこに留まっている間中、二羽は眼を吊り上げて甲高い声で叫び、病的なゴロゴロ声を発している。時には、ほとんど一時間、ずっとそうしていることもあった。絶え間なく鳴っているベルの中で暮らしているみたいだ。午後遅く、二羽がロープにとまって錯乱したように叫んでいる時、テュペロが床の上に黙って座り、二羽を見上げているのに気がついた。ドーゲンとパコがそうやってロープにとまって鳴き騒ぐことができるのを、彼女は賞賛しているのだ。私はそう感じた。ドーゲンとパコが自分に意地悪であることなど、まるでどうでもいいみたいだ。彼女は、健康で強いオウムである彼らに対し、心優しい賞賛の念を抱いている。私が単に自分自身の感情を彼女に投影しているだけだと言って、頭を振る人びとはいるだろう。そうかもしれない。しかし、それが、彼女を見ていて私の心の中をよぎったことだった。

その夜、いつも通り本を持って寝床に潜り込んだ。読みはじめてすぐ、視界の片隅で、テュペロが床を伝って私の方に来るのに気がついた。ページから目を離さないまま、手を伸ばして彼女を捕まえた。彼女を手にした瞬間、何か不思議な感覚が私を貫くのを感じた。幸福感と感謝の念が結びついたもので、テュペロから伝わってきたように思われる。まるで彼女が「ああ、ありがとう、ありがとう。そうしてもらって、本当に幸せ」と言っているようだった。言葉でそう言ったわけではなく、そうした言葉が表わしているような感情だ。「奇妙なことだ」と、私は自分のうちで考えた。「いったい何なのだろう」。それは束の間の感覚で、気づいた途端に消えてしまい、私はテュペロをお腹に引き寄せながらまた読みはじめた。集中できないほど眠くなるまで読んでから、電気を消す前に私はテュペロをつかみ、床の上に置いた。彼女を手に取った瞬間、また別の情感が私を貫くのを感じた。今回のそれは、諦めとない交ぜになった深い失望の感覚で、再び、テュペロから伝わってくるように思われた。それを感じた時、まだ、本のことを考えていて気が散っていたし、その感覚はふと沸き起こってきたもので後に残らなかったので、私は少し頭を掻き、それを忘れ、寝入ってしまった。

翌朝目を覚ました時、前の晩に起こったことについて考えはじめた。それが何だったのか、分からない。しかし、何か幽《かす》かな謎めいた感じが残っている。テュペロを見たくなり、ヒーターの前のいつもの場所にいるだろうと思ってそちらを向いた。彼女がいない。布団から跳ね起きて彼女を探した。籠の中にも、テーブルの下にも、椅子の後ろにもいない。どこにも、彼女の姿はなかった。そんなはずはない。そして、それから、彼女を発見した。尾っぽが、ヒーターの下から突き出ている。何ということだ。駆け寄ってヒーターを持ち上げ、彼女を引き出した。眼が堅く乾燥し、小さなヒビ割れができている。最初に浮かんだのは、彼女は死んでいるという考えだった。けれど、彼女がフウッと息を吐いた。何とホッとしたことだろう。眼が見えなくなっても構わない。彼女の世話はするつもりだ。しかしそれから、息の音は、熱せられた空気が体から飛び出しただけであるのに気がついた。

彼女が死んだことは理解できたけれど、事実から遮断された不思議な感覚を覚えていた。思いがあまりに速く巡り、捉えることができない。何が起こったのか言えるよう、一生懸命自分を落ち着かせようとした。死に対してはおとなでなければならない。私は自分に言い聞かせる。死が訪れ、テュペロは死んだ。私は、ただそれを受け入れなければならないということだ。ドーゲンとパコがとまっているロープのところに彼女の体を持って行き、それを見せた。何の反応も示さなかった。どうでもいいみたいだ。彼女の死体を一瞬たりとも家の中に置いておくことに耐えられなかったので、シャベルを探し、ドアのすぐ外に穴を掘って彼女を埋めた。お墓に立っていると、一抹の苦悩を感じはじめた。そして、その週ずっとテュペロに起きていたことを思い起こした。彼女は震えていた。ひどい震えではないし、私はそれほど心配しなかった。しかし、震えがすっかりとまることはなかった。彼女が死んだのは、ヒーターの下に挟まってしまったからだろうか、あるいは、すでに死にかかっていて、暖かさを求めていたのだろうか。私は再び、前の晩の不思議な出来事を思い出した。テュペロは死の冷たさがやって来るのを感じていて、私に慰めてほしかったのだろうと、私は思った。手で拾い上げた時感謝し、床に戻した時失望したのだ。それがいつものことであるのを彼女は知っていて、それを受け入れはしたけれど、落胆と共にだった。

こうしたことを考えながらそこに佇んでいると、近所の人が通りかかり、シャベルで何をしているのか尋ねた。私は説明しはじめ、説明しているとテュペロに対して抱いていたすべての感情がこみ上げて来た。私は涙にくれ、それ以上続けることができなかった。

それまで私は、心から愛した誰かを死によって失ったことがなかった。しかし今、テュペロを失い、打ちのめされた。それに続く三日間、誰かに向かって話そうとするたびに、そのつど私は泣き崩れた。彼女が死んでいくことを知っていたらよかったのに、そう思い続けていた。そこにいてやることができたのに、彼女を抱いていてやることができたのに。最後にもう一度、いかに彼女を愛していたか、テュペロに告げたいと思った。

一羽の鳥の死にそれほど取り乱してしまうなど、おとなとしてはあまりに子どもっぽすぎると思うだろう人たちがいることは分かっている。しかし、私はテュペロのことをおおいに心配し、世話をし、彼女は私のことを、保護者とも支えとも見ていた。そのことで、私たちの間には、ふたりの人間を結びつけるのと同じほど本当の繋がりが生まれた。テュペロの死は、私に何かを認めるように強いている。私がオウムたちに餌をやっていることを知っている人びとは、こんな風に言う。「あなたは本当に深く入り込んでいる。鳥たちを、本当に愛しているに違いない」。中産階級の育ちを克服しようと何年間も努力してきたにもかかわらず、私はいまだに、みんなに自分が風変わりな人間だと見られることを恐れていた。だから、そんな時、「いや、ただの趣味ですよ。本当に、好奇心だけです」などと口にしたものだ。私には、ひどく嫌なレッテルが貼られていた。ひとつは「オウム男」、別のは「テレグラフヒルの鳥人間」。私は、決して人びとにそう呼ばれたくはなかった。だから時として、自分が記した何千ページにも及ぶノートに言及し、自分は科学的研究をしているのだと言外に匂わせようとした。しかし、自分にとってノートは、いつだって二番目の重要性しか持たなかった。最も大切だったのは、鳥たちとの日々の友達関係だ。テュペロのことを通じて味わったすべての悲嘆の後で、鳥たちへの自分の愛情を極力些細なことであるように装うのは、ひどくつまらないことであると感じた。私が今していることをしているのは、彼らを愛しているからだ。将来、そのことに関して正直であることを、自分自身に約束した。

人間社会に戻る

テュペロがいなくなった今、テュペロに注意を傾けることに嫉妬していたドーゲンが、再び私への権利を主張するようになった。布団に横になるといつでも床を駆けて来て、胸に登り、撫でさすってもらいたがる。お返しに彼女は、私のヒゲを身繕いしてくれた。特に睫毛を掃除するのが好きで、おかげで嘴が目の表面のすぐ近くまで来て不安になる。しかし、彼女は注意深く正確で、私は安心してなすがままにさせるのだった。

パコは相変わらず距離を保っている。私に我慢はしていても、彼が望んだ友人関係はドーゲンに対してだけ。依然、愛撫されるのは嫌がった。手が自分の背中の方に降りてきそうな気配がすると、いつも逃げ出す。あらかじめ「愛撫するぞ」という言葉を発してからはじめるようにしてみたら、いったんその言葉が何を意味するのかを理解してからは、なぜかリラックスして、触らせてくれるようになった。しかし、野生の鳥が持つ、物怖じしたような、ひどく神経質な性質をすっかり失ってしまうことはなかった。もしも彼の先生になってくれそうな誰かを見つけられさえすれば、彼には依然、群れの一員になれる充分の能力が具わっていると感じられた。

といって、群れが差し迫って新しいメンバーを必要としていたということはない。その年の繁殖は驚くほどの成功で、こちらの最善の予想さえ、遥かに上まわった。十七羽の赤ん坊が巣立ったのだ。それまでは、三組以上のカップルが繁殖に成功したのを見たことがなかった。今回、少なくとも七組が赤ん坊をもうけた。多分、辺りの環境に馴染むに従い、オウムたちはどんどん繁殖に適した巣穴を見つけるようになったのだろう。群れの個体数は、今や四十一羽にまで増えた。あまりに数が多く、全員をすぐに見分けるのがむずかしくなった。そうしたむずかしさに加え、餌やりの後一緒にその場に留まっている余裕もなくなった。鳥たちは、今はコテージのデッキで食べている。地面の近くにいるのを嫌い、食べ終わるといつもすぐに木や電線に飛び帰ってしまう。

二羽のハイブリッドベイビーはことさら珍しく、特に惹きつけられた。二羽のうち、私のお気に入りは額に赤い斑点がある赤ん坊だ。画家のパレットを思い出させ、そこでピカソと名づけた。体の長さはベニガオメキシコインコの母親の長さ、大きさはチェリーヘッドの父親の大きさだったから、赤ん坊のくせに群れで一番大きい。いったん最初の不器用さを克服すると、ピカソは自分の体重をまわりにぶつけはじめ、何羽かのおとなたちさえ圧倒した。種を開くことができるようになると、すぐ、私から種をもらうようになり、即刻右手の手首を自分がとまる場所として要求した。母親のオリーブと一緒に私の真ん前の手すりに降りてきて、手の平が自分の側にくると、強ばらせた右脚を上げる。それが、手の上に乗りたいという合図だ。

もう一方のハイブリッドは、ほかの鳥より幾分大きく、眼のまわりの輪がやや白いこと以外、普通のチェリーヘッドのヒナのように見える。彼にはブレイクと名前をつけた。友人のひとりが、「籠の中の、コマドリの赤い胸、天のすべてを、怒りの中に籠める」というウィリアム・ブレイクの詩について語ってくれたことがあり、ブレイクと名づけることで詩人を顕彰したかったのだ。ブレイクはピカソよりもっと友好的だったけれど、彼のことをよく知るには至らなかった。初めて姿を見てから三週間後、消えてしまったからだ。

一羽、二羽の赤ん坊が巣立ち後すぐに亡くなることはいつも起こる。しかし、その秋は、おとなの鳥、ソニーの連れ合いルチアもいなくなった。何が起こったのかは分からない。最後に見かけた時は元気だった。ルチアの死は、ソニーにとっては何ものにもまして痛手だっただろう。彼には育てなければならない四羽の赤ん坊が残され、四羽が乳離れするまで自分だけで食べさせていかなければならない。ソニーは依然群れの中では受けが悪く、種のお皿に近づくたびみんなに追い払われている。あまりにみんなから包囲攻撃されているように見えたので、最初は私の方から彼に種をあげに行った。彼はいつもよそよそしかったけれど、事態はあまりに緊急を要し、今は彼の方から私を求めてくる。最初の頃の不良少年に比べ、遥かに臆病になっていた。相変わらず、時としてへそ曲がり振りを発揮する。しかし、問題が起こりそうな兆候が最初に表われるだけで、群れは常にグループで彼に対処した。ある餌やりの時、あまりにみんなに悩まされ、四羽の赤ん坊を連れて退却し、戸口のすぐ外側に生えているコプロスマの木にやって来た。家族全員肩を寄せ合って一列にとまり、寒さに羽毛を膨らませている。まるで、小さな戦争難民のように見えた。

秋が深まるにつれ、群れは落ち着いてきた。いつもながらのいい争いはあっても、激しい罵り合いや争いはない。デッキでの新しい餌やりも、形が決まってきた。私は、十五羽ものオウムを収容できる大きなお皿を見つけた。彼らの真後ろ、手すりの角の柱の上に伸びているツタの上で場所が空くのを待っている二団目のオウムがいる。ソニーと子どもたちはいつも右手の手すりの上にいて、目の前の手すりに並んでいる鳥の中に通常オリーブがいる。新しいお気に入り、ボーとスティッキーチェストの間に生まれた赤ん坊の一羽、マイルズが右肩にとまり、私の唇から種を食べる。マイルズはことさらハンサムで親しく、その名はトランペット奏者マイルズ・デイヴィスからとられたものだ。種のカップの縁はいまだにマンデラの場所で、彼女はそこを新しい連れ合いプーシュキンと分け合っていた。私はしばしばドーゲンとパコを籠に入れたまま外に連れ出した。すると、もはや不倶戴天の敵から仲直りしたボーとギブソンが、籠のてっぺんに並んでとまって私から種をもらう。さらに別の鳥たちが電線の上で皿が空くのを待っている。どこかに空き場所を見つけると、その瞬間その鳥は電線を飛び出して高飛び込みの選手のように放物線を描いて降下し、最後の瞬間まで待って初めて翼を広げ、スピードを緩めて着地する。

コナーも、再び群れと一緒に行き来するようになった。最初、前方の手すりの鳥たちに加わろうとしたけれど、そこはあまりに競争が激しく、皿を取り囲むツタの中に刺さり込んでいるフーシャの木の短く太い枝に場所を求めた。そこで、皿の上に場所が空くのを待っている。しばしば私はそこまで歩いて行って種をやり、こっそり撫でてみようとした。巣立ちが終わると、すぐ群れは毛替わりの時期に入る。コナーの首の後ろにもたくさんの刺毛がぶら下がって、ドレッドロック［レゲエ歌手たちに見られるような髪型］に編んだように見える。尾羽のうちの二本はまだ鞘の中に包まれ、彼が飛ぶと二本の箸のようにブラブラ揺れる。この時も、また、黙って見ていられないほどになっていた。それである日、彼を撫でさすりに行き、手が背中を滑る時彼を捕まえて家の中に連れて行った。

コナーが戻ると、ドーゲンとパコは憤慨した。彼らの飛行用の羽も生え戻ってきていて、彼を追いまわす。あまりに情け容赦ないので、仕方なく私も介入した。コナーを手に取ると、家にいた時よりももっとガリガリに痩せているのに気がついた。それまで世話をした鳥はいつもそうだ。野生の鳥は痩せている。コナーがいったん家の中にいることに馴れてきてから、咬まれないようタオルで包み込み、私は自分で羽の鞘を取る長ったらしくて飽き飽きする仕事を開始した。再びすっきり見えるようになるまでに二日かかった。仕事を終え、すぐに彼を放した。

マクシンの家でオウムたちに餌をやっていた時分は、ほとんど外の人から見えないところにいた。しかし、今は、グリニッチ階段から三十センチしか離れていない。しかも、一メートルほど高い舞台の上で、実際のところ、ショーのようなものを演じなければならなかった。長い間、世捨て人のようなものだったから、再び開けた場所に出て人びとに会うのは大きな変化だ。近所の人たちは鳥たちのことを知っているけれど、サンフランシスコのほとんどの人びとも、街の外から来る旅行者も、その土地が野生のオウムの群れの棲みかであることを知らない。通行人たちの顔に浮かぶ驚きを見るのは楽しかった。人びとが最も美しい時の姿を見ているのだ。その顔は、今の世では当たり前になっている物知り顔のよそよそしさと違い、驚きで口をあんぐり開け、不思議さを目一杯に湛えている。ほとんどの通行人は群れを私の飼い鳥と思っていて、決まって、どうしてペットの鳥を勝手に飛びまわらせているのか尋ねる。だから、来る日も来る日も同じ質問に、何度も何度も答えなければならなかった。といっても、嫌になってしまったことはめったにない。かつては自分自身オウムたちにすっかり魅了されていたのだし、自分が学んで来たことを喜んで人びとに話した。みんな、私が話す時間を割いてくれることに感謝してくれたし、中には種を買うための献金をしてくれる人たちもいた。

ある晩、布団に横になって本を読んでいると、ドーゲンが何か思惑ありげに床の上を歩いてくるのが見えた。彼女は嘴で私のシャツをつかみ、体を引き上げてお腹に攀じ登り、それから心臓の方に行進し、そこで止まった。私は、はっきり見ようと頭を上げた。ドーゲンはまっすぐ私の目を見ている。じっと凝視するその眼は、特に何かを意味しているわけではないけれど、とても厳しい。まるで、私が大丈夫かどうか見定め、評価しているみたいだ。どう応えてよいのか分からない。とうとう、じっと見つめる眼差しに落ち着かなくなって、視線を逸らさずにいられなかった。私が目を逸らすと、彼女は胸から飛び降り、また元に戻ってパコと遊びはじめた。私にとっては、おおいにまごついてしまう瞬間だった。私自身異なる種の間のコミュニケーションに関する理論を磨いてきていたし、鳥の中の誰かとより深いコミュニケーションを築きたいとしばしば願ってきた。突然そんな機会を提示されたのに、それを吹き飛ばしてしまったのだ。その夜遅く、何が起こったのか考えを巡らし、知的に見えるということは確かに知的なことなのだという思いに到達した。ドーゲンがしていたことは、私にそう見えていた通りのことだと、確かに思う。私を見定め、評価していたのだ。でも、もしそうなら、そうしたことがもっとしばしば起こらないのはなぜだろう。思うに、人間と同じで、日中ドーゲンは自分の世界を駆けまわり、対処しなければならないすべての基本的事項に対処している。人生の中のほんの希有な機会にのみ、ものごとがまとまり、十分堅固で明確なものになる。あれは、ドーゲンのそんな瞬間のひとつだったのだ。彼女と共にいる絶好の機会を逃してしまったことを、幾分か残念に感じた。ちょうどそんなことを考えていると、ドーゲンがやって来て肩にとまった。私に愛想を尽かしてはいない。いずれにせよ、彼女は私を愛してくれている。

オウムの講義

新年のすぐ後、不動産管理会社と、今はその家の持ち主になっている慈善団体が送り出した人物が、家を売り出す準備のため以前より頻繁に姿を見せるようになった。なぜか、その中の誰にも、私がそこにいるのはおかしいという考えは浮かばなかった。幸運の糸もやがて尽きそうになっていて、家のドアをノックする音を聞くたび、あらかじめ訪問客の予定がある場合以外ドアを開けるのが苦痛だった。それでも、ある時ノックに応えて出て行って、何とそれは、我が身に起こった最良の出来事のひとつに連なって行く。

戸口にやって来たのは、白い髪の、小柄でほっそりした女性だった。容貌から、彼女がアダ・バカリンスキーであることが分かった。アダはサンフランシスコの海岸通りを散策する人のための人気のあるガイドブックを書いていて、何年も前から友人たちの本棚で見かけたことがある。サンフランシスコの自然について教えるプログラムに積極的に関わり、しばしばツアーグループを引き連れてグリニッチ階段にやって来た。アダは、オウムの写真を持っているかどうか尋ねに来たのだ。持っていると答えると、スライドショーをしてほしいのだけれど、手はずを整えてよいかどうか質問する。それについては考えてみなければならない。

歌手だった頃の私は、歌を歌おうとするごとに、あがってしまわないよう何とかしなければならなかった。まず最初にお酒を飲んでからでないと舞台にあがらなかったほどだ。これほど長い間隠遁生活をしたことで、公衆の前に出ることはさらに嫌なものになっていた。しかし、オウムについてはあまりにたくさん誤った情報が広がっていることだし、それらを正す機会を持つという考えは気に入った。それで、幾分か口ごもりながらも、少しアダにも後押しされ、話を進めてもらうことにした。

二日のうちに、彼女はノースビーチ図書館でのショーの手はずを整えた。それから二週間、スケジュールに睨まれながら、多くの情報を含みなおかつ退屈ではないショーにしたいと、私はあれこれプランを練った。ショーの日までに、あまりに神経質になったせいで病気になってしまったほどだ。さらに当日、そこに集まった聴衆を目にした途端、もっと具合が悪くなった。その前の週、オウムについて書いた私の記事が新聞の日曜版に載せられ、その記事が評判になり、数多くの便りが新聞社に寄せられた。その記事と、神秘的なオウムに対する近所の人びとの好奇心が、大勢の人を図書館に引き寄せた。入り切れない人がいたほどだった。マイクがなく、声が聞こえるよう大声を出さなければならない。しばしば話は尻すぼみになったけれど、ともかく、聴衆はショーを楽しんでくれた。絶えず笑い声があった。私が予期しないところでもだ。話はすべてオウムについて私が個人的におかしいと思い、惹きつけられた事柄についてで、しかし、聴衆も同じように思ってくれるとは考えていなかった。それでも、オウムたちのユーモア溢れる精神が写真の中にさえ溢れていた。ショーが終わると多くの人たちがやって来て、私のしていることがどんなに好ましいことか、感想を話してくれた。お金を私の手につっこみ、もっとたくさん種を買ってほしいと頼む人もいる。いささか圧倒されるほどだった。記事とスライドショーの成功は嬉しかった。しかし、やっかいな結果ももたらされた。

私がコテージを不法占拠していることが、もはや秘密でも何でもなくなってしまったからだ。今や、何千人もの人が知っている。

二月に、とうとう恐れていたことが起こった。ある夫婦が家の買い取りを申し出、慈善団体がそれを受け入れた。ヘレンがそのニュースを伝えてくれた時、私は肩をすぼめるだけだった。憂鬱にはなっても、自分にできることは何もない。それから、新しい家の持ち主、トムとデニスが会いたがっているというメッセージを受け取った。たとえ借家人としてそこに留まることを許してくれたとしても、私には賃料を払うことができない。月に二百五十ドルほど稼いでいたけれど、サンフランシスコではドヤ街のホテルの部屋代にもならない額だ。面会が予定されていた日の前日、トムが所用で街を離れるという電話がかかってきて、しばしの執行猶予を得た。彼が戻って後、道でばったりトムとデニスと出会うことがあった。顔を合わせている間中不安だったけれど、彼らはオウムについて尋ねるだけで、面談については何も口にしない。それから数週間、何回か彼らに遭遇し、それでも私の不法占拠のことは切り出さない。私の方は、少なくとも何らかの形で役に立ちたいと思い、新しい家の特徴などについて情報を提供しはじめた。それからもずっと通りがかりに顔を合わせ、いつも同じだった。いつも太陽の下で、いろいろなことを議論した。私が家賃を払っていないという事実についての話題だけは除いて。

自然を見出す

彼らが私を自分の道に送り出すことにどんな問題が妨げになっているのか、いずれにせよ、そのうち問題はなくなるだろうし、春が近づいてくるにつれドーゲンとパコを外に放すことを再び真剣に考えるようになった。ある本に、ソフトリリースと呼ばれる方法のことが書かれていた。鳥を放す場合、いったん放しては連れ戻し、また放しては連れ戻すという風に、鳥が自由に過ごす時間を少しずつ増やしていくやり方だ。その計画にドーゲンとパコが協力してくれるかどうかは当てにはできない。しかし、いい方法のように思われた。二羽の鳥という余分な荷物を抱え込むことを心配するというのを別にしても、鳥は自由であるべきだという考えを捨てることはできない。

彼らを放したいと思ったそれほど理想的とはいえない理由として、パコが手に余ってきたという事情もある。成長するにつれ、彼はますます群れに興奮するようになった。餌やりの間中、籠に入れて外に出してほしがった。彼とドーゲンを家の中に残しておかなければならないことがあると、パコは前面の窓いっぱいを覆っている竹製のブラインドの覗き穴を咬みはじめる。窓はうんと大きく、スタジオはうんと小さい。従って、そのブラインドだけが私を外側の視線から守ってくれる。だから、何度も餌やりの手を止め、拳で窓を叩いてパコを止めさせなければならなかった。群れに対するパコの興奮はドーゲンを刺激し、家の内側の騒々しさは耐えられないほどのレベルに達していた。

騒々しくなることのほか、オウムはものごとに執着する。ドーゲンとパコはちょっとした奇妙で熱狂的な振る舞いをはじめ、それが決まった夜の日課の一部になった。私が歯を磨こうとスタジオの小さな洗面所に向かうのを見ると、その瞬間何をしていようと中断し、ビューンと飛んできて頭にとまり、そこでひとしきり激しい遊びの喧嘩をはじめるのだ。歯を磨きながら鏡の前に立っている間、彼らは頭と肩を這いまわって互いに嚙み合い、耳元で叫ぶ。何が面白いのか、まったく分からない。しかし私の方も彼らの喧嘩にすっかり馴れ、まるで彼らなどそこにいないかのように、まったく別のことを考えながら歯を磨くようになっていた。

放鳥に関して鳥類学者に電話してみると、彼は、五月まで待つように言う。ゴールデンゲイト・ブリッジがかかっているサンフランシスコ湾の辺りは、タカの渡りの主要なルートになっていて、五月と六月なら、その活動が最小になるそうだ。外に出て最初の数週間、ドーゲンとパコには充分な耐久力がないからタカに対してこの上なく脆弱になってしまう。といっても、危険をもたらすのは渡りのタカだけではない。サンフランシスコにはたくさんのタカが棲息しているそうだ。

ある日の午後、テレグラフヒルの東側の崖の麓にあるサンサム通りを歩いてくると、オウムたちの警戒の声が聞こえてきた。崖を見渡してタカを探しても姿はない。その時、二ブロック北のグリニッチ階段の辺りから、アカオノスリがサッと飛んで来た。黒い鳥の一団に追われている。鳥たちは三十メートルほど上空をまっすぐ細いサンサム通りに沿って舞い降りて来る。ノスリは急に西に向きを変え、まっすぐ私の頭上の崖の上に叢《むらが》るユーカリの木の方向に飛んで、そこに隠れていたオウムたちが一斉に飛び上がった。叫びながら木立を離れ、ノスリがいるさらに上まで飛び、リーヴァイス・プラザの上で旋回し、再びグリニッチの庭に戻って行く。その間、黒い鳥たちはずっとノスリを追い続けていた。私はその数日前からずっと、オウムの群れがまさしくこの同じタカを避けようとしているのを目にしていた。まわりの人たちがまったく気づかずにいるというのに、頭上で何が起こっているかを知ることで、まるで自分が何か秘密の仲間に加わっているように感じられた。ゲーリー・スナイダーが言っていたことは正しい。人はどこにでも自然を見出すことができる。サンフランシスコのような大都会の中でさえ。

時として不満に感じ、オウムとの時間を終わりにしたいと思うことはあっても、私は依然、群れと一緒にいることを愛していた。魔法に触れることは、食べ物や避難所を得るのと同じほど大切だ。ほかのどこにも魔法を見つけることができなかった人生のその時、オウムたちは私に魔法をもたらしてくれた。魔法は、さまざまな違った形で起こる。ある時、自分が住んでいる丘のすぐ上にあるレストランでの結婚披露宴に招かれた。集まりは建物の屋上テラスで行なわれ、そこからはすばらしい庭の光景が眺められた。遠くに、私の住まいの前の電線でオウムたちが待っているのが見える。次第に彼らは我慢し切れなくなり、そこを離れた。レストランとは逆の南に向かって飛び、弧を描いて上昇し、ぐるっと向きを変え、再び北に向かって来た。まっすぐ結婚パーティーの方に向かってくる。全部で三十八羽。群れが近づくにつれ、最初遠くに聞こえていた叫び声がどんどん大きくなる。披露宴の客たちのほとんどは、オウムたちがわずか五メートル足らずの頭上の真上にやって来るまでそうした動きにぼんやりとしか気づいていない。しかしそれから、あまりに圧倒的な音があらゆる会話を中断させた。新郎も新婦も、客たちも、みんなシャンパンを片手に凍りついている。群れが通り過ぎるとボーッとしたような沈黙があって、それから、みんな拍手喝采した。まるで、その結婚が祝福されたように感じられたのだ。

結婚式の翌日、コナーとソニーが互いに一メートルほど離れて同じ電線にとまっていた。時々コナーは何歩かソニーの方に向かって横に進み、それから止まる。そうやって少しずつ、少しずつ近づいて行っている。通常はおとなしいコナーが、ここ数週間異常に騒がしかった。私は、連れ合いを求めて呼びかけているのだろうと思っていた。今彼は、ソニーに友情を持ちかけているらしい。しかし、ソニーは興味を示さない。コナーが三十センチほどのところに来た時、ソニーは乱暴に突きかかってコナーを追い払った。それから数日後、ソニーが枝の上で身繕いしているのを見ていると、その背後でコナーが空から急降下し、まっすぐソニーの方に向かってくるのが目に入った。あまりに激しくソニーに追突したので、ソニーは枝から叩き落とされてしまったほどだ。オウムがフルスピードで、意図的にほかのオウムにぶつかって行くのを見たのはそれが初めてではない。そうしたことは、通常、ライバル関係にある二羽の間に起こる。コナーは、ソニーに拒絶されたことに復讐したのだろうか。

鳥のように自由に

前回ドーゲンとパコを放してから一年以上経っていたし、五月が近づくにつれ是非もう一度試してみたくなった。うまくいかなくなりそうな要素もあって不安だったけれど、タカの姿も消え、二羽には飛行用の翼がすっかり生えてきている。もしもやるなら、今がその時だ。必要なのは、天候に恵まれることだけ。

五月最初のある朝、窓を開けると完璧な陽気だった。晴れ渡って暖かく、緩やかにそよ風が吹いている。私はドーゲンとパコを籠に入れ、外のデッキに持ち出した。重い感情に襲われるだろうと予期していたのに、あまりに普段通りの自分を見出して驚いた。籠の戸を開けると、すぐにパコが出て来て籠のてっぺんに上った。しかし、ドーゲンはとまり木を離れることを拒否している。突然、グリニッチ階段をイヌが駆け下りて来てパコをビックリさせ、パコは慌てて逃げ出した。ほんの少しの間でもパコを一羽にしておきたくなかったので、私は籠の中に手を入れ、ドーゲンをつかんで外に出した。籠から体が出た途端、彼女は飛び上がってパコに加わった。前回の放鳥の時のように、彼女は丘の上の方に少し行って木の枝にとまり、一方パコは幸せそうに叫びながら頭上高く熱狂的に旋回している。私も幸せだった。とはいえ、少しはらはらする。両者が視界から消えてから、家の中に戻った。家の中に鳥が一緒にいないのは、二年前ドーゲンを連れて来て以来初めてのことだ。

その日の遅く群れが餌を食べにやって来た時まで、ドーゲンとパコを見かけなかった。最初に、パコを見つけた。アメリカデイゴの枝にぶざまな着陸を試み、その際、ほかの一羽のオウムから攻撃を受けていた。枝につかまろうとして、ヨーヨーのように飛び上がってはまた降りる動作を繰り返している。何秒か後、ドーゲンが飛んで来た。彼女も追われている。パコは何とかかんとか枝にとまることができたので、彼に呼びかけ、私のところに来るように腕を差し出した。彼は直ちにやって来て、私は素早く彼を捕まえ再び籠の中に戻した。情け容赦なく追跡され、ドーゲンはコプロスマの私の目の前の枝に降りて来た。くたびれ切っている。眼を閉じ、羽毛をみんな膨らませていた。手を差し出すと、すぐそれに乗った。彼女もパコと一緒の籠に入れ、コテージの中に持ち込んだ。二、三時間休むと、彼らはいつもと同じように振る舞った。事態の進展に、私は至極満足していた。再び放すかどうかその時まで定かではなかったけれど、二羽が喜んで籠に戻って来たことで放鳥する方に傾いた。気になる唯一の問題は、持久力に欠けていたことと、彼らに対する群れの反応が仲間のチェリーヘッドとしてよりも、よそ者に対する対応だったことだ。

一週間後、ふと思いついて、再びドーゲンとパコを外に放した。今回は二羽とも何をしようとしているのか直ちに理解し、戸を開けた瞬間緊急発進して籠を出た。自由でいることが嬉しそうで、あっという間にいなくなった。一時間後、庭の大きなコトネアスターの茂みで木の実を食べている彼らを見つけた。期待していた通りだ。コトネアスターは小さな赤い実をつける木で、ほとんどの人間はそれを食べようなどとまったく考えない。しかし、鳥たちは大好きだ。といっても、その実は、私が家で鳥たちにあげていたどんな食べ物とも似ていない。ドーゲンは、経験からそれが食べ物であることを知っていたことだろう。もしもドーゲンがそこにいて示してやらなければ、パコには食べ物であることが分かっただろうか。

今回二羽は庭の周辺に留まったままで、おそらく、群れを避けていたに違いない。午前中いっぱいと午後早く、家から外に出るたびに彼らの姿をチラッと見ることができた。ドーゲンよりも、パコの方を頻繁に目にした。「感情を排する」タイプの科学者たちは、鳥には飛ぶことを楽しむ特別な喜びなどないという。しかし、パコは明らかに、このうえなく楽しい時を過ごしている。私はチェリーヘッドの発するさまざまな音にすっかり馴染んでいたし、彼の熱狂は取り違えようがない。

午後遅く、群れの中の小さなグループに追いかけられ、二羽が急いで庭を低空で飛んで行くのが見えた。ドーゲンとパコは、私を見ると一直線にデッキに飛んで来て籠の上に降りた。素早く彼らを手に乗せ、群れの鳥たちが彼らを捕まえる前に籠に入れた。今回は、ドーゲンにもパコにも、疲れている様子は微塵もない。逆に両方共、エネルギーに満ちて溌剌としている。おそらく、自分たちは追っ手を出し抜いたと感じていただろう。

ソフトリリースを続ける中で、その次に外に出すまでドーゲンとパコに与えた休みは一日だけだった。二羽共、外に出たがっている。デッキの椅子に腰掛け、彼らがヒマラヤスギからモントレーイトスギ、さらにはコトネアスターに飛んで行き、それぞれの木にとまっては食べるのを眺めていた。以前外に出た時、パコの着地はぶざまだった。今ではそれをマスターしてきている。両方共、完璧に野生の鳥に見えた。私はすっかり満足し、浮き浮きした気持ちで手を叩き、彼らに声援を送り「大好きさ、大好きさ!」と歌ったほどだ。

群れが到着するのが聞こえた時、私は家の中にいた。餌をやりに外に出たけれど、群れはビワの実を食べていて急いで種をもらいにくる様子はない。そこで、デッキに立ち、ビワを食べ終えるのを待っていた。オウムは食べ物を無駄にすることで悪名高い。たいていひと口かふた口実を齧り、それを落としてまた別のをつかむ。ビワの木の中にいる群れを眺めていると、ドーゲンとパコが庭に飛んで来た。彼らは、種の入ったお皿の縁にとまって食べはじめた。ひとたびビワの木にいる鳥たちが彼らを見つけたら、両方共皿から追い払われるだろう。私はそう思ったけれど、一羽のオウムがデッキの手すりにやって来るとドーゲンとパコは皿を飛び降り、手すりのところまで走って行って彼を蹴り出してしまった。ほかの鳥たちがやって来ても、そのつど同じことが起こった。ドーゲンとパコは、誰も皿に来ることを許さない。私はびっくりした。ドーゲンもパコも極度に興奮している。眼はつり上がり、感情を露にし、二羽揃って同調しながら回転し、両方の羽を横いっぱいに広げ、頭がおかしくなったように見える。いつもなら、狂乱状態にあるオウムには手を出さないようにしている。しかし、ドーゲンとパコは私が誰か認められなくなるほどおかしくなっているのか、好奇心を覚えた。それで、皿のところに行き、警戒しながらそれぞれに指を差し出した。両方共、何の躊躇もなくそれぞれに乗った。私は彼らの頭にキスし、また元のお皿に戻した。群れとの喧嘩は続き、ドーゲンとパコはどの回も勝利した。彼らがやられず身を保っているのを見るとホッとするけれど、室内で過ごした長い時間が彼らと野生のオウムたちの間に埋められない溝を生み出してしまったのかもしれない。それでも、群れが庭を離れるとドーゲンとパコも一緒に行き、その夜コテージに寝に戻ってこなかった。

新しい仲間

私はすでに、翌朝群れが巣作りしている場所に行ってみようと計画を立てていた。ドーゲンとパコが姿を見せなかったことで、彼らは十分強くなったと判断することもできる。やって来るのを待っている必要はないだろう。ちょうど家に鍵をかけようとしていた時、彼らがサッとデッキを横切り、真後ろのコプロスマの木に降り立った。両方共様子が変で、せわしない。本物の野生の鳥のようだ。盛んに家の中に入りたがっているようなので、ドアを開け、中に入れてやった。彼らはまっすぐ籠に飛んで行き、皿の中の食べ物をむさぼり食べている。両方意気盛んであるように見えるけれど、帰宅するまでそのまま家にいさせた方が安全だろうと考えた。しかし、ドアを開けて出かけようとすると、また大慌てで外に飛び出して行く。それから、丘を西の方に飛んで行って姿を消した。私は自転車を出し、麓まで百五段分運んでから、エル・コト共和国――彼らの塒を指す、私のコードネームだ――に向かって出発した。

到着すると、そこらじゅうオウムたちが散らばっている声が聞こえる。まず、前の年プーシュキンとマンデラを見た木の方向に向かった。彼らは前の年は繁殖には失敗したけれど、同じ巣穴にいて、巣穴の入り口を忙しそうにガリガリ齧っていた。マンデラが卵を産むにはまだ早すぎる。しかし、この何週間、両方姿を見せていない。多分、侵入者から巣を守るのに忙しく、そのせいで、巣を留守にして遠くに行くのが嫌だったのだろう。ほかの巣を見つけたいと思ったけれど、あまりにたくさん木があってどこから探しはじめたらいいのか分からなかった。すぐ近くのヤシの木から、一羽のオウムがガーガー鳴く声が聞こえた。望遠鏡を持って来ていたので鳥がどこにいるのか探していると、後ろから声がした。

「何を見てるんだね?」

振り向くと、白髪のクルーカットのがっしりした中年の男がいる。どうやら、トラック運転手といった風貌だ。

「オウムの巣を探している」

私の声は、幾分横柄な響きで、そっけなかった。ほとんどの人は、まだ街にいるオウムのことを知らない。彼も、私のことを生意気な馬鹿者くらいに考えているだろうと思ったのだ。しかし、そうではなく、彼は頷くとこう言った。「一緒に来な。いいものを見せてやろう」

公園の中を横切って行きながら、互いに自己紹介した。トラック運転手のように見えた彼には、ちゃんと名前もあった。マックという。オウムに対する興味について質問され、それまでのことを話した。鳥に対する彼自身の関心は、気まぐれ以上のものだった。真剣な愛鳥家で、毎夏ある期間、シエラネヴァダ山脈で研究者たちが鳥にリングをつけるのを手伝っているという。自分が住んでいるこの街では、エル・コトで鳥を観察するのが好きで、たくさんの違った種類の鳥が巣を作る場所を知っていた。彼は、現在巣作り中の場所を指差した。カタアカノスリの巣だ。エル・コトではタカの巣は珍しいこと、ワタリガラスは人が近づくのを許してくれないことなど話してくれた。一本の巨大なユーカリの木の下に来てマックは歩みを止め、頭上十メートルほどの太い枝にある幅十センチほどの穴を指差した。オウムの巣だと言う。穴は、何年も前に枝が落ちたところが腐ってできたものだ。望遠鏡で見ると、穴の暗闇から明るい赤い頭が飛び出していた。一羽のオウムが巣穴の入り口の縁に体を引き上げ、頭を一方に傾け、心配そうな、しかし好奇心溢れる眼差しを私たちの上に投げかけている。エリカだ。その鳥が誰なのか見分けることができたことに、マックは感心したようだった。彼はさらに、近くの古い小屋の後ろに生えているヤシの木のところに案内してくれた。大きなヤシの木で、少なくとも高さは十メートル近くあり、葉が落ちた古い先端近くを伝って行く二羽のオウムがいた。ロッククライミングをしているように見える。誰なのか目を凝らすと、ベニガオメキシコインコのオリーブと連れ合いのギブソンだ。それから公園の反対側の一角まで歩き、そこのカナリーアイランドナツメヤシにある巣を見せてもらった。その巣にも住人がいて、その時は誰か見分けられなかったけれど、後に、おそらくドーゲンとパコの両親、ガイとドールであることが分かった。ということは、ドーゲンとパコはその穴で生まれた、という可能性が十分ある。

マックが知っているオウムの巣はそれですべてだった。わざわざ時間を割いて見せてもらい、マックに感謝した。彼は、オウムについて何か知っている愛鳥家はほとんどいない、オウムについて研究している人がいてくれて嬉しいよ、と言った。本気でそう言ってくれて、その点で、それまでに会ったほとんどのエリート愛鳥家たちと違っていた。庶民愛鳥家たちは通常オウムが好きだけれど、長い生物リストを持っている人たちは、しばしばオウムを見下している。まずそれは、ひとえに、在来種ではないというオウムの立場からきている。私のスライドショーが地元の自然史紹介シリーズの一環に組み込まれた時、常連のひとりは腹を立て、発表をボイコットしたほどだ。しかし、在来動物ではないということだけが彼らの低い地位の唯一の理由ではない。オウムはペットとして飼われてきて、そのことが、ある愛鳥家たちの目には汚点と映っていると思う。

マックと別れ、私は自転車にまたがってテレグラフヒルに向かった。途中、フォート・メイソンにちょっと立ち寄り、様子を見ようと決めた。大きな道に出ると、特徴的なコナーの叫び声が聞こえた。彼は、古い将校宿舎の建物の側のコブシの木にとまっていた。自転車にまたがったままバックパックから望遠鏡を取り出し、焦点を合わせていると、ひとりの女性が大声で「あそこにいるのはオウムよ!」と叫んでいる声が聞こえた。

私は振り返って大声で答えた。「ええ、分かってます。僕は、研究しているんですよ」

彼女が歩み寄ってくると、顔が紅潮している。「あなた、何ヶ月か前に新聞の日曜版に記事を書いた方?」

「ええ、記事は、僕のです」

「まあ、ずっとお目にかかりたいと思っていたの」と、彼女は声を上げた。

自分はペギー・アンスミンガーだと、彼女は自己紹介した。彼女と旦那さんのスコットは、フォート・メイソンに三年間住んでいる。スコットはずっと海軍の職業軍人で、アンスミンガー家は今でもメイソン要塞に住んでいる最後の軍人家族なのだそうだ。引っ越して来た当初、遠くからオウムを目にすることがあって、それが何なのかまったく分からなかった。声が騒がしいので、彼女はある種のカリフォルニアカラスなのだろうと推測した。スコットは裏庭に何層もある餌箱をつくり、ペギーが種を置くようになった。数週間後、彼女の言う最初の「カリフォルニアカラス」の一羽が餌箱に惹きつけられてやって来た。

彼女が話している最中、小さなグループが餌箱にやって来た。私たちは、オウムが食べるのを眺めながら、一羽ずつ鳥の名前を交換した。餌箱を最初に使いはじめたのは、彼女が言うには「ブルーヘッド(青い頭)」だという。もちろん、コナーのことだ。彼女はスクラッパレーラを「グランパ(おじいちゃん)」と呼んでいた。胸のもじゃもじゃの白い羽毛が剥き出しになっていたからだ。私がモンクと呼んでいた鳥を、彼女はジミーと呼んでいた。嘴を痛めていたので、ジミー・デュランテ［一九二〇年代から七〇年代までラジオ・映画・テレビで活躍したコメディアン」にちなんで名づけられたという。ソニーのことは何と呼んでいるのか尋ねたけれど、どの鳥のことか分からなかった。次回思い出してもらえるよう、私は脚のリングと嘴の中間が蝕まれていることを指摘しておいた。彼女のお気に入りは、コナーだという。彼が姿を見せ、餌箱が空であるような時はいつも甲高い金切り声を上げて知らせてくれるので、彼女は外に出て行って餌箱を満たす。彼女は、餌箱に種を入れる間彼が飛び去らずそこにそのままいるのが好きだった。コナーの性格に関し、私たちはまったく同じ印象を得ていた。ふたりとも、彼を、本質的には堂々たるつむじ曲がりじいさんと見なしていた。初めのうちコナーは餌箱にやって来る唯一のオウムで、それから次第にほかの鳥たちも彼について来るようになったという。最初は朝だけ餌をやっていたけれど、ある日の午後コナーがやって来てもっと種が欲しいと要求し、それ以来彼女は日に二回餌をやるようになった。オウムたちは長い時間をフォート・メイソンで過ごすので、ふたりで連絡を取り合っていれば、私の研究の助けになることは明らかだ。ペギーは、もしそうしてほしければ自分が見たことをノートにとっておくし、何かいつもと違うことが起こったら電話をすると言ってくれた。共通の言葉で話し合うことができるよう、私が鳥たちにつけた名前を覚えることにも同意してくれた。

衝撃のカップル

その午後遅く、ドーゲンとパコが家の中に入りたそうに戸口にやって来た。お腹をすかせ、少々疲れている。しかし、それ以外は元気そうだ。食べ終えて外に出そうとしたけれど、彼らは、その夜はそのまま家で過ごす方を選んだ。しかし、翌朝、再びドアが開けられるのを待ち切れなかった。彼らは依然種のお皿への着地権を確保していて、それが私を嬉しがらせた。何と言っても、ドーゲンは群れの中で最も小さなオウムの一羽だし、パコは巣立ちをした日以来飼い馴らされてきている。パコは、群れとの関係においては闘争的だった。特にハイブリッドのピカソに対して敵対的で、通常ピカソはおとなのオウムの多くを打ち負かしたけれど、パコを押さえつけることはできなかった。しばしばパコは自分が打ち負かせない鳥に喧嘩を仕掛け、保護を求めて私の肩に飛んで来る。パコを圧倒しているおとなたちの多くはピカソが簡単に威圧している相手だから、このことは興味深い。

同じような事柄を、私は、個々の鳥を見分けるようになった最初の時以来目にしてきた。つつきの順番に関する探求は、そのことで完全に頓挫させられた。ある日、すべての鳥にはつつきの順番があると主張している人たちを馬鹿にする科学論文を目にした。その論文は啓発的だった。もちろんんだ！　つつきの順番など、ない。無意識のうちに、私はすでにそのことを知っていた。私がそんな論文を探していたのは、ただただ、それまでに読んだ生物学者たちは決まって、それがあるはずだと主張していたからに過ぎない。科学の世界の中に意見の衝突があるのを発見して驚いた。動物に関しては、科学者たちは何でも知っていると思っていたのに。

オウムの社会は複雑だ。しかし、私たちの世界とそれほど違うとは思わない。それはひとつの共同体で、夫婦と個人からなっている。結婚した鳥は、互いに、あるいはほかのカップルと些細なことで口論する。ある鳥は、一羽だけで他の鳥と言い争う。ほとんどのカップルは長い期間そんな争いを続け、あるカップルは離婚する。群れは単一の共同体として機能しているけれど、その中の誰も、共同体全体に関わる決定を下しはしない。そろそろ食べ物を漁っている場所を去る時だと一羽のオウムが考えたら、それに関する会話が始まる。もしも群れ全体が飛び去ったら、それは共同体の決定だ。しばしば何羽かの鳥たちは、全体的な意見の一致に異議を唱え、そのままとどまることもある。一羽だけに餌をやっている途中群れが通りかかると、餌をもらっている鳥はいつもほかの鳥たちに呼びかけ、自分がいることを知らせて食べ物があることを伝える。このことは、自分の居場所を隠すことで弱い鳥が群れの残りのものから自分の利益を守ることができそうな場合にさえ当てはまる。いわば、……そう、利他主義、といったようなものだ。

何週間かが過ぎ、パコとドーゲンの持久力も回復して、夜に家に来ることもなくなった。といって、友達であることをやめたわけではない。彼らは依然私が撫でたり、キスしたりすることを許してくれたし、何を料理しているのか家の中に見に来ることもあった。彼らはしばしば昼寝をし、それが家の中にいる一番長い時間だった。すべて、私が願っていた通りに進んでいる。ドーゲンは野生のオウムのやり方をパコにやって見せ、パコはドーゲンの行くところどこにでもついて行く。ところが、二羽をリリースしてからひと月経った時、すべてが変わった。

仕事からの帰り、自転車を押してグリニッチ階段を上っていると、ビワの木でオウムたちが昼寝しているのが見えた。家に戻り、自転車を片付け、種の入ったお皿を取り出した。それを下に置くや、パコが木から飛び出してお皿の縁に降り立った。一羽だけで、何かいつもと違っている。すぐ後、コナーがビワの木からやって来てパコに加わった。それから、ソニーが来た。ソニーが着地した途端、彼とパコの間に争いが起こった。最初パコがわずかに優位に立っていたけれど、ソニーが彼を圧倒し、パコは私の肩に飛んで来た。異常に激しい争いで、パコはひどく喘いでいる。争いが終わった時、ドーゲンがビワの木から飛び出し皿の上にいる相手側に加わった。彼女はソニーの隣りにとまり、二羽は求愛の行動をはじめた。瞳孔が小さな針先のように収縮し、二羽は翼を大きく横に広げ、踊るイスラム僧のようにゆっくり、威嚇するように円を描いてくるくる回転する。ほかの三羽がビワの木からお皿にやって来ると、ソニーは彼らがそこにいるのが気に入らない。三羽を攻撃して、ドーゲンも背後から応援した。

私は、それ以上ないほど狼狽《うろた》えてしまった。ソニーと、私のドーゲンが、ペアだなんて！　私の咄嗟の反応は、その関係に終止符を打つ方策をあれこれ考えることだった。彼らが一緒にいると考えるだけで我慢ならない。ソニー以外なら誰でもいい！　私はパコへの懸念で自分の態度を正当化した。パコは自分だけでやっていけるほど充分教育を受けていない。パコのために、二羽を籠に戻し、ソニーとドーゲンの繋がりが途切れてしまうまで家の中にとどめておくことを考えた。

最初のショックが消え、彼らが一緒にいるのを何日間か見ているうち、ドーゲンとソニーが実のところまったく魅力的なカップルであることを認めないわけにいかなかった。私がどうこう手出しするような事柄ではまったくない。隣同士に並んだ彼らは、具合よさそうだ。ドーゲンが私に対する態度を変えないことで、ホッとした。前と同じくらい友好的だ。しかし、ソニーの方は、私がドーゲンを操縦することにイライラし、彼女を手に乗せるとすぐどこかに飛んで行く。コナー同様、ソニーは非常に真面目な鳥で、おどけて何かするのを見たことがない。きっと、老人だったのだろう。彼の眼は虹彩の上にひび割れがあるように見え、古代的な眼つきをしている。ドーゲンがコテージに食べにくるたびに、ソニーはドーゲンが食べ終えるのを外で待っていた。私はドーゲンの訪問をこよなく愛していたので、天気が良い日にはドアを開け放ち、好きな時いつでも入ったり出たりできるようにしている。目を上げ、彼女が机の横にとまっているのを発見するのはいつだって快い驚きだった。

ドーゲンと異なり、パコは次第に来なくなった。しばしばソニーとドーゲンと一緒の仲間に加わろうとしたけれど、二羽ともそれを許そうとしない。パコは一羽だけで、幾分あてどなくさまよっているように見えた。しかし、そうやっていること自体には何の支障もない。それでも、いまやパコにはドーゲンという後ろ盾がなかったから、お皿での口論にはたいてい負け、ますます保護を求めて私のところに来なければならなかった。

夏が近づいて、私は、ソニーがドーゲンを巣に連れて行くことができるかどうか見たいと待っていた。そうはならなかった。彼らがペアになったのは春も随分遅くなってからで、ソニーはおそらく、かつてルチアと一緒に使った巣穴を失ってしまっていたのだろう。私は依然、特に友好的だった鳥が母親になったら、赤ん坊たちをもっと身近に見れるようすぐ側まで近づくことをほかの母親たち以上に許してくれるか、そうするよう勧めてくれるか、ぜひとも知りたかった。ドーゲンが巣ごもりしなかったので、マンデラに期待した。彼女を見たのは夏がはじまるほんの数日前が最後で、ということは、うまくいけば実際に卵を産んだと想定することもできる。再び彼女に会うのは何週間も経ってからだろう。そう予想し、彼女の成功を祈った。

オウムの病気

その年すでに、毎春若鳥を襲う病気で二羽のオウムが死ぬのを目にしていた。今また、三羽目を目にしている。ギンズバーグだ。関わり合いになりたくなかったけれど、見過ごしにはできない。ある日の午後遅くお皿の横に立っていると、ギンズバーグが目の前にぶざまなやり方で降りて来た。衝動的に手でつかみ、急いでドアまで駆け、指から出血させられる前に家の中に放り入れた。あらゆる重荷から自由になりたいと切に願っている者としては、頭がおかしい振る舞いだ。しかし、ほかにどうしようもなかった。

ギンズバーグの症状は急速に悪化した。彼女の症状はテュペロの症状と同じほど悪くなった。とはいえ、ほかに煩わされる鳥はいなかったのに、最善の世話を施したというわけではない。自分自身の問題に気を散らされ、野生のオウムを家の中にいさせることの目新しさもとっくになくなってしまっている。ある日、自分が注意を向けなければ、彼女の悪化に繋がるだけだと考えた。それで、彼女を手にとり、愛情を注ごうとしてみた。彼女は思っていたより強く、手を振りほどいて飛び出した。床に着陸し、開いたドアの方に向かって這うように駆けて行く。まだ羽を切り詰めていないし、飛んで逃げてしまうのではないかと恐れた。それで急いで彼女を追い、戸口のマットのところにつく前に彼女に飛びかかると、彼女は私の手の中でもがいたり齧ったりした。ちょうどその時、ほんの一メートルたらずのところのコプロスマの茂みにカケスがいた。一部始終を目撃し、血が舞い飛ぶような殺しの場面に叫び声を上げはじめた。カケスは猛烈に私を追いかけ、やめようとしない。私はあらゆる鳥の友達のつもりだったし、不当な告発から身を守りたいと感じ、懇願するような目で彼を見た。しかし、彼は私を睨みつけ、ギャーギャー鳴き続けるばかりだ。とうとうイライラして、私はグルグル駆けまわり、家の中に飛び込んでバタンとドアを閉めた。

以前会いに行った獣医には助けてもらえなかった。しかし、すぐにギンズバーグを診てもらわなければ、死んでしまうのは明らかだ。ジェイミーが、五十キロほど離れたマリン郡に診療所を持つ別の獣医を紹介してくれた。そこに行くには、郡内を走る特別なバスを捕まえなければならない。停留所は、ユニオン通りとヴァンネス通りの角にある。街を抜けて高速道路一〇一号線に通じるルートのヴァンネス通りは道幅六車線で、絶え間なく自動車、トラック、バイク、バスが走っている。そんなスピードと騒音と排気ガスの横の停留所に立っていると、何が何だか分からなくなってきた。自分が持っている籠の中の野生の鳥の美しさと、周囲の都会の混乱との違いに焦点を合わせずにいられない。ひび割れたゴミだらけの舗装の上を走るトロリーバスに電気を供給している電線が、大きく乱雑なパッチワークのように頭上に垂れ下がっている。道の反対側には、金属とプラスチックでできた悪臭を放つガソリンスタンドと、悪趣味などぎつい色の酒屋が並んでいる。私の背後には、共同体の感覚を欠いた無名に見えるアパートの建物が壁のように立ち並ぶ。野生の自然は決してそれほど醜くない——実際、いかなる時も醜くない――のに、近代的な都会はほとんどたいていこんな風だ。美しいと見なされているサンフランシスコでさえ、ほとんどの場所は安っぽい、思慮を欠いた開発の波に飲み込まれてしまっている。今やあまりに当たり前で、もはやほとんどの人の目に映ることもないし、問われることもない。

新しい獣医は、最も大きい可能性はハトパラミクソウィルスだろうと考えた。しかし、確かではなかった。唯一私にできることはギンズバーグを休ませることだけだという点で、テュペロの獣医と同意見だった。私の顔に失望の色を見て取ったに違いない。というのは、第二の考えもありそうだと言って検査室を離れると、彼が言うには実験的なキノコのエキスなるものの瓶を持って来てくれたからだ。私はそれを受け取り、少なくとも何かを積極的に試みようとしてくれたことに感謝した。

ギンズバーグと私が帰宅すると、コテージのポーチに大きな箱が置いてあった。メモがついている。丘の麓で働いていて、昼休みしばしば階段を上って餌やりを見に来ていた男性からで、ウォルトン・スクウェアで地面に落ちているオウムを見つけたけれど、野生鳥類救助センターでは外来種の鳥は受け入れられないというのでここに持って来たとある。箱を開け、また別の若い病気の鳥を見つけた。鳥の症状はいつものと同じだ。体が不安定で、頭が傾いている。よく見ようと箱の中に手を入れると、激しく咬んだ。彼は囚われの身であることに腹を立て、何週間も怒ったままだった。あまりに怒っていたので、漫画ヨセミテ・サムにちなんでヨセミテと名づけた［ヨセミテ・サムはマンガ『バックス・バニー』の中で主人公を追いかけまわす乱暴なガンマン］。

キノコのエキスは、役に立ちそうもなかった。鳥が死んでいくのを見るのに飽き飽きしていたので、鳥類のウィルスについて文献を読みはじめた。自分が読んだものをおそらく最も簡単に理解して、私は免疫システムを活性化するべくビタミンの大量投与をはじめた。病気の鳥の多くは呼吸作用にかかわるように思われる症状を呈していたので、店頭で買うことのできる鳥テトラサイクリンも与えはじめた。何人かの獣医は薬は役に立たないと言っていたけれど、ジェイミーが勧めるので試してみることにしたのだ。ある日の午後、私はデッキに出て本を読み、ヨセミテとギンズバーグは籠の片隅に隣り合ってかたまっていた。コナーが庭に飛んで来たので、家に入り、彼のためにお皿を持って来た。皿を置き、読書に戻ったけれど、コナーは食べるのを拒否している。そのかわり、盛んにキーキー鳴きながらデッキの手すりを行ったり来たりする。ギンズバーグを捕らえたことで私を追いかけまわしたカケスのように、コナーは私を睨みつけ、またもや鳥を籠に閉じ込めた私を恥じて止めさせようとしているのだ。今回は、断固罪悪感を感じるまいと決め、コナーが叱るのを無視していた。それにしても、二羽の病気のチェリーヘッドの窮状を気にかけたのがカケスとブルークラウンだけであるのは興味深い。群れは、ほんの少しの関心も示さなかった。

この頃までに、パコはコテージに入ってくるのをすっかりやめていた。しばしば彼が一羽だけで電線にとまり、不平のように響く声を上げているのを見ることがあった。デッキにやって来る時は、しばしば私に対して敵対的だった。時として、ドーゲンもおかしな振る舞いを見せ、まるでパコと一緒でないのが不思議みたいだった。ある日パコは、折り合いが良さそうな別のオウムと一緒に姿を見せた。彼女が誰なのか分からないので——自分がよく知らない鳥の素性ははっきり押さえられなくなっていた——彼女を新しい名前、アマルウと名づけた（ヴァン・モリソンの歌「キャラバン」にちなんでいる）。それから数日間、パコとアマルウはそのまま一緒にやって来た。彼女は姿のよいチェリーヘッドで、大きな赤い帽子をかぶっている。アマルウの加勢を得て、パコはすぐにゴロツキの立場を回復した。彼らは二羽とも頑丈で、小さな無頼のチームだった。私が気がつく前に、すでに彼らは庭中暴れまわっていた。

幸せな時間の終わり

パコがますます疎遠で乱暴になる一方、ドーゲンは友好的な態度をまったく失わなかった。彼女はいまでもしばしば家の中を訪れる。第一の関心は、私が何を料理しているかということだ。しかし、ストーブの上に何もない時でも、ブラブラ留まっていた。時には、私が机に向かって仕事をしている間、肩にとまっていることもある。私が気がついた彼女の中の最大の変化は、ひどく神経質になったということだった。ほとんどの野生の鳥と同じく、彼女はタカを避け、空腹に歩調を合わせ、ほぼ常に急いでいる。

暖かい日には、私は外のデッキで食事をするのが好きだった。すべての食べ物を、それまで何度もドーゲンと食事を分け合った鉢に入れて食べた。ドーゲンとソニーがコテージを通りかかってその鉢を見つけると、いつもドーゲンは突然コースを変え、デッキに飛んで来る。私の方は、通常、膝に降り立つまで彼女に気づかなかった。鳥が空から羽ばたきしながら降りて来て食事に加わることは、私を嬉しがらせ、魅了した。ある朝、ドーゲンと外で朝ご飯を分け合っていた時のことだ。嘴にオートミールのかたまりをつけたドーゲンが幸せそうに鉢に立っているのを見ていて、突然、自分の願いが満たされたことに気がついた。私には、訪ねて来てくれる野生のオウムの友達がいる。それは、私が思い描いたようには起こらなかった——もしも、彼女が私の患者になることがなかったら、まったく起こらなかっただろう——けれど、確かに彼女はそこにいる。

六月半ばのある日、外で本を読んでいると、小さなオウムの一団が到着してまっすぐビワの木に飛んで行った。家に入り、種の入ったお皿を持って来て手すりの上に置く。順番に、一羽ずつ木から飛び出して食べに来た。椅子に戻ろうとすると、一羽の鳥が手すりに降りるのが見えた。しかし、その降り方があまりにめちゃくちゃで、私は愕然としてしまった。ソニーだ。ぶざまな格好で、上下しながら、種のお皿を取り囲むツタを縫って行く。皿の縁に体を持ち上げようとする彼を、ほかの鳥たちがいじめた。ドーゲンが皿からほかの鳥たちを追い払い、ソニーはやっと邪魔されずに食べることができた。

餌やりが終わり、家に入ってソニーの状態について少しノートを取り、それから自分の昼食の用意をはじめた。数分後、家の横側の窓のフーシャの木にドーゲンがいるのが見えた。興奮した様子で、私の気を惹こうとしている。パスタを料理しているのを見ていたのだ。彼女お気に入りのメニューで、私は窓を開け、彼女を中に入れた。ドーゲンは手順をすっかり覚えていて、スパゲッティーが茹で上がるまで我慢して待たなければならないことを承知している。しかし、お湯から麺を取り出すと、自分を抑えておくのがむずかしくなった。麺とトマトソースを和えながら、何度も彼女を鉢から追い払わなければならない。とうとう準備ができ、私たちは鉢を分け合った。ふたりともパスタが大好きで、真剣な静けさの中で素早く食べた。自分のお腹がいっぱいになったので、私は鉢を床に置き、彼女にあとを任せた。

ちょうどその時、コナーがフーシャの木に姿を見せた。家の中を覗き、いつになくしげしげと眺めている。彼はこれまで窓から入って来たことはない。そこから入ってみようとするかどうか試してみようと近づくと、家の前のドアのところに飛んで行き、コプロスマに降りた。行ってドアを開け、種を差し出すと、それを無視している。彼の横に立っていて、彼がじっとドーゲンを見ていることに気がついた。彼は、断固何かをしようとする時いつも上げるキーキー甲高い声を上げはじめた。ドーゲンが戸口から飛び出し、コナーが後からついて行く。ほんの束の間の、奇妙な光景だった。コナーはドーゲンに求愛しているのだろうか。ソニーは死にかかっている？　そして、コナーはそれを知っているということだろうか？　ドーゲンとコナーは群れの中でもお気に入りの二羽だから、彼らがカップルになるという考えにはとても訴えかけるものがある。しかし、信じがたい気もする。家の中で一緒に暮らしていた時、彼らは一度も仲良くならなかった。私はしばしば、自分はオウムたちがしていることのほんの断片を理解しているに過ぎないと、自分に言い聞かせなければならなくなる。この場合も、自分が見たいと思っていることを見ているだけのことだろう。何か、ほかの理由があるに違いない。

数日の内に、家の中に連れてこなければソニーは病気を生き延びることができそうにないことが明らかになった。年老い、憂鬱そうに見える。とまっている時も、まるで疲れ切ったように翼が垂れ下がり、日ごとに動きが鈍くなってきた。しかし、これ以上病気の鳥を抱え込むことには気が進まない。もし彼が単に高齢で死のうとしているのなら、自由な鳥のまま死なせてやりたい。しかし、彼が衰弱の中に落ち込んで行くのなら、それを見ているのは辛い。彼は常に誇り高かった。隅に押しのけられ、屈辱的に振る舞わなければならない時でさえ、頑固さの微かな気配を維持していた。ドーゲンは今でもソニーに忠実で、ほかのオウムがソニーを攻撃するといつも守りにやって来た。しかし、誰かが、二羽の間に楔を打ちこもうとしている。自分で納得するのにしばらくかかったけれど、コナーが本当にドーゲンに求愛しようとしているのは明らかだ。彼は、彼女とソニーがどこへ行こうとついて行った。ソニーはあまりに弱っていて遠くまでは行けないので、ドーゲンは一日の大半を彼なしで食べ物を探している。コナーはいつも一緒だった。とはいえ、彼女はコナーがあまり近くに来ることを許さない。彼が試みるたびに、彼女は彼に突きかかり、退かせた。

ソニーが病気になってさほど経たないうちに、別の若鳥が発病した。それから、ある朝、パコとアマルウが庭中一羽のオウムを追いまわしていた。その鳥がお皿に墜落するような絶望的な着地をするまで、それはその病気の若鳥だろうと思っていた。しかし、見るとソニーだ。顔の左側は羽を引き抜かれ、裸の斑になっている。衝動的に彼をつかもうとしたけれど、彼の反射能力は依然十分鋭く、彼は手をすり抜けた。それからヒマラヤスギのてっぺんに飛んで行き、そこでまたパコとアマルウが彼を追いかけ続けた。二羽はソニーを嘴でつつきながら、ヒステリックな叫び声を上げている。戦闘機が空から墜落するように、ソニーは錐揉みしながら木から落下し、その前の年テュペロが落ちたのと同じ茂みに突っ込んだ。私はグリニッチ階段を駆け下り、手すりを飛び越えて庭に入った。今は前よりさらに草木が茂り、ソニーはシダとブラックベリーと、背の高い、密生したショウガの茎がびっしり並んだ辺りにいる。私は古い石切り場の崖に形づくられた庭の急な斜面を降りなければならなかった。オニヒバの幹の近くに来た時、ぬかるみに足を突っ込んでしまった。前に進もうとしても足を引き抜くことができない。泥の中をそのままずり落ち、ズボンの裾がブラックベリーの刺に引っかかった。ソニーを捜してみたけれど、とうとうそれ以上やっても時間の無駄だと思った。ソニーがそこでしばらく休み、ネコにつかまる前に這い出してくれたらと願うだけだ。斜面を戻っていると、パコとアマルウが電線にとまっているのが見えた。彼らは叫び、病的なゴロゴロ声を上げながら、まるでソニーに対する勝利を祝ってでもいるかのようにお互いの嘴を齧り合っている。

その日、しばらく経ってから、病気の若鳥が一羽だけで姿を現した。パコとアマルウはまだ庭にいて、若鳥がお皿の縁を弱々しくよろめき歩いているのに気がつくと、飛び降りて来てグリニッチ階段に突き落とした。病気の鳥は落下し、そのまま脚で立った姿勢ではいたけれど、まごまごするばかりで飛び去ることができない。私が彼のところに飛び降りると、慌てて庭に逃げ込んでしまった。その日二度目、私は手すりを飛び越え、病気のオウムを追った。彼の足取りはヨタヨタしている。しかし、私はまたもブラックベリーの茂みで膝の裏側を傷つけられた。刺のないツタの回廊を見つけ、そこを進もうとして今度は股の筋肉を痛めた。まったくもって痛いので、病気の若鳥を諦め、足を引きずりながらグリニッチ階段に戻った。またもや、パコとアマルウは電線の上でお祝いしている。パコに対する軽蔑の念が疼くのを感じた。

オウムと悟り

それは、惨めな瞬間だった。筋肉は痛く、肺は焼けるようだ。鳥が死んでいくのを見るのに飽き飽きした。ソニーの衰弱はことさら痛ましかった。足の治療をしていると、近所に住むヴェロニカが通りかかった。様子を尋ねられ、ソニーや病気の若鳥など死んでゆく鳥たちにいかに心痛むか、愚痴をこぼしはじめた。同情の言葉でもかけてくれるかと期待していたのに、彼女は顔を顰めただけだった。ヴェロニカはアメリカ人としては変わっていて、仏教徒、特に、大乗仏教の徒として育ち、私の失望を覚醒せざるものと見なしていた。

「しっかりしなさいよ、マーク。こんなことにはもう馴れているはずよ。どっちみち、どうしてあなたがこれらの鳥の世話をしなけりゃならないの？　ちょっと、単純すぎると思うわ。大乗仏教では、生きることや死ぬことに執着してはいけないの。すべて、自然の秩序の一部なのよ」

私はヴェロニカが好きだ。しかし、時として理屈っぽく、彼女がそんな風に言うだろうと分かってはいたけれど、自分を防衛しなければならない気がした。それまで、誰も、私がしていることを批判した人はいない。

「ほら、管理責任というのがあるじゃないか。僕は、自分たちには自然を助ける義務があると思う」。何ともありきたりの答えで、声には説得力が欠けている。ヴェロニカはすっかり有利になり、さらに攻勢を強めてきた。

「あら、マーク、それって、実のところ鼻持ちならない自惚れよ。まったくの、ひとりよがり。自然が何を欲しているか、どうやって私たちに分かるの？　ソニーが庭で自分だけで死にたいと思っていないって、あなたにどうして分かるっていうの？」

それは、考えたことがなかった。今は疲れ切り、すっかり落ち込んでいて、それなのに突然自分自身を正当化しなければならなくなっている。何か適切な哲学的な返答がないか脳みそを探ってみて、私は弥陀の誓願を思い出した。

「感覚を持った存在は無数にいる。我、彼らすべてを救うことを誓願する」

「救うって、どういうこと?」彼女が反論する。

それはひどい言い草だと思った。彼女はただ、むずかしくしているだけだ。しかしなお、自分が窮境にあり、脆弱であると感じた。彼女のおかげで、自分がしていることに疑いの目を向けないわけにいかなくなる。なぜ私は、自然の秩序についてそれほど心配したのか。気になったのか。狼狽したのか。私は鳥たちが死んでいくことに馴れるべきだ。彼女は正しい。しかし、それは、彼らの世話をすることを止めるべきだという意味だろうか。それには同意できない。死ぬ時に慰めてほしいと思ったテュペロの願いが思い出された。しかし、あまりに消耗していて、自分がしていることについて真剣に話すことができなかった。今したいことは、とにかく家に入って横になることだけ。仏教について勉強したことを知ってもらえれば手加減してくれるかもしれないと考え、私は一般的な仏教について話しはじめた。しかし、彼女はちっとも共鳴してくれなかった。そして、自分の大乗仏教について話し続けた。

「実践がすべて。私は、少女の頃からずっと座って来た。あなたに必要なのは、座って、何も期待しないこと。悟りでさえ。それが、大乗仏教の教え。悟りへの欲望は、テレビへの欲望と何の違いもないの」

そのことは、私も聞いたことがあるし、実際、賛成しないわけではない。彼女は私との議論を望み、私はそれに引き入れられるままだ。

「そう、でも、悟りを望まないなら、実践だってしないはずだろう?」

まったくただの素人ね、といった様子で見ている。

しっかりした、賢明なことを何も言うことができなかったので――次々に別の罠に落ち込んでいくだけだ――会話が和らぐのを待って、門の方へ進んだ。立ち去る間際、私は最後の台詞を吐いた。といっても、いわば戯言だったけれど。「君は、大乗仏教徒なんかじゃないよ、ヴェロニカ、ただの分からず屋仏教徒さ」

彼女は笑った。それでも、もしも私がその時知っていたら、こう言ってやっただろうに。

「動物たちを傷つけず、動物たちに対して謙虚になることは、彼らに対する私たちの第一の義務であるけれど、そこで留まるだけでは十分でない。私たちには、彼らが必要とする時いつでも彼らに奉仕するという、より高い使命がある。もしも、神の創造したいかなるものをも哀れみと同情の隠れ家から締め出そうとする人間であるなら、その人は、同胞たちを同じように扱うだろう」

聖フランシスコ

不穏な空気

六月遅く、メスたちが巣からやって来はじめていて、マンデラがいないかいつも注意していた。何週間もプーシュキンを見ていない。とうとうプーシュキンがやって来た時、彼は一羽だけで、何やら問題がありそうでマンデラのことが気がかりだった。プーシュキンの尾の羽が全部なくなっている。新しい羽が生えはじめてきていて、どれも同じ長さだ。それは、ふたつの理由で異常だった。毛替わりの時期には早すぎるし、通常の毛替わりでは羽は一本ずつ生え替わる。一度に生え戻るのは、羽が全部一度に引き抜かれた時だけだ。唯一そうしたことが起こると考えられるのは、人間の手による場合だけ。多分、誰かがプーシュキンとマンデラを捕まえようとして、プーシュキンだけが逃げ出したのだろう。

人はしばしば、オウムに捕食者がいるか尋ねる。通常私は「タカとネコ」と答える。しかし、彼らが直面する最も大きな危険は、彼らを捕まえてお金にしたいという人間の欲望だと思う。しばしば、オウムを捕まえて売ってくれないか私に尋ねる人がいる。何とも愚鈍な質問だ。

ある日餌やりをしていると、ひとりの男がスタジオの東側の土地から入って来た。彼を見た途端、本能的に群れにとって危険だと感じた。私は、そんなようなことに関する不気味な感覚を持つようになっていた。彼はそれまでオウムを見たことがなく、グリニッチ階段に立って驚いてオウムを見つめながら、何度も何度も、「あいつらにはまいってしまう」と口にした。オウムたちは何をしているのか、どうしてそこにいるのか、いつも通りの質問をした後で、彼はオウムを捕まえてみようといったことについて話しはじめた。

「さあ、それはあまりいい考えじゃないなあ」。できるだけ友好的な調子を振り絞って私はそう答えた。

彼は、まるで、こいつ頭がおかしいのか、とでもいうように私を見る。「しかし、あれは金になるじゃないか」

「さあ、そうではない。今じゃ、ペットショップがほしがるのはヒナから育てた鳥だけだ。何か繁殖記録を示すことができなかったら、おそらく、どれも受け取ってくれない」

「いや、俺はどこかで売ることができる。きっと、買ってくれる人間がいるはずだ」

「それに、オウムたちは、私のところへは来るけれど、ほかの人のところには来ない。捕まえるのは本当に大変さ。とても素早い」

「それは、どうだかなあ。俺は随分器用な人間だ」

どうやったらできるか考えるとでもいうように、ぐるっと庭を見まわしている。まだ彼には、私が彼に思いとどまらせようと思っていることなど頭に浮かばないようだ。本当に危険かどうか見極めようと、私は彼を見た。ホームレスかもしれない、といった風に見える。着ている服はきれいでも、靴はほとんどすり切れそうだ。幾分頭がおかしいように見えるけれど、大口を叩くただのホームレスなのか、あるいはそれよりもっと不吉な何かなのか、何とも言えない。私は、さらに、友好的な形で思いとどまらせようと試みた。

「この群れはとても珍しくて、美しい。こんなのは、滅多にお目にかかれない。この辺りの人たちは、彼らが野生のまま自由でいることを愛している。あのままにしておくべきなんだ」

突然、彼は、私が自分を鳥から引き離そうとあれこれ言っているのに気がついた。まっすぐ私の目を見つめ、柔らかな、しかし、反発を感じずにはいられないようなはっきりした声でいった。「多分、あんた、話す相手を間違っているようだ」

オウムたちも、その場の緊張を感じ取ったに違いない。というのは、その凍りつくような瞬間、みんな恐怖にとらわれたように飛び去ったからだ。もしもそのまま彼に挑戦し続ければ、彼の自尊心を煽って一層鳥たちを追いかけようと思わせてしまうだろうことは容易に分かる。それで、それ以上ひと言も発せずに向きを変え、コテージの中に入った。何分かおきに、彼がまだそこにいるかどうか窓のブラインドから窺った。彼はそれから三十分ほども庭を下見するようにしていて、それから立ち去った。それからというもの、危険は去ったとやっと感じられるようになるまで一週間以上群れの安全が心配で、絶えずみんながそこにいるかどうか確かめた。

二度とマンデラを見ることはなかった。彼女が死んでしまったと考えるよりは、誰かが彼女を捕まえたと考える方がまだましだ。人間の手で飼育されている鳥は解放するべきだ、と信じているわけではない。彼らは、自然に放たれても生き残っていくことができない。それでも、自分たちには健康な野生の鳥を籠に入れる権利があると思っている人間は、大きな問題だ。鳥たちは、人間がそうであるのと同じほど、自由でありたいと願っている。私が家に持ち込んだ病気の鳥は、捕まえられた途端、恐怖に捉えられて叫び、絶望的になった。野生からオウムが引き離されると、家族は——

そのメンバーは互いに慈しみを感じ合っている——バラバラになってしまう。野生の鳥の取引は、結局は残酷さで終わる気まぐれでオウムたちを取り扱う。オウムたちは両方の側から残忍さに遭遇する。第一に、輸入業者はオウムたちを野生の自然の家から取り出し、それをアメリカか別の場所に送り、そこであるものは逃げ出す。その後、オウムたちが自然の繁殖本能に従う時、環境保護論者や野生生物の管理者が彼らの駆除を求めて叫ぶ。非在来種の持ち込みは、確かに環境問題を引き起こす。しかし、自然を罰することはバカげている。特に、問題を引き起こしたのが人間であることを考慮すれば。

二羽の強い絆

ソニーがオニヒバの木から落ちた後、ドーゲンはコテージに来なくなった。私は、ドーゲンがフォート・メイソンにいるかどうか尋ねるため、ペギー・アンスミンガーに電話をした。彼女によると、ドーゲンは毎日彼女の餌箱に姿を見せていて、しかし、ソニーは見ていないそうだ。コナーはずっとドーゲンの後をついてまわっているけれど、ドーゲンは依然彼が近寄ることを許していないらしい。自分の目で彼女を見たかったので、自転車に乗ってフォート・メイソンに向かった。カメラを持って行った。ペギーの家の側には大きなブラックベリーの茂みがあって、オウムたちは最近嘴にブラックベリーの汁をつけてやって来る。私は、オウムたちがブラックベリーを食べているのを記録したかった。

要塞に着くと、オウムの声はまったく聞こえないし、姿も見えない。私は軽い読み物を手に、写真を撮るのに都合よい場所を探してあたりを歩きまわった。その間、絶えずドーゲンがいないか辺りを窺った。ブラックベリーの茂みの端を通った時、低いしわがれ声が聞こえた。振り返ると、たった一メートルあまり先のツタの上にとまっているチェリーヘッドが見えた。ソニーだ。年老いた頑固老人は、まだ生きている。すっかり消耗した様子で、眼を半分閉じ、めちゃくちゃな姿だった。嘴とそれを取り囲む羽毛は、ベリーの汁で暗い紫色に染まっている。何枚か写真を撮っていると、ドーゲンが舞い降りて来て彼の横にとまった。彼女には私が見えているはずなのに、完全に無視して注意をソニーにだけ注いでいる。彼女は横歩きに彼に近づくと、彼の身繕いをはじめた。ドーゲンは連れ合いに寄り添い、最後まで彼を慰めていたのだ。私は何枚かの写真を撮り、彼らを残して立ち去った。

挨拶をしにペギーのところに寄り、群れについて話した。ノートを交換し合っていると、何羽かのオウムがペギーの餌箱にやって来た。多くの人が、グリニッチ階段から離れたところにいる時でも鳥は私を見分けるかどうか尋ねる。私自身興味深かったけれど、それを確かめる機会がなかった。ペギーが、私に餌をやってみたらと言う。彼女は家の中に入り、ヒマワリの種の入ったカップを持って来た。私たちは鳥から六メートル離れて立っていて、私はゆっくり彼らに近づいて行った。餌箱は二メートル足らずの高さの塩化ポリビニール製のパイプの塔で、上下にふたつお皿が置いてある。近づくと、オウムは落ち着かない様子で私を見ていた。みんな飛んで行ってしまうだろうと考えたけれど、しかし、一羽がまっすぐ私の方に飛んで来てカップにとまった。ドーゲンだった。それで何かが証明されたのかどうか定かではなかったので、そのまま少しずつ前進し、とうとう餌箱のすぐ横に立った。誰も飛び去らない。ゆっくり下の皿の方に手を伸ばすと、一瞬考えた末、一羽が種を取った。それから、ほかの一羽が続いた。しかし、私の手から食べたのはその二羽だけで、結局テストの結論は出なかったような感じだ。今でも私には、私が誰なのか彼らには分からなかったと思わせるような理由は見当たらない。すぐ横に立っていても驚かなかったということが、分かったという充分な証拠だと思っている。私を別の場所で見たことに、少しまごついたのだろうと思う。お前、いったいここで何をしているんだ？

四日後、ソニーとドーゲンを再びグリニッチ階段で見かけた。今でもなお、うしろをコナーがついてまわっている。ドーゲンは私の肩に食べにきて、ソニーは皿の方に向かった。しかし、ソニーのぎこちなさはひどくなっていて、そこに近づき、降り立つのもおおいにむずかしそうだった。旋回を続け、何度も着地を試みている。とうとう着地に成功した時、コナーとアマルウが彼を追い払った。この時は、ドーゲンは介入しなかった。ある場所でソニーが地面に落ち、私も捕まえに行こうとしなかった。彼は苦痛を浮かべた様子で、それ以上見てはいられないほどだ。その次彼が皿に近づいた時、私はコナーとパコとアマルウを手で追い払った。コナーではなく、ソニーの方に味方している自分を見るのは不思議な気持ちがする。ソニーは縁にとまるにはあまりにふらふらしていて、皿の中央の種の中に立っていた。その眼は焦点を失い、どんよりしている。庭中に散らばって木の中で食べ物を探していたほかのオウムたちが、空中にタカがいることを示す低いクークー声を立てはじめた。私にも見える、クーパーハイタカだ。タカが接近し、ソニー以外みんなぱっと飛び立った。ソニーは皿の真ん中に残っている。あまりに弱くて、動けないのだ。彼を捕まえに行こうかと考えたけれど、体が動かなかった。その後彼は、まるでトランス状態に陥ったかのように一時間以上そこにいて、時々首を下げては種を摘んでいた。それから、二羽のチェリーヘッドが彼の頭上を飛んできて注意を惹きつけ、彼は皿を飛び上がると二羽の後を追った。

ソニーがますます衰弱するにつれ、コナーは一層攻撃的になり、ドーゲンの連れ合いとしての義務を果たそうとさえ決めてかかっていた。ほかのオウムがドーゲンを悩ますたびに、コナーは大急ぎで彼女を守りに行く。ある午後、机に向かって仕事をしていると、ビワの木の中から大きな騒動の音が聞こえた。ドアのところに走って行くと、枝のまわりでコナーがソニーを追いかけまわしている。茂った葉の間を出たり入ったり、姿が消えたりまた現われたりしていて、とうとうソニーはビワの木から飛び出してオニヒバに飛び上がった。コナーもビワの木から飛び出してソニーを探したけれど、行方を見失ってしまった。あからさまに苛立った様子で、電線に飛んで行って庭中を見まわし、ライバルを探索している。ソニーは、何とか隠れおおせた。

八月いっぱい、ソニーの症状は悪化し続けた。しかし、彼は死ぬことを拒否していた。ドーゲンは忠誠を保ち、私もまた確実にソニーの味方だった。二羽のチェリーヘッドはほとんどの時をフォート・メイソンで過ごし、私は滅多に彼らを見かけなくなった。しかし、彼らがコテージに来た時は、いつでも、できる限りソニーを守った。ペギーはずっと電話で報告を送り続けてくれていて、彼女によれば、ソニーはほとんど餌箱にいられなくなり、ますます近くの茂みで食べる機会が来るのを待っているだけだという。みんな、彼が餌箱にとまるのを許さない。彼女は、ソニーは急速に悪くなっているみたいだと言った。九月中旬、彼女が電話をかけてきて、餌箱の横のツバキの木にソニーがとまっていると何羽かのオウムが彼を攻撃し、ソニーはほとんどどんな抵抗もしなかったと話してくれた。

翌朝、ドアの外でガーガー鳴く声が聞こえ、ドーゲンのようだった。ドアから首を突き出すと、デッキの上の電線にドーゲンとコナーがとまっていた。コナーは私を見ると、お皿を要求して金切り声を上げた。お皿を出してその横に立ち、彼らが食べに降りてくるのを待った。しかし、電線を離れようとしない。それで戸口まで後退すると、その時になってやっと彼らはお皿にやって来た。彼らの関係に、何か変化があったように見える。ドーゲンは、今ではコナーがすぐ近くにとまるのを許している。離れて立っているのは何だかおかしく思えたので、私はドーゲンに挨拶するため近寄った。ドーゲンは私が近づいてくるのは許したけれど、こちらを見ないで食べている。そのまま二羽だけを残していなくなった方がいいと思い、また戸口まで戻った。食べ終えると彼らはまた同じ電線に飛んで戻り、そこにとまった。今度はお互いに十メートルくらい離れている。ドーゲンが悲しむようなガーガー声を上げはじめた。ぼんやりと、何か儀式的な雰囲気があった。呻き声を上げながら彼女は羽毛をふくらませ、首と頭を奇妙に旋回させた。時々、悲しげなガーガー声をやめ、少しコナーの方に近寄り、とまり、それからまたうめきはじめる。毎回少しずつコナーの方に移動し、コナーはほんのわずか、五センチくらい後退する。両者の間隔は次第に狭まり、今は三十センチほどしか離れていない。ちょうどその時、たくさんのオウムが庭に入って来て、コナーとドーゲンは電線を飛び上がり、ビワの木の中に消えた。

それから三日間、私はドーゲンとコナーを見なかった。それから、ある午後、デッキに出て食事をしていると、ドーゲンが降りて来て肩にとまった。彼女は友好的だったけれど、急いでいる。私たちは一緒に鉢から食べ、それから彼女は、ビワの木の隣りに生えているスモモの木に飛んで行った。数秒後、コナーが近くの枝に降り立った。それぞれ何分間か自分で身繕いしていたけれど、ドーゲンが飛び上がってコナーの枝に行き、そこでお互いに身繕いしはじめた。それが終わると、コナーがドーゲンに食べさせている。私のお気に入りの鳥が、ペアになったのだ。

しかし、ソニーはどうしたのだろう？　数日間ペギーと話をしていないので、ソニーがまだそこの辺りにいるかどうか訊くため電話をした。ペギーは、ソニーがツバキの木の中で攻撃された日以来彼を見ていないと言う。おそらく、それが最後の日だったのだろう。私は日記を読み返し、コナーが近づいてくるのをドーゲンが許したのは、その次の日であるのを確かめた。ということは、彼女は最後までソニーに忠実であったということだ。

束の間の幸せ

コナーとドーゲンは、毎日コテージに来るようになった。とはいえ、滅多に群れと一緒ではない。巣立ちが終わり、群れは再び寄り集まりはじめていたけれど、ドーゲンとコナーは別のコースを進んでいた。彼らは、群れと一緒にウォルトン・スクウェアで一日をはじめるらしい。しかし、朝、群れが庭の近くを通りかかる時、ドーゲンとコナーはみんなから離れて私のところに食べにくる。しばらくの間ドーゲンはスタジオの中に来なかった。しかし、久しぶりに中に入ってきた時、彼女はびっくりした。今や私は、七羽のオウムと一緒に暮らしている。ドーゲンは今でもスタジオは自分の場所だと思っていて、新しい鳥たちを部屋中追いかけまわした。自分の権威を確立すると、一番高いとまり木に飛んで行き、そこから自分の領分を眺め渡している。このオウムたちは家の中で何をしているのか？それは当然の質問で、その答えは悲しいものだ。

その年は、若鳥たちにとってとてつもない年だった。その前年の繁殖は大成功だったので、その結果、ウィルスであれ、あるいは何であれ、病気に感染しやすい赤ん坊がたくさんいた。春から夏まで、少なくとも九羽が倒れた。一緒に暮らしている七羽のうちの何羽かは私が手すりのところで拾い上げ、何羽かは外から持ち込まれ、一羽は行方を探さなければならなかったものだ。ソフィーは、ワシントン・スクウェアの木から落ちた。ホームレスの女性が見つけ、袋に入れてそれを売ろうと近所を歩きまわった。私のスライドショーを見たひとりの店主が電話をしてくれて、ホームレスの女性のしていることを教えてくれた。私はその女性を捜してノースビーチを駆けまわり、とうとうワシントン・スクウェアの後ろで彼女を見つけた。ソフィーはひどい病気で、彼女が渡してくれなければ死んでしまうことを彼女に説明した。ホームレスの女性は承知してくれたけれど、お金を必要としていた。何分間か押し問答をした挙げ句、やっと渡してもらった。値段は二十ドルだった。

七羽の病気の鳥を世話するのは大変だ。全部の鳥を世話するのに十分な籠のスペースがない。それで、彼らがスタジオの中をうろつくに任せた。よたよた床を這いずりまわり、小さなゴーカートのように絶えず方向を変え、互いにぶつかり合っている。私は夜明けから日暮れまで賢明に働き、群れに食べ物をやり、ノートをまとめ、ヘレンのための雑用に走りまわり、自分自身の臨時の仕事を同時にこなしながら、病気の鳥たちに食べ物を与え、治療し、掃除をした。群れに与えているヒマワリの種を病気の鳥たちに与えることはできない。――それは彼らには適当な食事ではない。しかし、彼らに必要な食べ物を買うお金がなかった。

ある日、オウムについて私が見た最初の夢、赤ん坊の鳥たちの大群に圧倒されてしまう夢を思い出した。その夢を見た時、私はその年の最初の赤ん坊たちの到来をほんの数時間早く予言していたことに印象づけられた。今やそれは、三年後に起こる出来事を予言していたように思われる。病気にかかった赤ん坊たちは私を圧倒し、私は自分自身の足に問題を抱えている。事態が極めて悪くなり、とうとう世間に助けを求めなければならなくなった。小さなニュースレターを貼り出し、寄付を募ったのだ。近所の人たちがやって来て、いくつかの新しい籠と正規のオウムの食べ物を仕入れることができた。それほどたくさんの病気の鳥を抱え込んでいることの唯一の利点は、彼らの羽毛をきれいにする面倒くさい仕事をしなくてもよいことだ。ほんの少しほかより健康な鳥が何羽かいて、彼らがみんなの羽毛を見苦しくない形に整えてくれたからだ。

秋いっぱい、ドーゲンとコナーは離れることがなかった。しかし、冬が近づいて、ドーゲンは一羽だけで家の中を訪ねてくるようになった。ほとんどの訪問は、ほんの束の間の挨拶と、私が何を食べているのか見るだけだ。その年はエルニーニョが特に厳しかった年のひとつで、雨の夜など、時々家の中で過ごした。コナーがドーゲンに呼びかけ、戻ってくるよう求めている。

しかし、もしも雨が強いと、彼女は拒絶した。朝になるとコナーが家の前にやって来て、再び彼女に呼びかける。ドアを開けると、彼女は出て行って彼に加わる。ある朝、いつもなら彼の呼び声が聞こえる時間を過ぎていて、私はドーゲンを肩に乗せ、一緒にコナーを探しに出て行った。ドアを開けると、高い雲の切れ間から朝の光が射し込んでいた。空気は冷たく水晶のように透明で、雲と雲の間の空は濃い青色をしている。コナーがいて、シルエットが浮かび上がり、電線の上で辛抱強く待っていた。彼の背後の湾の上を、一列のペリカンが飛んでいる。ドーゲンは私の肩を離れ、連れ合いのところに飛んで行って一緒になった。

私は、彼らが並んでとまっているのを見るのが好きだ。彼女の頭の赤と彼の頭の青がオーラを作り出し、見ていて楽しい。ソニーと違い、コナーは私がドーゲンを撫でたりキスしたりするのを嫌がらない。時々彼にキスした時も、尻込みしなかった。群れの餌やりの時、ドーゲンは種のカップのところに来て、コナーも何度かそれに加わった。以前は決してしなかったことだ。初めて私は、コナーが求愛するのを見た。二羽の鳥は眼を輝かせ、調子をそろえて丸く円を描く。彼がキャサリンやバッキーと一緒にいた時には、いつも何となく不満足そうに見えたけれど、ドーゲンと一緒だと、これまで見たどの時よりも機嫌よく見える。しかしながら、彼らの幸せは長続きしなかった。

ドーゲンとパコは、依然、種のカップを分け合うほどの関係は保っていた。しかし、パコとアマルウはお互いにあまりに似合いだったので、実際パコは、もはやドーゲンを必要としなかった。パコが野生のオウムになりつつあることを、私は幸いに感じた。一度、彼がすることを見て感心したことがある。彼は種のカップにとまっていて、その時群れが突然庭から飛び上がった。彼はみんなと行くのを躊躇した。群れは、いつも通り北にあるフィッシャーマンズワーフの方向に向かう。しばらく考え、パコも後を追うことに決めた。

しかし、北に向かう代わりに、彼は東に向かった。彼がカップを離れてすぐ後、群れは向きを変え、南東に向かった。両者は遠くの一点でピッタリ出会い、彼はそのままみんなと一緒になった。彼らが向きを変えるだろうことを示す兆候はまったくなかったけれど、なぜかパコは、群れが最終的に向かう方向を予期していたのだ。

オウムたちにすっかり馴れていたけれど、時として、彼らがそこにいるのは何と希有なことなのか、改めて思い知らされる出来事があった。コテージは相変わらず壊れ続け、餌をやる時立っているデッキの一角には、危険なほど柔らかくなっている場所がある。そこで、寒い、荒れた天候のクリスマスイブ、私は手袋をはめ、厚い上着を着て外に直しに行った。仕事をしていると、旅行者の一団がグリニッチ階段を上って来た。コテージに近づいてきた時、三十七羽もの大きなオウムの群れが庭に飛んで来て、コテージの真向かいのスモモの木にかたまって降り立ち、そこで騒々しい諍いをはじめた。旅行者たちはすっかり困惑し、大きな、びっくりした声で緑と赤の不思議な鳥たちについて話しはじめた。私はそのまま仕事を続け、説明しなかった。とてもすばらしい冗談のように思われた。クリスマスのオウム。

庭も、コテージと同じほどめちゃくちゃになってきた。デッキの隣のコプロスマは、ツタがはびこって枯れてしまった。といっても、オウムたちにとっては好都合だ。餌やりの間いつもとまるところを見つけるのに苦労していたのに、今やその枝が裸になり、手から餌を食べる鳥たちが大きなとまり木として使うのにちょうどいい。

エルニーニョは大量の雨をもたらし、屋根が漏りはじめた。さらに、湯沸かし器の底が腐って壊れ、壁の後ろ一帯が水浸しになった。私にとっては何ともぶざまな状況だ。家主さんと話し合ったことはなかったけれど、あきらかに私がここにいることは承知している。すでに、ゴミ処理代と電気、水道の料金を払ってくれていた。湯沸かし器についてとやかく不満を言っているように取られるのは本意ではない。それでも、そのことを知らせておくべきだろう。彼らに話し、自分は喜んで湯沸かし器の使用を差し控えるつもりだと付け加えた。しかし、彼らはそれを取り替えると主張する。何が起ころうと、思わぬ幸運に恵まれているみたいだ。

友人との別れ

サンフランシスコは、次から次にひどい嵐に見舞われた。最悪の天気の時、ドーゲンは家の中に来続け、コナーは抗議し続けた。ある午後、彼のしわがれ声があまりにもしつこいので、ドーゲンをドアのところに連れて行き、イライラしている連れ合いのところに行くよう勧めてみた。すでに雨はざあざあ降りになっていて、ドアを開けるとすぐ土砂降りになった。スコールに応え、群れは狂ったように叫びはじめる。ドーゲンも私の肩にとまって叫び、室内の病気の鳥たちも叫び、雨の音は太鼓を連打するように激しく鳴り響き、それもまた叫んでいるみたいだ。降る雨と霧の幕があまりに厚く、庭の中で見分けることができるのは、ぼんやり霞んだ、遠くにある薄紫色のコブシの花だけだった。やっと雨が小降りになり、ドーゲンは電線に飛んで行った。コナーは盛んに一緒に飛び去ろうとせき立てているけれど、彼女は去ろうとしない。それでコナーは、怒って飛んで行ってしまった。私は入り口に立って、彼女が思案しているのを眺めていた。コナーは遠くのどこかにとまり、また彼女を呼んでいる。突然、彼女は電線を離れ、彼を追いかけて行った。

二月初旬のある日の午後遅く、ドーゲンが家の中まで訪ねて来た。雨が降っていて、天気予報は特別強い嵐の到来を予報している。彼女はそのことを知っていて、一緒に嵐をやり過ごそうと決めたのだと思った。私たちは夕食を分け合い、それから彼女は、病気の鳥たちの籠のひとつの上にとまった。食事の間、いつになくもの静かだった。それで、私はじっくり彼女を検査した。何も悪いところは見つからない。私は、オウムたちと永遠に一緒にいられるわけではないし、いつか私も去らなければならず、ドーゲンの生涯だって何らかの形で終わりになり、私はそれについて知ることもないのだろうなどと考えはじめた。そして、彼女には特別目をかけてやろうと決心した。その夜私たちは、長い時間を一緒に過ごした。私の目に、彼女はとても美しく見える。彼女は小さなチェリーヘッドで、ものせ思いに沈んだような眼を持ち、明るい物腰で私を喜ばせようとしている。ようとしている。彼女の頭をさすり、首を撫で、再び自分がどんなに彼女を愛しているか改めて思い返した。この地上で、彼女以上に私が身近に感じられるものは誰もいない。それでも、彼女が行ってしまうことを残念には思わない。彼女が群れに戻り、連れ合いを見つけ、本来そうであるべく生まれて来た普通の野生のオウムでいられるなら私は幸せだ。

翌朝、ドーゲンはまたいつもの明るい自分に戻っていた。私はオートミールを作り、いつもより少し長くブラブラ過ごし、朝の飛行にやって来る群れを待っていた。彼女が夜通しそこで過ごしたことについて、ひとつ不思議なことがあった。嵐を避けて家にやって来たのだろうと思っていたけれど、嵐はこの地に来なかった。雨は降っていたけれど弱い雨で、通常なら彼女が喜んで耐える程度のものだった。群れの声が聞こえた時、彼女は床の上でオートミールを食べていた。私がドアを開けると、彼女は鉢を捨てた。ロープのジムの下を飛ぶと、ドアから飛び出てコナーと一緒になった。それが、彼女を目にした最後だった。

その朝遅く、私はオニヒバのてっぺん近くにタカがとまっているのを見つけた。その何日間か、近所の人たちがその木に巨大な猛禽がとまっていると話していた。人びとはその大きさに驚き、電話してきてくれたのだ。私はそれを見てみたいと思っていた――みんなの話からして、ワシだろうと思ったけれど、ワシをこの辺りで見かけたことはない――けれど、私が家にいる時には鳥は来なかった。今目の前にいるタカは、それほど大きくない。どんな種類のタカか分からなかったので、私は家に入って双眼鏡を持って来た。しかし、角度が悪くてタカがよく見えない。それで私は、隣りへ行き、今は誰も住んでいない古いコテージの木の階段に上った。私に言える限りでは、カタアカノスリで、珍しくはない。多分これは、みんなが見たといっているのと同じ鳥ではないのだろう。濡れて苔の生えた階段を戻りはじめた時、体の下で足が宙を蹴った。体が宙に浮き、右の肩甲骨から激しく地上に落ちた。地面を打った瞬間、何かひどく怪我をしたことが分かった。何とかスタジオに戻り、着ているものを全部脱いだ。温めることがよくないのは分かっていたけれど、痛くて我慢できない。シャワーに入り、肩にお湯を浴びせかけた。それから長椅子に横になると、熱っぽい感じがする。片方の腕がお腹のところに固定されたままで、何かが壊れているに違いないと心配になった。

　数時間後、群れが食べに来ても、外に出て行くことができなかった。無事な方の腕で体を持ち上げ、横の窓から外を見た。コナーが五、六十センチしか離れていないフーシャの木にいる。彼がその木にいるのは前にも見たことはあったけれど、しばしば行くわけではない。なぜかしら、悪い兆しのように思えた。膝立ちになってドーゲンを探したけれど、どこにもいない。今は雨も強くなってきていて、多分彼女は木の中で雨がやむのを待っているのだろうと考えた。カップルは一日中いつも一緒に過ごすわけではないし、心配しなければならないようなどんな理由もない。それなのに、何かが私に、ドーゲンはいなくなってしまったと告げていた。

　隣人のディックはお医者さんだったけれど、治療費を払えないので診察を頼むのは気が進まない。しかし、自分の肩が正しい位置に戻らなくなり、一生障害を抱えていかなければならない状況を思い浮かべてしまう。そこで、電話することにした。彼はやって来て私を診てくれた。何が悪いのか言わなかったけれど、大丈夫だと請け合い、薬をいくらかくれて、休むようにと言った。

一方の腕だけで家にいる病気のオウムたちを世話するのに忙しく、ドーゲンがいないことをあれこれ考える暇がなかった。肩と、凝った腕が痛い。それでも、群れがやって来て、餌をやりはじめた。始終ドーゲンがいないか目を凝らしてみても、どこにもいない。しばしば、タカにやられたのだろうかと考えた。ある本によると、タカは特定の鳥に目をつけ、何時間も後をつけまわすという。もしもタカがドーゲンを標的にしていたとすれば、なぜあの晩ドーゲンがあれほど物静かだったのか説明できるかもしれない。おそらく彼女は、自分の時間が尽きようとしているのを知っていたのだ。再び一羽だけになったことに、コナーはどんな明瞭な反応も示さなかった。私はしばしば、コナーはドーゲンに何が起こったのか知っているのだろうかと訝った。

ノアに手から最初の種をあげて以来、私は一羽の野生の鳥と親密な友情関係を築くという目標を掲げた。そして、ドーゲンによってその目標が達せられた。彼女は、私の群れとの体験の中心だった。彼女がいなくなってしまった今、私から何かが失われてしまった。手に触ることができるようなものは、何ひとつ残されていない。この物語を終わりに向かわせる時が来た。

スナイダーとスナイダー

　ドーゲンが姿を消して何週間か後、丘の麓に建つ大きなコンドミニアムに住んでいるひとりの女性から電話をもらった。一羽のオウムがフルスピードで窓に突き当たり、大怪我をしたという。引き取りに来てくださらない？　私は躊躇しなかった。グリニッチ階段をまっすぐ駆け下りて、コンドミニアムの受付ロビーに行った。管理人は待っているように言うと横のドアから消え、一分後、怪我をしたオウムを入れた靴の紙箱を持って戻って来た。前の夏にオリーブとギブソンの間に生まれたハイブリッドのうちの一羽、スナイダーだ。ほとんど意識を失い、仰向けになったまま腫れた眼を閉じ、鼻の穴から血を出してゼーゼー言っている。緊急の措置が必要で――まるで、溺れているように聞こえる――管理人にお礼を言うと、スナイダーの入った箱を持ってグリニッチ階段を駆け戻った。

　獣医に連れて行く時間がないし、ほかにどうしていいのか分からない。鼻から出ている血が乾いてくれないかと願いながら、スナイダーをヒーターの横に置いた。魔法が働いたみたいだった。翌朝彼は随分元気になり、壁から突き出た補強材の端っこにとまらせることができた。とはいえ、そこにとまったままだし、嘴に大きな痣がある。そうした痣は前にも見たことがあった。多くの鳥と同じく、オウムもしばしば窓に激突する。時として生き延びることもあるし、死ぬこともある。スナイダーは、幸運な鳥の一羽になりそうだ。

　翌朝彼は食べはじめ、悪かった眼も少し開いてきた。それでも、依然足元はふらふらしている。三日目、さらにきびきびしてきたので、籠に入れ、家族が訪問できるよう外に連れ出した。父親のギブソンと妹のウェンデルが籠にやって来て彼を眺め、一方、籠を知っているオリーブは距離をとっている。スナイダーは彼らがいることに気がつき、初めて自分が格子の背後にいることに怯えた様子を見せた。格子を咬みはじめ、逃げ出す方法を探っている。四日目までに、眼はほとんどすっかり開き、充分元気そうに見えたので、放してやる時が来たと決めた。

スナイダーを放して二日後、外のグリニッチ階段に出てまたも自分の人生についてくよくよ考えていた時、ひとりの男を見て心臓が飛び出しそうになった。ゲーリー・スナイダーだ。五十メートル近く離れていたけれど、彼だということはすぐに分かった。私の最初の衝動は、コテージに駆け込んで彼を避けることだった。彼のことはこの上なく尊敬していたから、言葉を交わすのが怖い。しかし、私の別の部分は、その機会を逃すことを許さなかった。階段を一歩脇にそれて彼が近づくのを待っていると、一歩一歩近づいてくるごとに不安が募って来る。声が届くところに来た時、私は不安を吹き飛ばし、モゴモゴわけの分からないことを言いはじめた。

「こんにちは！　あなたが誰か、知ってますよ。……ここで会うなんて……驚きです。これ、ボクがしてるんです、あの、その、まあ、あなたにも責任があって……。でしょう、ボクは、ボクは、昔あなたの本を読んでいて、それで、……ああ、ボクは、ドキドキしていて……」

彼は幾分煩がっているように見えたけれど、我慢してくれた。世界中の何千、何万という人に知られているのだから、モグモグ言っている間抜けに出会うのもこれが最初でないことは確かだ。しかも、ゲーリー・スナイダーは名声に酔い痴れることなくやってきた人だと思う。

誰かの名声に圧倒されるなんてことは子どもっぽいことだし、彼を尊敬しているのだし、自分をしっかり保ち、誰かほかの人に対するのと同じように彼に接しようと話しはじめた。丘にオウムがいることについて知るのは興味があるだろうと判断し、その話をした。

「ああ、分かっている。誰かが教えてくれたんで、それを探して、こうやって登って来たってわけだ」と彼は言った。

自分はその群れに関する権威だと、私は自己紹介した。それで彼は質問をはじめ、私が答えた。何だかおかしな立場だ。私は彼に、ほんの少し待っていたらオウムの群れが間もなくやって来るだろうと告げた。いつ来るかは分からないけれど、今はくつろいだ気分で、そのまま会話を続けたかった。

待っている間、彼の著書がいかに自分にとって大事なものであったかということ、実際彼は私の人生の道筋に大きな影響を与えてきたことを話した。

「あなたの本を読むまでは、どんな鳥も、どんな木も花も、何と呼ばれているのかまったく知りませんでした。今は、その名前を学んでいます」

彼は微笑んで、頷いた。「それが、せめてもの礼儀っていうものさ」

鳥類学者たちと繋がりをもってきたか、彼は尋ねた。私は、何人かの人たちに話したことはあるけれど、あまり関心がなさそうだったと答えた。それから、一般的にいって科学者に対しては何か馴染めない気持ちがあると表明すると、彼は、いい人間もいると請け合った。個人的に知っているいい科学者もいると言う。

突然群れが到着した。私は家に行って、皿と種のカップを取ってきた。あるオウムはコプロスマの枝にとまって手から餌を食べ、ほかのオウムは肩にとまったりカップの縁にとまる、いつもと同じ餌やりだった。それを彼が眺め、私は何が起こっているのか次々にコメントする。彼らはペットじゃなく、私が自分に馴れさせた野生の鳥だと説明した。

「半分馴れさせた、だろう」と、彼が私の言い方を訂正した。

私も同意して頷いた。

結局それは、ほんの短い餌やりだった。始まってわずか数分後、群れは食べるのを止め、ガーガー声を立てはじめ、そうしながら頭を片方に傾け高い空を見つめている。突然、大きな叫び声を発し、一斉に庭から飛び立った。

「なぜ飛んで行ったんだ?」と彼が訊く。

「おそらく、辺りにタカがいるんでしょう」。この辺りに一羽いることは、はっきり分かっている。しかし、スナイダーは物事に正確な人間だし、危ない橋は渡りたくなかった。

しばらく話を続け、その後私に名刺をくれて、何か面白いことが起こったら知らせてくれるようにと言い、それから立ち去った。

奇跡的な瞬間

彼が現われる直前私は落ち込んでいたけれど、スタジオに戻る時はハイな気分だった。数分後、私はデッキで盛んに翼をバタつかせている音を聞いた。急いで走り出ると、ギリギリでクーパーハイタカがアメリカデイゴの木の背後に消える姿が見えた。ナゲキバトの羽毛のかたまりがあちこち散乱している。まさしく、デッキのその場所での攻撃。普段ないことだ。

ゲーリー・スナイダーに出会った興奮のあまり、ほんの二日前、彼にちなんで名づけた鳥を放したばかりであることを話すのをすっかり忘れていた。そのことと彼の訪問との間には、大きなシンクロニシティがあったのだろうかと考えずにいられなかった。

数年に渡り、彼と私の人生の間にあるたくさんの平行関係を発見してきていた。スナイダーは、オレゴン州ポートランドで育った。私の故郷ワシントン州バンクーバーとは、コロンビア河を隔てた向かい側だ。少年の頃私はバンクーバーの地平線に見える雪を頂いたふたつの峰、セントヘレンズ山とフッド山に魅了され、彼はその両方に登っている。私が生まれた頃彼はサンフランシスコに向かい、テレグラフヒルの、グリニッチ階段からわずか三ブロックしか離れていない場所に移り住んだ。私たちは両方、シアトルに住んだことがある。彼はギフォード・ピンショー国有森林公園の遊歩道管理隊員として働き、そこは、私が少年の頃歩くのがとても好きな場所だった。彼は、ジャック・ケルアックが『ダルマ・バム』の中で描いたマリン郡の辺鄙な一角にある小屋で暮らし、偶然私は何度も自転車でその小屋のある場所を通ったことがあることを知った。そして、もちろん、東洋の宗教に対する彼の関心。

まるで、私が辿った道の多くは彼が切り開いてくれたようなものだ。そのどれも、鳥に関わり合うようになるまでは意図的に辿ったものではない。つまり彼は、巧まずして私の先生のひとりになっていた。私はたった今、一種の卒業式を経験したように感じられた。多分、オウムとの私の時間は、本当に終わりに近づいているのだろう。

五十年代、スナイダーは、『終わりなき山河』という題の、一冊の本の長さの詩作を開始した。何年にも渡ってその抜粋を出版し、その計画を完成するのに四十年かかった。私が彼に出会った二年前にそれは出版され、文学の世界の大きな出来事となった。私の人生のいつの時とも同じく、それが世に出た最初の日に手に入れるはずだったけれど、あまりに群れのことにかまけていまだに読んでいなかった。それで私は、シティ・ライツ書店まで歩いて行って一冊買い、歩道でそれを取り出すと無作為にその中の一頁を開いた。目が止まったところに、道元禅師による「絵に描いた餅」という文の翻訳があった。

昔、覚者が言った。「絵に描いた餅は、飢えを満たさない」

道元評して：この「絵に描いた餅」という言葉を見聞した人は少なく、ましてや、それをすっかり理解した人はいない。

餅を描く顔料は、山や水を描く顔料に等しい。もしも絵は実にあらずと言うなら、物質的な世界は実ではないし、仏法も実ではない。

無上の悟りは絵である。存在世界も虚空も、絵でないものはない。

であるから、絵に描いた餅でないのなら、飢えを満たす薬ではない。絵に描いた飢えなしに、真の人間になることはない。

彼が何を言っているのか、私にはさっぱり分からなかった。

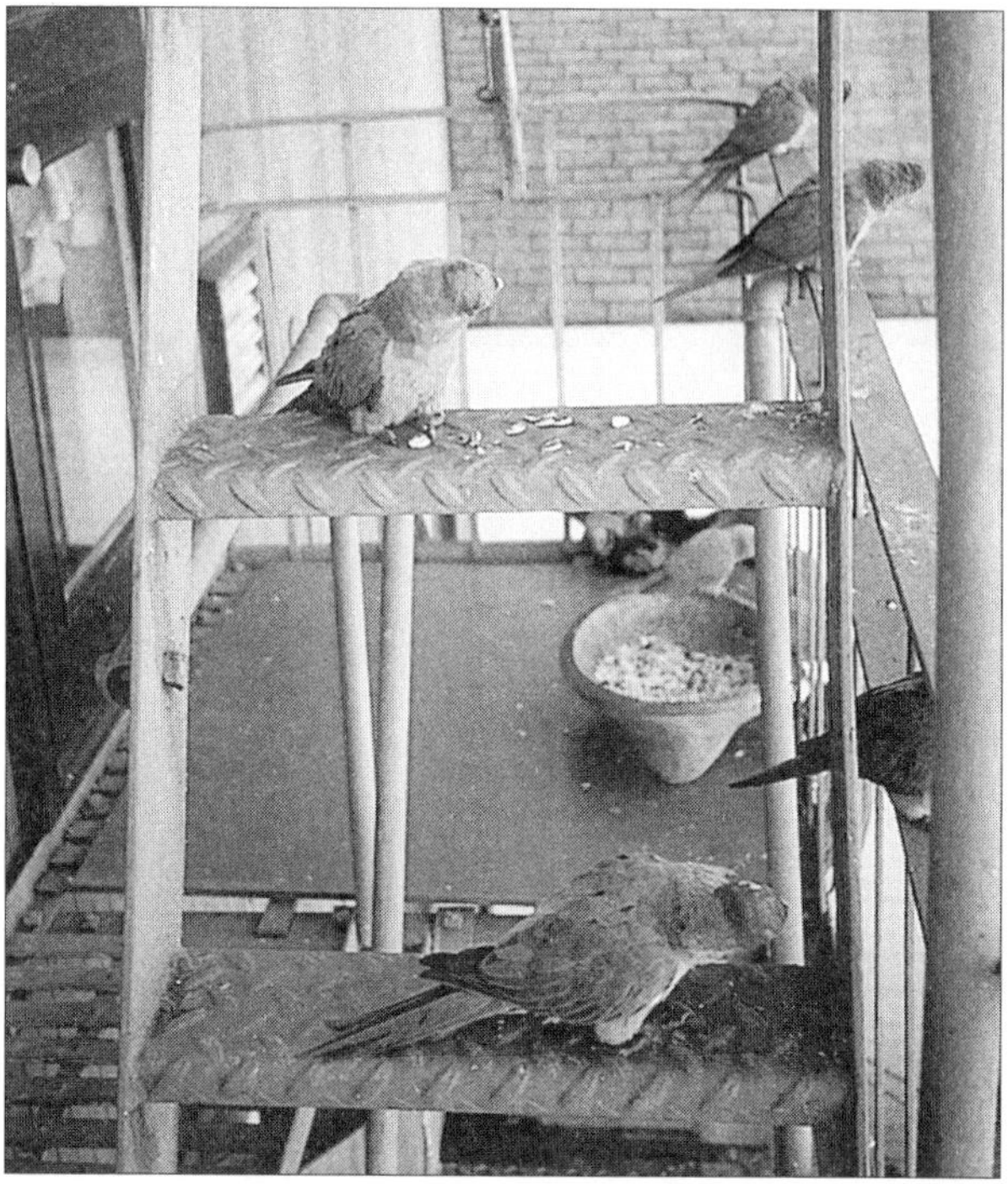

流れにまかせて

肺気腫の症状が悪化するにつれ、ヘレンはますますグリニッチ階段の上り下りに苦労するようになった。認知症の症状も現われ、次第に状況がむずかしくなってきて、親戚は老人施設を探さなければならなかった。彼女はコテージにほぼ四十年近くひとりで住んできていたので、引っ越しという考えは彼女を怯えさせた。彼女と私とは、考えうる限り最大限違った人間だったし、何度か非友好的な政治上の会話を交わしたこともある。しかし、相互に依存し合い、そのことで互いに対する尊敬の念が生まれていた。彼女は自分の姪に私のことを、「共産主義者なのよ、でも、いい人間」と話していたそうだ。彼女と彼女の持ち物を引き取りに人びとが来た時、彼女のことを痛ましく思った。彼女は、丘を去って間もなく亡くなった。

ヘレンが引っ越した後、家主のトムとデニスは気軽な会話のため上の家に招いてくれた。ヘレンはボロボロのコテージに住むことに満足していたし、彼らも彼女にそこにいてもらいたかった。しかし、今、彼女が暮らしていたユニットは空になっていて、そこを改修する以外選択肢はないと彼らは感じていた。ということは、全体を持ち上げて新しい土台の上に置き、水道、ガス、配線、それに事実上すべての板を取り替えるということだ。その工事が行なわれている期間、私がそこに住んでいることは不可能になる。どこか新しい場所を探さなければならない。彼らは、まるで私を追い出す機会に利用しているようで盛んに申し訳ながったけれど、私の方は構わない。今の場所にへばりついていることに飽き飽きしていたし、何か解決が欲しかった。工事をはじめるまで何ヶ月かあるので、それまではそこにいてもらって構わないと彼らは言った。

ほかのことと共に、私の家にいた鳥たちにも変化があった。その中の一羽は外に放し、群れに戻してやることができた。別の一羽は、病気で死んだ。ある日、全部の鳥籠を外に出してやった時、ソフィーと彼女の籠仲間チョーンシーが留め金をつまみ上げて逃げ出した。チョーンシーはそれから長く生きなかったけれど、ソフィーは家のまわりにいた。彼女は小柄で、神経組織をやられているせいで不安定だった。それでも、意志が強かった。確固たる気力で、群れの中に居場所を維持していた。

しばらくの間、残ったのはギンズバーグ、アンディットトソン、ヨセミテの三羽だけになった。それから、四羽目、ミンガスを迎え入れた。ある日外で餌やりをしていると、一羽のチェリーヘッドが必死に花をちぎって食べているのが目に入った。デッキにやって来た時、彼が新しい鳥であることを発見した。野生状態にいたのを捕まえられたチェリーヘッドで、私のところにいても寛いでいたから、明らかに何年間もペットだったのだ。ミンガスが逃げて来たのかどうか、おそらく誰かが追い出したのだろうと思う。私が何なのか分かると、彼は家の中に来はじめ、出て行こうとしなかった。前の飼い主がどうして捨てようとしたのか、容易に想像がつく。ミンガスは、ソニーに比べても、もっと意地悪だった。絶え間なくほかの鳥を攻撃し、私を何度も咬んだ。怪我をした骨盤がきちんと治らなかったせいで片脚を大きく引きずり、飛ぶ時も右の翼が垂れ下がっている。脚が悪いせいで、外で自由にしているのが好きではなかった。彼には大変すぎるのだろう。私は一度、彼を追い出そうとやってみた。フォート・メイソン——一キロ半以上離れている——に連れて行き、そこに放したのだ。しかし、家に帰り着くのは彼も私もほとんど変わらなかった。ある午後、ギターを弾いていて顔を上げると、ミンガスがピッタリ音楽に合わせて頭を動かしているのが目に入った。メトロノームのように頭を前後にスウィングさせ、ヒップスターのようにそれを激しく上下に振っている。それ以来、彼を追い出そうとするのを止めた。彼は人を怒らせもするし、魅了もする。ちょうどジャズのベース奏者・作曲家、チャールズ・ミンガスのようだ。まったく彼にはやられてしまった。彼は、私が演奏するたびに、ほとんどいつもこの踊りを踊った。

群れへの餌やりが人目につくところで行なわれてい

るせいで、もはや自分ひとりだけ鳥たちと一緒にいることはめったになくなった。私のしていることをますます多くの人が耳にするようになり、小さな観客たちを惹きつけはじめた。決まった常連がいて、彼らがまた友人を連れてくる。餌やりを見たい人たちから、予約の電話をもらうことさえあった。ある日、ひとりの女性からそんな電話を受け取った。スライドショーを見に来たロレッタという名の人で、マリアという従姉妹を連れて来たいと言う。ノースビーチに長く住んでいたことがあるなら、おそらくマリアを知っているだろうとロレッタは言った。マリアというのは、私がかつてただで食べ物をもらっていた、あのベーカリーのイタリア人女性のひとりだ。マリアが来てくれるなんて光栄なことだとロレッタに告げ、なぜなのか、誰にも話したことなどなかった私の人生のその部分を彼女に説明した。

群れは、来るだろうと思われる時間には滅多に来なかったし、春になって、いつも大勢で来ることも当てにできない。しかし、マリアが訪ねてくれたその日、群れは時間通り、勢揃いでやって来た。姿が見えないのは、コナーだけだった。私はその日をマリアにとって特別な時にしたかったし、オウムたちは格別生き生きすることで私の願いを叶えてくれた。食べた後立ち去る代わりに、木から木へ飛び移り、逆さにぶら下がり、おかしくなったようにペチャクチャ話している。彼女はデッキに立って、目の片隅でマリアを見ていた。彼女は大きく微笑み、これまでもオウムがたくさんの人びとにもたらすのをずっと目にしてきたのと同じ子どものような驚嘆の眼差しを浮かべていた。私が昔、パンをもらいにやって来た薄汚れた若者だったことを覚えているかどうか分からない。何年か後に彼女がコーヒーショップを開き、そこで私がイタリア語を教えていた時以降のことは、覚えているはずだ。いつもあのベーカリーの女性たちには感謝の念でいっぱいで、お返しに何かできて幸せだった。

コナーがいないのは異常なことではない。彼はますます、群れからも、私からも離れるようになっていた。その必要があると思った時は、私はいつも彼を家の中に連れて行き、体をきれいにしてやった。しかし、彼はそれが嫌いで、誘拐してきれいにする、そんなことをして以降私が触れるのを許さなくなった。時には、近づいて行くだけで飛び去ることさえある。とはいっても、だからどうだということはなく、彼の好きなようにさせた。

春の到来と共に、お気に入りの鳥たちがいなくなりはじめた。アマルウが、その年いなくなった最初の鳥だった。何が起こったのかは分からない。その後、パコはしばらくコナーとチームを組んでいた。奇妙な組み合わせで、長くは続かなかった。パコもまた、その夏消えた。アマルウの場合と同じく、病気や怪我の兆候は何もなかった。ある日、忽然といなくなってしまったのだ。ほとんどの野生の鳥は相対的に生存期間が短いし、彼らがいなくなってしまうことに馴れっこになっていて、私の反応は、心から愛していた鳥たちの場合さえ、しばしば日記のひとつの記事以上のものではなかった。

その夏起こらなかったことがひとつあって、おおいにホッとさせられた。ウィルスで倒れた若鳥が、一羽もいなかったことだ。多分、何が病気の原因だったにせよ、免疫性が育ってきたのだろう。死んだ鳥がいなかった結果、ヒナたちが巣立った時、その夏の群れの個体数はそれまでより遥かに大きくなった。前年の繁殖期、成功率は半分ほど――ヒナが九羽――だったけれど、この年はそれまでで一番だった。少なくとも、十九羽が巣立った。ある日正確に数えられる機会があって数えてみたら、全部で五十二羽いた。群れがひとつのグループになって全力で頭上を初めて飛んだ時、その光景と音は私を浮き立たせ、一緒になってちょっとした踊りを踊ったほどだ。笑い、手を叩き、大声で叫びかける。いつも自分は群れの成長に責任があるとは信じていないと言っていたのに、その瞬間の私は、まさしく魔法使いの弟子の同族のように感じていた。

新たなプロジェクト

九月半ば、ドキュメンタリー映画を製作しているジュディー・アービンという人物から電話をもらった。彼女は友人から私の話を聞き、映画を作る可能性について話したいと言う。私は常々、誰か、ちょっとした映画やビデオ作品を作りたいという関心を持ってくれる人がいないだろうかと思っていた。それまでそんな話をしてくれた人はふたりいたけれど、どちらも進展しなかった。喜んで会うとジュディーに伝え、翌日会うことにした。

電話を切った時は有頂天だった。しかし、その夜遅くなって、次の考えが浮かんできた。見ず知らずの人に家の中を見られるのは居心地が悪い。家は狭いし、中は奇妙なものがいっぱいのゴミ捨て場だ。いくつもの籠、ロープのジムとその下に敷いた新聞紙、床いっぱいに散らばった種の殻、カビだらけのタンスにしまうわけにもいかず本棚に積まれたままの衣類、ミルクを運ぶ木箱とドアでできた机、真ん中がたわんで床につきそうになっている最近手に入れた長椅子、てっぺんにサビが折り重なってついている冷蔵庫、出しっ放しの台所道具や貯蔵食料。ほとんどの人の目に、自分が変わり者に見えることは分かっている。だから、自分のことについては誰に説明する必要もないという立場をとってきた。しかし、映画を作る女性を手助けするとなると、彼女が自分の生活の中に入り込んでくるのは避けられないだろう。私の生活状態にゾッとするだけではなく、私の考え方や群れに対してしていることに疑いの目を向ける、如才ない、鼻っ柱の強いマスコミ関係者タイプの女性をあれこれ頭の中で想像しはじめた。自分は映画を作りたいと思っているかどうか、定かではなくなった。

翌日ドアに現われた女性は、頭で思い描いていた怪物とまったく違って見えた。ジュディーは背が高いスポーツウーマンタイプで、白髪まじりの黒髪は肩まであり、おばあちゃんのような眼鏡、ブルージーンズ、ハイキングブーツ、インディアンスタイルのチョッキを着ている。外見はヒッピー的な傾向、あるいは、少なくともヒッピー的な過去を示唆していて、少しホッとした。快活で、しかし、事務的でもある。すぐに仕事の話になった。彼女の業績はすばらしいものだ。スタンフォード大学の映画製作プログラムを修了し、二十五年間、映画で生計を立ててきた。パートナーと一緒に『ダーク・サークル』でサンダンス映画祭とエミー賞、両方で最優秀ドキュメンタリー大賞を獲得した。原子力発電と原子力兵器産業の間の結びつきを暴いた作品だ。

正確なところ私が何をしているのか彼女に尋ねられ、説明がむずかしかった。鳥たちと一緒でない場面で自分が何をしているか客観的に記述しなければならない、といったことはほとんどなかったから、それを言葉にするのにちょっととまどった。彼女の注意が漂いはじめるのが感じられる。一方ではますます言葉にならないのを感じながら、自分の力だけで会話を進めていかなければならなかった。彼女は何か別のことに気をとられているみたいだ。とうとう、群れが救助にやって来て、私たちは外に出た。餌やりが確実に氷を溶かしてくれるだろうと期待した。ほとんどの人は興奮するか、少なくとも微笑む。しかし、ジュディーはポーカーフェイスのまま、ほとんど何も言わなかった。隙間を埋めようと、私は話しに話す。しかし、すべて坂道を下り続けるだけだ。鳥たちが去った後、「改めて考えてみる」と彼女は言った。私は、二、三ヶ月後にはそこを立ち退かなければならないことを告げた。とにかく、万事何もなかったということだ。彼女は改めてまた来ると言ったけれど、「それはどうだか」と私は考えた。

数日後、ジュディーが電話してきた。見かけとは反対に、興味を持ったらしい。しかし、いくつか問題点を見つけていた。

「映画作りには、企画から完成までたくさんの時間がいるの。私の映画会社は非営利組織だから、投資家というより、篤志家からの寄付で資金繰りをしなければならない。あなたが引っ越さなければならない時までに、撮影を開始するのに必要なお金さえ集められないかもしれない。肝腎なのは、次の映画は自分自身の企画でやりたいって思っていること。それには、私の時間と労力を大量に注ぎ込まなければならなくなる。で、有り体に言って、あなたが鳥に餌をやっているだけで映画になるとは思われない」と、彼女は言った。

「そうだなあ、僕だって、むしろ映画の中に映っていたいとは思わない。鳥たちについての映画にしたい。個々の個性についてだけでも、何か面白いものが作れると思う。鳥たちを一羽一羽知るようになったら、彼らはうっとりするほど面白い」

「そのことについて、私には何とも言えないわ。どの鳥もみんな同じように見えたし。もしも、実際に現場で観察する人たちの目に同じように見えるとしたら、映画の観客たちにどうやって違いが分かるっていうのかしら。とにかく、たいていの人たちは、動物より人間たちの方にもっと興味を持っている」

「それで、どうしたいっていうわけ?」

「そうね、今考えているアイデアがあるの。私、実験的な演劇教室の子どもたちを知っている。子どもと鳥たちの間で展開する何かを創り出す、ってことを考えている。短いフィクション映画ね。もしも、子どもたちが何人かあなたと一緒にデッキにいたら、オウムたちは協力してくれるかしら?」

「分からない。僕がそこにいる限り、問題はないだろうけれど」。彼女のアイデアにはそれほど乗り気でなかったけれど、そんなことはどうでもいい。どんな種類の映画になっても構わない。私はただ、鳥たちと私との思い出を残しておきたかった。ジュディーは、子どもたちの先生と話してみてあれこれ検討し、それからまた連絡すると言った。

映画作りは、なかなか本格的に始まらなかった。コテージの改修も同じだった。日取りは絶えず先延ばしされる。その間、ジュディーは少しのお金を集め、何度か餌やりのシーンを撮った。仕事が進むにつれ、彼女はオウムに対し、またオウムと私の関係に対し、何かの感じをつかみはじめていた。初めて会った時、彼女は仮面をかぶっていたか、あるいは私が彼女の本当の姿を見ていなかったか、どちらかだということが明らかになった。餌やりが彼女を虜にした。それは彼女を、少女だった頃に祖父が野生のコガラに手から餌をやることを教えてくれた時間に引き戻した。彼女は祖父を愛していて、子ども時代の最も好きな思い出のひとつだった。一緒に仕事を続けていくにつれ、私は彼女の反応を身近に眺めるようになった。彼女は絶えず映画的な立場から評価を下したけれど、私をどうこう評価していると感じたことはない。彼女を信頼することは容易であることが分かった。

ジュディーの当初の資金集めの努力はうまくいかなかった。主観的な事柄は、たいていの基金のガイドラインから外れてしまう。映画の制作費を個人の寄付に頼らなければならないのは、むずかしいやり方だ。彼女は、資金集めを投げ出すことに決めた。そして、近隣の組織「テレグラフヒル住民の会」に連絡を取って、会が映画のスポンサーになることに同意してもらった。彼女は地域の劇場を予約し、私はその時のための特別スライドショーの準備をした。

近所に『サンフランシスコ・エグザミナー』紙の編集者をしている女性がいて、ある日私のところに立ち寄り、記者たちと話せるかどうか尋ねた。資金集めには宣伝広告が必要だ。それで、「いいですとも。記者さんに、ここに来てもらってください」と答えた。記者がやって来て私と長いおしゃべりを交わし、とてもうまくいった。しかし、インタビューには当惑させられた面もあった。彼の質問のほとんどが、私についてだったのだ。オウムについて聞くためやって来たのだと思っていたし、何度も話をそちらへ向けようと舵を切った。彼が去った後、『サンフランシスコ・エグザミナー』紙がカメラマンを送り込んできて、しかしその日は特に稀な、群れが姿を見せない日のひとつだった。記事と一緒に写真を使うとしたら、少なくとも何かないといけない。それで彼は、私が家の中でヨセミテとミンガスを手にとり、かわいがっている写真を何枚か撮った。

翌日、サンサム通りを歩いていて、たまたま新聞スタンドに目をやって自分が見たものに狼狽した。ヨセミテを手に持ち、その頭のてっぺんに鼻を押しつけている私の大きなカラー写真じゃないか。見出しには、「群れへのサヨナラ命令」とある。私が予想していたのは新聞の後ろの方の小さな記事で、一面の特集記事などではない。一部買って、その場で読んでみた。記事の主意は、私が群れを残して出て行かなければならないということ。本質的には正確と言えるけれど、ヨセミテを手にした私の写真にしても、群れは私を訪ねて家の中までやって来て、私は自由に彼らを手にすることができる、といった印象を与える。家へ帰る途中、ずっと、新聞スタンドから私の顔が私を見ているのが見えた。それは、とても、とても奇妙な感覚で、特に、何年間も実質的に隠遁者だった人間にとってはなおさらだった。

家に帰り着くと、留守番電話の明かりが執拗に点滅している。AP通信社がその記事を配信することに決め、自分たち自身が撮影した写真をほしがった。すぐに電話を頂けますか？　AP通信のカメラマンが帰った後、地方のテレビ局から電話があり、それをニュースにしたいと言う。そのまた翌日、『ニューヨーク・タイムス』の記者がサンフランシスコへ向かう途中AP通信の記事を見て、飛行場に着くや否や電話して来た。CNNがタイムスの記事を見て、それを番組にしたがった。そうやって、ひたすら雪だるま式に事態は展開した。一日四件か五件、同じような電話を受け取った。サンフランシスコ湾地域のすべての新聞と、テレビと、ラジオ局が記事をほしがった。さらには、ロイター通信と、雑誌『ピープル』と、『ロサンゼルス・タイムス』、BBC、ナショナル・パブリック・ラジオがそれに続いた。

最初私は、ユーモラスに感じていた。よく知られているらしいテレビ・トークショーのプロデューサーが、飛行機でロサンゼルスに来てほしい、しかも、オウムを一羽連れて来て空中で芸をさせてほしいと言う。鳥たちは実際のところ野生であることを説明すると、「ああ、そう」と言って突然電話を切った。テレビを持ってもいないので、私に話をさせたがっているショーやネットワークの半分は名前を聞いたこともない。

事態は、すぐに手に負えなくなった。止まる気配がなく、自分の時間をとられることに苛立たしさを感じる。最も気まずかったのは、家主さんが、新聞に寄せられた手紙の中で中傷されたことだ。私がコテージから立ち去ることが、強欲な地主と開発業者たちがサンフランシスコの品性や特質に対してなしていることのひとつの例として取り上げられていたからだ。私自身、この都市で起こっていることに対しては、みんなと同じく反対する。しかし、私の状況は、それとは無関係だ。私は、トムとデニスを擁護する手紙を何通も新聞社に書かなければならなかった。

こうした騒動は大きな注目と群れへの善意を呼び起こし、市長とサンフランシスコ理事会を動かした結果、基金集めの日は「野生オウムの日」と宣言された。劇場では、行列がブロックの角を曲がるほど続き、何百人もの人が入場できずに引き上げなければならなかった。何であれ、そんな展開に巻き込まれるのはそれなりに浮き浮きする。ショーでは、自分にできるものすべてを出した。聴衆を、それぞれの心配事や悩みを持った個々の鳥としてのオウムと私との経験に引き入れようと努めた。ショーは大成功で、人びとは寛大に寄付に応じてくれた。ジュディーは、本格的な撮影を開始するのに必要なフィルムを購入することができた。

私がそこにいる限り、オウムたちは撮影クルーにも、子どもたちにも完全に寛いで接してくれる。三人の子どもたちを撮影した後、ジュディーは鳥と私だけの場面をいくつか撮った。個々のオウムに親しんでくるにつれ、映画についての彼女の考えが変わりはじめた。

子どもたちの部分はうまくいったけれど、ますます私と群れとの関係に興味を持ちはじめたのだ。さらに、私が彼女に話した筋書きも気に入った。少しずつ、映画に関する彼女のアイデアは、子どものための短編から、私と群れとの友情についての長編ドキュメンタリー映画に変わっていった。彼女は、新しいアイデアを肉付けする一連の集中的な撮影を開始した。

サウンドトラックのための材料を集めるため、ジュディーはナレーション用に私へのインタビューをはじめた。絶えず、テープレコーダーがオフになっている時でさえ、質問を浴びせかける。鳥についての新しい物語を作りたいと考え、私の暮らし方についてはっきり話をさせたかったようだ。それについては誰とも話したことがないし——私にとっては、単なる会話のネタなどではない——適切な言葉を見つけるのが大変だった。ジュディーは人生のほとんどの期間専門職についていたから、どうして話したことがないのか、理解できなかった。アメリカ人は、まともな仕事に就いていることを、ことさらたいしたことだと考える。それで、その質問がくるなと感じると、いつもたじろいでしまう。しどろもどろ、私は、仕事は好きだけれど自分が絶対的に信じていないことには身を投げ出して打ちこむことができない、と話した。また、お金をもらわない仕事なら山ほどやってきたことも付け加えた。それでも、決して彼女を満足させる答えにはならない。次第にそんなやりとりが、私たちの間の冗談のようになってきた。彼女は、いつということもなく突然私の方を向いて言う。「いいわ、じゃあ、もう一度話して。あなたは、なぜ仕事に就くことを拒絶するの?」。資金集めは大成功だったし、映画にはたくさん私の時間をとることになるし、ジュディーは、私に顧問料を支払うことができると考えた。四ヶ月間、月七百ドル支払うという申し出で、それは、私が臨時雇いの仕事でもらう一年分に相当する。私の方もさまざまな片手間仕事に燃え尽きそうになっていたところで、最初の小切手を渡してもらった時、自分に舞い込んでくる仕事を全部断ることにした。

物事は進む

コテージを改修する日取りがやっと決まり、九月半ばから工事が始まることになった。その後どこに行くか、何も考えていない。オレゴン州南部の田舎に行きたいなあ、といった望みをぼんやり抱いていたけれど、映画のためにしなければならないことがあまりにたくさんあり、実際に立ち退く準備を何もしていなかった。ただひたすら、事態がうまく運び、コテージを明け渡さなければならない直前になればどうにかなるだろうと願っていた。

引っ越しする前にしておかなければならないことが、ふたつあった。メディアの大嵐の間に、サンフランシスコ動物統制福祉委員会にオウムを心配する人たちからの電話が殺到した。スタジオの中でヨセミテを手に乗せている写真は、読者たちに、群れは家の中にまでやって来て、生き残りを私に依存しているかのような印象を与えていた。絶えず人びとにオウムたちは私の助けを必要としていないことを明言してきたのに、誰もそれを信じない。市には、私がいなくなった後どうすればいいか、たくさんのアドバイスが寄せられた。ある人たちは、群れを罠で捕らえ、動物園に送るか、飼い主を見つけるかするべきだと考えた。別の人たちは、テレグラフヒルに餌置き場を設置し、機械にコインを投入して餌を受け取り、各自が餌をやるように提案した。もっとも、群れがその場所に行くとは考えられなかったけれど。また、オウムは駆除されるべきだと信じる、教条主義的自然の原形保存主義者もいた。

委員会は私の意見を求めた。私は、市はオウムたちを勝手にさせておくべきだと提案した。オウムたちは助成金を必要としていない。彼らは十分環境に適応した野生の鳥で、自分たちだけでやっていける。私の懸念は、どんなプログラムであれ、どれほど好意に基づいたやり方でも、結局は鳥たちを籠に入れてしまうに至るだろうということだ。だから、そうしたプログラムには断固反対だった。私の理解では、動物に対する虐待を禁じた法律はオウムにも適用される。しかし、原生の鳥たちには適用されているのと同じ、捕獲を防ぐ決まりにはなっていない。それで、私が望むのは、同様の法的保護を与えてほしいということだけだった。費用がかかるプログラムを求めなかったことに満足し、委員会は私が望んだような保護をオウムが受けることができるかどうか、検討してみようと言ってくれた。

もうひとつしなければならないことは、世話をしている四羽の鳥の家を見つけることだ。四羽とも、放鳥できる状態ではない。その数ヶ月前、捨てられたり虐待されたりしているオウムのためのサンクチュアリーを運営するネイト・ロットゥとベッツィー・ロットゥ夫妻から、もしもほかに解決策が見つけられない場合、彼らが引き取ってくれるというe－メールを受け取っていた。ジュディーと彼女のパートナーがバンを貸してくれて、私たちはロットゥ家にオウムを連れて行った。彼らにさよならを言うのは悲しかった――特に、ミンガスはとても好きになっていた――けれど、ほかに選択肢はない。喜んで引き取ってくれる人がいて、私は幸運だった。

その夏中、ジュディーは物語を語るために必要だと考えるすべてを撮影しようとした。いったんコテージの改修工事が始まったら、撮り直しは不可能になってしまう。そしてついに、九月の頭、彼女は全部撮影できたと確信した。その後で、彼女はすばらしいアイデアを思いついたのだ。

私は、彼女が「巣立ちへの誓い」と呼ぶものをやってみたいかどうか尋ねられた。彼女のアイデアは、赤ん坊が最初に飛ぶ時まで毎朝エル・コトの営巣地まで自動車で出かけるというものだ。彼女が映像を撮り、私が音を記録する。ずっと巣立ちを見たいと思っていた――それは、オウムたちの生活に関して最も知らない部分だった——ので、喜んで同意した。

私が知っている三つの巣のうち、一番撮影が楽なのはマックが教えてくれたユーカリの木にある巣だ。道に近く、すぐ側に駐車できるし、バンの中で寛いだまま何時間でも見張っていられる。その数日後から見張りをはじめることにしたけれど、その巣からの巣立ちにまだ間に合うかどうか心配だった。しかし、私たちが到着した時、赤ん坊がまだ中にいる声が聞こえてきた。両親が巣穴の入り口を守っている。エリカとラッセルだ。エリカも時々加わったけれど、食べ物集めはほとんどラッセルの仕事で、戻ってくるたびに巣の中からたくさんの興奮した声が聞こえてきた。赤ん坊は一羽以上いるみたいだ。私はちょうど、その巣穴について興味深い事実を学んだところだった。ある愛鳥家が、その穴は、まさに最初に繁殖したペア、すなわちローレル・ローテンがヴィクターとイネスと呼んでいたオウムたちが使っていたものだと話してくれたのだ。彼女は正確な年も覚えていたし、情報は確かだ。私自身、以前エリカがその巣にいるのを見たことがある。メスは何年間も同じ巣を使うから、以前ローレルが、エリカは自分がイネスと呼んでいた鳥と同じような気がすると言っていたことが真実味を帯びてくる。とすれば、エリカこそ、群れのイヴだということになる。

私が知っているほかのふたつの巣は、両方共ナツメヤシの木にある。ひとつはベニガオメキシコインコのオリーブと彼女の新しいパートナー、プーシュキンが使っている。オリーブは、飛行中のギブソンからプーシュキンが奪い取って以来、彼のパートナーとなっていた。オリーブはその前年三羽の赤ん坊を産んでいたけれど、プーシュキンとの間に子どもを産むのは初めてだ。ハイブリッドは、依然私を魅了した。オリーブはそれまで二種類のハイブリッドの赤ん坊を産んだ。ひとつは深紅の斑点が頭の前にあり、もうひとつは全身緑色をしている。私に分かる限り、深紅の斑点があるのはオスで、全身緑なのがメス。全身緑のハイブリッドは赤い羽毛が成長してくるのが遅く——成鳥に達しても、オリーブより少ない——その赤い羽も、眼のまわりの狭い帯の部分に限定されている。深紅の斑点を持つ赤ん坊は、随分赤くなる。といっても、決してチェリーヘッドの一番赤い鳥ほどには赤くならない。

ハイブリッドの声は二種類の鳥にまたがっている。低い方の音域はほとんどチェリーヘッドのように聞こえ、一方、高音域では、ベニガオメキシコインコとほとんど同じように聞こえる金属的な叫び声を上げる。ベニガオメキシコインコのように、ハイブリッドの脚は灰色から始まり、成長するにつれてピンクがかってくる。眼のまわりの輪は、ベニガオメキシコインコの真っ白と、チェリーヘッドの黄色がかった白との中間だ。

三番目の巣は、スクラッパーと彼の新しい連れ合いウェンデル（彼女の名は、最初オスだと思っていて、詩人で農夫のウェンデル・ベリーを讃えて名づけられた）のものだ。ウェンデルはメスで、全身が緑色のハイブリッドの一羽だ。私は何年もハイブリッドに繁殖力があるのかどうか不思議に思ってきたけれど、その年は、ハイブリッドが繁殖できるほどに成長した初めての年だった。スクラッパーとウェンデルの巣はエリカとラッセルの巣の近くだったので、しばしば彼らの巣もチェックしに行った。もしもハイブリッドの母親に子どもができるとしたら（そうした赤ん坊は、戻し交雑と呼ばれる）、彼らを見逃したくなかった。

ジュディーと私は夜明け前エル・コトに到着し、カメラと三脚とテープレコーダーをセットする。それから、鳥たちが一日をはじめるのを待ちながら魔法瓶からお茶を飲む。赤ん坊はいつも朝に巣立つと確信していたので、午後になるまで何も起こらなければ、私はコテージに戻って荷造りの続きをし、群れに餌をやる。間もなく巣立ちが起こりそうだという兆候は何もなく、日記を調べると、メスのヒナの巣立ちは遅くなる傾向があるように思われた。

ジュディーと私は、車の中でおしゃべりして時間を過ごした。私たちふたりとも、子どもの頃同じ鳥が好きだったことを発見した。ヒメレンジャクだ。ジュディーが作った映画はほとんど環境問題を扱っていて、私たちが会った頃、自然と都会との共存の道を探っていくようなプロジェクトを探していたと言う。元々彼女は自然を「向こう側にあるもの」として見ていたけれど、少しずつ、それをどこにでもあるものとして見るようになってきた。まさしく、私が今ここにいることに導いてくれたゲーリー・スナイダーの論点だ。ジュディーも私も、植物が歩道のコンクリートの割れ目にさえ根を張るありさまに魅了された。自然は強く、十分な時間さえ与えられれば、都会を砕き、埋めてしまうだろう。

私たちは次第に打ち解け、最初に会った時の印象を互いに述べ合った。

「僕は君のことを、エコ・フェミニズム・レズビアンだと思っていたよ」。私は笑いながらそう言った。「非難してそう言っているわけじゃない。僕には、何人かエコ・フェミニズム・レスビアンの友達がいる。君もそうなんだろうって、考えただけさ」

「私だって、あなたはゲイだって思ったわ」と彼女。「それと、おそらくふたつの文章をきちんと繋げられない、頭がいかれてしまったヒッピーだって。それが、私が子ども映画をやろうって考えた理由よ。私、物語を展開させていくには、あなたはほかの人たちに囲まれていなければならないって思ったの」

「君は、心ここに在らずって感じだった」と私。

「そうね、私、あなたのアパートにはゾッとしたわ。まるで豚小屋！　それに、臭かったし。洗面所は最悪だった。あなた、汚れた食器を全部トイレのタンクの上に重ねて置いていたのよ」

「でも、あの場所を清潔に保っておくのは不可能だ。狭苦しくて、それに、鳥たちが絶えず滅茶苦茶にする。そんなのに追いついてなんていけないよ。それに、カビの臭いに関しては、僕にできることなんて何もない。絨毯の奥までこびりついてしまっているんだから」

「誰が、カビについて言ったの？　私が言ったのは、鳥の糞の臭い」

ある朝ジュディーが僕を途中で拾ってくれた時、彼女が何か不幸せそうなのを感じた。通常彼女は、感情的には非常にむらがない。そのため一層、悪いムードが明白だった。車を駐車させた時バンの中の緊張感は堪え難いものになっていて、それで私は何が問題なのか尋ねた。

「何でもないわ」と彼女。

気詰まりな沈黙があって、それから、彼女は再び口を開いた。

「家でゴタゴタがあったの。たいしたことじゃない。ただ、それで機嫌が悪くなっただけ。それだけよ。それについては話したくない」

それからまた長い沈黙があって、とうとう彼女は何か言わなければと感じたようだった。

「私、長い間自分が無視されているように感じていた。彼は、私のことを空気みたいに当たり前に扱う。私が話しかける時も、きちんと聞いていないことがはっきり分かる。もしも彼と同じ仕事をしていなければ、おそらく、もっともっと不愉快でイライラしていたでしょうね。……ほら、こんなこと、あなた、聞く必要なんてないでしょう？」

私は、「まあ、構わないけれど」といった風に肩をすぼめた。

「私がイライラするのは、私と彼との関係が、そんな風にならないよういつも自分に言い聞かせていた、まさしく罠になってしまったってこと。彼は、私を傷つけるわけでも何でもない。つまり、両方共、とても礼儀正しい。でも、ふたりとも、互いにきしみ合っている。私がプロジェクトをはじめると、いつでも彼は入り込んできて、自分のやりたいようにやろうとする。でも、私は何を期待すればいいの？　つまり、私たちは一緒に仕事をしていて……そう、そうなのよ、まったく、……実際、それが問題なんだって思う、一緒に仕事をしていること。時々、私、ひとりでやった方がいいって感じる。少なくとも、自分自身のプロジェクトを追求していく自由があるはずだ、って」

　最後のひと言は、彼女自身をどぎまぎさせた。彼女は、意図したこと以上のことを口に出したのだ。一瞬静かになり、それからおどおどした様子で私を見た。

「で、もう一度言ってみて。あなたがなぜ、仕事につくことを拒絶するのか」

　私は笑い、それからふたりとも静かになり、黙ってお茶を飲んだ。ジュディーは長い間、窓から外を見ていた。それから、向き直って言った。

「いいわ。私は本音をぶちまけた。今度は、あなたが自分のことを何か話して。あなたは、こんなことを六年間もやってきた。あなたがオウムたちから学んだことって、何？」

説明できるものと、できないもの

人はしばしば、オウムとの体験を通して私が何を学んだか尋ねる。そんな時、以前の答えは、信頼を学んだ、というものだった。それは本当だったけれど、別のこともいろいろ学んだ。私は新しい技術を学んだ。どうやってコンピュータを使うか、どうやって写真を撮るか、どうやって研究するか。そして、研究がいろいろ異なる分野に渡ることで、いろいろな話題、たとえば、エクアドルのエコシステムとか、テレグラフヒルの歴史とか、鳥の病気とか、ボヘミアン・アメリカ人の歴史とかについての知識を得た。また、この土地の鳥を直接観察することを通して学んだこともある。しかし、私の理解の中にある大きな穴を埋めてくれたという意味で、特に大切なひとつのことがあった。

それは、動物園の飼育係、ジョン・エイキンと話したその日に始まった、と言っていい。その日私は彼に、自分がオウムたちを擬人化しているってことは分かっている、と話した。それを口に出すことは、とても決まりが悪かった。それは気まずい瞬間だったし、さらに悪いことに、私の本当の見方を反映していない言い方だった。私は、オウムが人間そっくりでないことは認知していた。しかし、個々の鳥それぞれは、私がそうであるのと同じ独自の個性を具えていると信じていた。それでも私には、その確信を支持する考え抜かれた体系がなかった。それは、ただ、それ自体で明らかなように思われた。ジョンが帰った後、本人がいないところで親友について話した後に感じるような気分を抱きながら、家の中に戻った。そのことが、動物の中の意識についてもっときちんと考えるよう私を促した。

一般的に言って、科学者たちが動物の意識と人間の意識を比較することに反対なのは知っていた。とはいえ、彼らの議論の正確な中身に通じていたわけではない。それで、目についた新聞や雑誌の科学記事を読みはじめた。ある日、私の注意を引く文章を読んだ。ひとりの動物園関係者が、一般大衆の間に健全な科学教育が欠けていることを嘆いていた。彼によれば、そのひとつの結果が、人々の間に広まった動物を擬人化する習慣だという。宇宙のすべてのことは、物理学と化学を通して説明されるべきだと、彼は言っていた。動物は、遺伝子の指示に応じた化学的反応の束以上のものではない。私が読んできたほかの科学的言説のすべてが、突然、然るべきところにきちんと収まった。存在を見つめる、それまでまったく考えたこともない方法があるということに気がついたのだ。さらにそれを探求するため、その記事を下に置き、部屋を出て近所の本屋に向かった。科学書の棚を探していて、『説明された意識』という書名が目にとまった。それを見た瞬間、自分が探していたものを見つけたと思った。さっとページをめくってみて、自分の印象は正しいことが分かった。それで、その本を買って家に持ち帰った。

本は読みにくかったけれど——理由はひとつだけではない——さしあたり把握できない箇所は読み飛ばし、理解できる部分だけ何とか苦労して最初の何章か読み進んだ。著者は、物質主義という言葉に関する、私にとってはまったく新しい理解について語っていた。私は常々、物質主義というのは金銭とそれで買うことができるものへの愛着のことだと考えていた。しかし、それはまた、存在するものは物質的な水準のみであるという思想でもあったのだ。そのことが多くの人々にとって初歩的知識であることを、今は知っている。しかし、その時の私にとっては新しかった。人生のほとんどの期間実在に関するスピリチュアルな考え方を理解しようと努力してきたおかげで、「非信仰者」が信じていることについてはあまり考えてみることがなかった。『説明された意識』の要点をつかんだ後、私は同じ学派のほかの人たちの本を検討しはじめた。それぞれ意見の違いはあるし（嫌いな意見さえある）、微細な区別はあるけれど、その考えに与する人びとにはいくつかの鍵になる信条があった。それは次のようなものだ。

生命は、複雑な物質的過程から生じる。しかしながら、それはランダムである。知能を持たない原子と分子が無数の構造を生み出すが、それらのあるものは働き、あるものは働かない。こうしたランダムな変数と自然選択が、あらゆる生物学的変化を理解する鍵である。有機体が行なうすべてのことは、それ自身の生き残りを確かなものにするためである。

私が読んだすべての物質主義者は、チャールズ・ダーウィンを崇敬していた。彼らは、ダーウィンが地上に現われる以前、人類は希望のない無知と迷信の中でつまずいていたし、彼以降長足の前進を遂げてきたという信条で合意している。今や私たちは、生命には生物学的進化の中で演じること以外どんな目的もないことを知っている。また、本当の神秘はなく、あるのは、まだ自分たちに理解できないことだけだ。そして、人間性に関する真実の理解は、ほかのあらゆるもの同様、科学を通してのみ得ることができる。

人間性という主題は、常に、意識の問題——さまざまな意見を生み出す捉えどころのない主題——に結びついていく。考えというものがいかにして肘や腧といった物質的なものを動かすことができるのか、説明するのはむずかしい。しかしなお、私たちは脳こそが精神であること、精神に関するそれに反対する考えはすべて人間の長い無知の前科学的時代からもたらされていることを知っている。意識は、一般的に、考える能力と見なされる。「我思う、ゆえに我あり」というわけだ。物質主義者の見解では、動物は考えることができない——ある人びとは、それは言葉を持たないが故だという——ので、彼らに本当の意味での意識があるかどうかを言うのはむずかしい。彼らは一般的に、化学的ロボットと見なされている。しかし、極端な物質主義者の立場からするなら、人間といえども違いはない。私たちは機械なのだ。極めて洗練されてはいるけれど、それでもなお機械であることには変わりはない。ほかのものと同じく、脳は物理的、化学的法則を通してのみ作用するし、人間が人間と同じく全き意識を具えたコンピュータを組み立てられないという理由は——少なくとも、理論上は——何もない。

というこことは、私のオウムの友達も、単に、さらなる燃焼を達成するために私からエネルギーを獲得しようとしているだけの、化学反応の小さな緑の袋に過ぎない、ということになるのだろうか。テュペロは、そんなものだろうか？　ドーゲンは、そうだったのだろうか？　そして、オウムへの私の愛は、何だということになるのだろう？

実在の基本的性質に関するふたつの見方がある。ひとつは、それは物質的なものだと言い、もうひとつは、スピリチュアルなものだと言う。物質的な見方からすれば、意識は物体から生じる。スピリチュアルな見方からすれば、物体——あるいは、ある人は、物体の幻と言うだろう——は、意識から生じる。物質主義者にとって、何かスピリチュアルなものを信じることは純然たる信仰の問題であり、信仰に関する事柄は測ったり、テストしたり、証明したりすることができないから、従って真剣な考慮に値しない。

バンから追い出される以前、姉と一緒に暮らしていた頃、私の全人生は瞑想に飲み込まれていた。それを開始したそもそもから瞑想はむずかしく、やっかいな苦闘だと分かった。まるで、動かしがたい内部の壁を押しているように感じられた。それからある日、自分の内側をほじくり返していて、思いがけず壁のひとつをスルリと通り抜けた。驚くほど晴れやかで明晰に感じられ、丘の頂上に登りたいという強い衝動を覚え、私はコイトタワーに出かけた。丘の頂上に着いて駐車場の端に歩いて行き、広々としたサンフランシスコ湾を見渡した。冬も終わりの晴れた朝で、いつもより暖かく、風もない。私は、世界が、時間もなく、新鮮に見える精神状態にあった。それは、歴史上のどの年でもよかった。空はそれまで見たどの空よりも深く、私の視覚は驚くほど鋭敏だった。そこに立ち、私は大きな回転を感じていて、物質的平面のすべてがまさしく溶解していこうとしているみたいだった。瞬間ではあったけれど、本能的に知っている何かの影を、陰陽としてつかみ取った。両者の相互作用がすべての目に見えるものを生み出すとされる、あの陰陽として。自分が見たものの広大さと美しさがあまりに魅惑的だったので、その瞬間、ほかの何ものも存在しなかった。望みも、不満も、心の動揺もない。しかし、ヴィジョンを持ち続けることはできなかった。自分がそれに気づいていることに気づいていたけれど、気づいた途端それは消え、私は駐車場に佇んでいるただの男だった。

ちらりとでも垣間見ることができて、私は幸運だと感じた。それが、スピリチュアルな領分の唯一の経験だったわけではないけれど、私に訪れた最初の強い経験だった。その後、私はその実在を疑うことができなかった。何度か反抗したことはあったけれど――スピリチュアルな道は困難で、多くのものを要求する――そうした反抗は長続きしなかった。何年間もそのことが持っている意味を考え、宗教は宇宙がいかに機能するかを記述することになっているのだから、本当の宗教はひとつしかないことを理解した。私が理解するところ、その本当の宗教は禅でも道教でもない。また、ヒンドゥイズムでもユダヤ教でもスフィー神秘主義でもない。キリスト教だって違う。唯一の本当の宗教には名前がない。名前がついているあらゆる宗教は、そのひとつの、本当の宗教から引き出される。それは今、ここにあり、永遠でもあり、現実にあるものの生きた法則と言っていい。キリストも仏陀も、ほかの真のスピリチュアルな師たちも、同じものを見たのだ。ほかに見るものなどない。しかし、彼らは皆、彼らの時代と文化の中で人びとに語りかけなければならず、だから、私たちにはまったく違って聞こえるようになったのだ。しかし、源は同じだ。オルダス・ハックスリーはそのひとつの真の宗教を「永遠の哲学」と呼んだ。重宝な言葉で、ここでもその言葉を使うことにしよう。

永遠の哲学は、すべての人にとって、すべての場所で、いつも正しい。それは、個別の文化が創造したものではない。それは、宇宙が実際どのように作用しているかを記述している。文化的な神話の付着物を取り去ってしまえば、すべての宗教は同じことを言っている。カルマは、キリストが「撒いた種を刈り取らなければならない」と言った時語っていたことだ。それは、原因と結果の普遍的原則なのだ。天は涅槃《ねはん》と同じだ。すべての宗教が、人生は短く、死は緊要であること、快楽や富を求めて私たちの時間を徒らに費やしてはいけないことを強調している。すべてが、真実を語ることの大切さを強調している。すべてが――もしも、正しい宗教なら――私たちはみな兄弟姉妹なのだから、互いを傷つけてはいけないと言っている。キリストが人間は生まれ変わらなければならないと言った時、彼は覚醒の体験のことを語っていたのだ。人生の目標は神の実現である。究極的に、それを本から得ることはできない。直接経験しなければならない。天の王国は、私たちの内側にある。

永遠の哲学の主要な教義は、すべてが神であるということだ。神とは、自らの創造の外側に生きるヒゲをはやし長衣をまとった年老いた男性などではない。神はすべてだ。神は宇宙だ。多くのキリスト教徒は、そうではないと主張する。神は別のところにいて、私たちを創造したのだと言う。しかし、トマスの福音書――因習的なキリスト教徒が、何の正当な理由もなくずっと以前に拒否してしまった書物――の中でキリストは、「あなたが木を割る時、私はそこにいる。あなたが石を拾い上げる時、私はそこにいる」と言っている。神はどこにでもいるのだ。

この原則は、ある日私が外で群れに餌をやっている時まで、ただの言葉の束だった。私はぼんやり彼らに種をやりながら、彼らの心とはどんなものなのだろうという概念をつかもうとしていた。彼らの眼を見ていて、あらゆるものは神であるはずだということを思い出した。もしそれが本当なら、論理的に、オウムもまた神であり、彼らの意識は神の意識の一部であるということになる。すべてのひと組の眼は神の視覚の部分であり、宇宙におけるあらゆる見方が神の見方ということになる。私はこうした考えを何度も聞いたことがあったけれど、はっきり心に描けたのは初めてだった。

群れが去るとすぐに私は家に入って『禅マインド

ビギナーズ・マインド』を棚から取り出し、あちこちバラバラに読みはじめた。それまで何の意味もなかった文章が、突然単純明快になった。私はそれを、悟りの瞬間だとか、スピリチュアルな覚醒だとか呼ぼうとは思わない。悟りとか覚醒は、実践を通してのみもたらされる。私はその当時、修行をするにはあまりに落ち着かない暮らしをしていた。私が発見したものは単なる知的理解で、しかし、当時私が必要としていたものにとって十分だった。それは新しい領域を開いてくれて、私は何ヶ月も、その考えを磨き上げることに努めた。そしてそれは、いよいよ私が擬人化の問題をとりあげることを後押ししてくれた。

私が、コナーには堂々としたパーソナリティーがある、という風に言う時、哲学的な物質主義者は、私が人間的な考えを鳥に投影しているのだと主張する。実際、もしも物質的な実在だけがあるとするなら、誰かは堂々としている、といったふうに記述することは妄想になってしまう。いかなるものであれ、どんな種類のスピリチュアルな特性にも、依って立つ基盤がない。しかし、もしも実存がスピリチュアルなものだとすれば、その時には、堂々とした態度、あるいは高潔さは、人間に限られたものではなく普遍的な特質ということになる。そして、もしもすべての心がただひとつなら、その時には、すべての生物は同じ普遍的特質を分有しているのだ。ある生物はほかのものより広範囲に表現するかもしれないし、各々は強調されるべき別々の特質を持っているだろう。しかし、意識はあくまで意識で、ひとつしかない。

このことは、物質的な水準の存在を否定することでも、科学は不要で、その理解は全面的に土台から外れていると主張することでもない。さらに、脳の機能を否定するものでもない。仏教では大きな心と小さな心という表現を用い、大きな心は宇宙的な心を表し、小さな心は個々の脳を表している。脳波は記憶を蓄え、個々の有機体が物質的な地平で機能していくのに必要な生物学的な過程を司っている。物質的地平には、それ自身の法則がある。私は、生命が微生物から進化し、人間は類人猿に近いということを疑わない。しかし、ダーウィニズムは変化のメカニズムについて、創造論者と同じく間違っていると思う。ある科学者は、愛情を込めて、「古き、よき、のろまな進化」について書いている。彼が言及しているのは、無作為な変数と自然選択のことだ。宇宙のあらゆるものは不断の変化の中にあり、しかし、スピリチュアルな見方からするなら、すべての変化は厳密な内的法則に従っている。もしもすべてが神なら、何が神の手の届かないところにあり得るだろう。波が打ち寄せる岩にしがみついているヒトデを見ている科学者は、そのヒトデは、それ自身の外側のものに影響されている一個の個別の有機体だと言うだろう。科学は、すべてのものを個別の要素に還元することを要求する。ひとつのレベルで科学者の観察は確かに正確であるかもしれない。しかし、別のレベルでは失敗するだろう。というのは、個別性は絶対ではないからだ。ヒトデ、岩、そして波もまた、それぞれひとつひとつの構造で、同時に一方では、偉大な単一な構造の部分なのだ。

西洋の科学と哲学では、意識は通常、知的な能力と同一視される。しかし、知性は意識のほんの一面でしかない。瞑想の目標のひとつは、考え続ける心のおしゃべりを黙らせることにある。ある人の考えが浮かんだり消えたりするのを監視するのは、意識である。自らの気づきに気づくことは、常に望ましいこととはいえない。動物も孤独になるだろうけれど、しかしそれについて概念化することも、それを嘆くこともない。それでもなお、孤独ではあるだろう。

ある人は、言葉こそ意識にとって本質的だと信じている。しかし、言葉が伴わない意味というのがある。イタリア語を勉強していた時、驚くほど魅力的で、驚くほど横柄なひとりのイタリア人女性に会った。彼女は、自分が望むものは何でも手に入れることに馴れてしまっていた。しかも、彼女自身それを認めていた。ある時彼女は、自分は何も失ったことがないし、失うのは嫌いだと言った。

ある日、何人かのイタリア人の友達が住んでいた共同アパートのような場所を訪ね、足を踏み入れると、その女性、ローラがチェスをしていた。ローラは悪名高いほどの負けず嫌いだったので、ゲームは人びとを引き寄せた。みんなの注目がローラに集中する中で、ローラの相手方が突然王様を追いつめた。誰も、そうなるだろうと気がついていなかった。ローラは苛立ち、私には、非常にはっきりと彼女の怒りが上昇するのが感じられ、それから、同じほどはっきり、彼女がその怒りを押し潰すのを感じた。わずかの休止があり、その休止の中で、「面白くない」という考えが私の心の中を通り過ぎた。その直後、彼女が言った。「ノン・ラ・トゥロヴォ・ディヴェルテンテ」文字通り「私はそれを面白いと思わない」というイタリア語だ。それは、ひとつのテレパシーの体験だった。みんな同じような経験を持っている。ただし、それを知的に信じなければ、私たちはそれをテレパシーとは言わない。興味深いことは、私の頭を通り過ぎていったのがイタリア語の音節ではなく英語に翻訳された考えだったということだ。「面白く・ない」という一句は、個々の単語を越える特殊な意味を持っていて、そこには、傲慢さがある。その意味は両方の言葉で表現されるけれど、言葉に先立ってあるのはその意味だ。私の頭は彼女が意味したことを、自分が一番よく知っている言葉に翻訳したのだ。

不思議な出来事

言葉を介さない意味の伝達に関して、別の経験もある。ひとつの例は、テュペロの死だ。彼女は、自分が死んでいくことを私に伝えた。私は彼女の恐れと、孤独と、慰めてもらいたいという願いを感じながら、しかしあまりに鈍かったため何が起ころうとしているか気づかなかった。この本のいくつかの例の中で、私は、オウムたちが互いに言っていると私が考えたことを翻訳して文章化してきた。外部の人には、拡大解釈のように見えるかもしれない。しかし、いったん個々の鳥と親しくなると、彼らを理解するのはむずかしいことではない。あらゆる生き物はそれぞれが舞台の登場人物で、私たちを取り囲む問題は似ている。私は、自分を眺めたり、くるりと背を向けたり、窓辺のコナーを見たりする誰かの気持ちを書いた。私たちには、誰にでもそんな経験がある。それを無視することは、強情に過ぎる。

飛んでいるオウムの群れを眺めながら、私はしばしば、なぜ集団が一斉に揃って向きを変えることができるのだろうと不思議だった。科学者たちは、外側の信号体系を探してきたけれど、私は、鳥たちにはしばしばひとつの心になる「群れ感覚」のようなものがあるのだと思う。私は、そうした群れ感覚のいくつかを感じ取るし、時としてそれは薄気味悪いほどだ。群れの中に大きな進展があった時、ほとんどいつもそれと分かった。彼らが大勢で私の前にいる時さえ、私の目は、何が変わったのかを知るためにはどの個体を見ればいいのか知っていた。ある時私は、一羽のオウムがみんなから離れて庭にいるのを目にした。それ自体何ら異常なことではないけれど、私の中の何かが、もっと詳しく見たいと思った。鳥がとまっているところまで歩いて行ってみると、ギブソンだった。ギブソンの眼の片方が、血で覆われている。次の日、プーシュキンがギブソンの連れ合いオリーブを奪ったことを発見した。こんなことが、繰り返し起こった。

ドーゲンがいなくなってしまうだろうと、どうして私に分かったのだろう。そう考える理由はなかったし、その一時間前に姿を見ていた。群れは、深く私の中に入り込んでいる。それは意識的なものでも、意志的なものでもない。そして、私も、群れの中に入り込んでいるのだと思う。私には、どうやったら故意にそうすることができるのかは分からない。それは、自然に、相互の情動を通してやってくるのだと思う。オウムたちは私の機嫌に気づいているし、それに反応する。ほんの微かなレベルでもだ。ある時、ヨセミテとギンズバーグが入っている籠に手を入れなければならない時があって、その時の私は急かされ落ち着かない気分だった。手を中に入れた途端二羽はパニックに陥り、私から逃れようと籠の格子に強くぶつかりはじめた。傷ついてしまわないか心配で、手を動かすのを止めた。それでも、彼らは、手を動かしていた時と同じほど不安そうな様子だった。それから私は、自分の心理状態に気がつき、意識的にリラックスするようにした。その途端、彼らも同じになった。外側に見える部分では何も変わっていない。それは、いわゆる気配とか振動とか呼ばれているものだ。餌やりの時鳥たちが大きな不安を抱えていれば、私は自分の中でそれを感じ、そのおかげで私も不快になってくる。

これらは皆、小さな心——脳と神経組織——が、宇宙的な心を媒介として相互にコミュニケーションしている例だ。私たちは、リラックスし、集中している時、最もうまくそれを聞き取ることができる。時としてそれは、オウムに関して私が見たふたつの夢のように、夢の中で起こる。私が巨大な赤ん坊たちに突き転がされたひとつの夢は、その年の最初のヒナたちの到着をほんの数時間前に予見していた。私はその時、彼らが来ることなどまったく知らなかった。繁殖期を目撃することになったのはその時が初めてで、私には鳥たちが繁殖すると想像することさえ思い浮かびようがなかった。その同じ夢は、赤ん坊たちが病気になり、重荷になることも予見していたと信じている。第二の夢は、四羽の鳥と毛深い動物が食堂のテーブルで一緒に食べていた夢で、家の中で四羽の鳥を世話するようになることを予見していた。それはまた、私に、自分が哺乳類であることを思い出させてくれた。

私たちが本能と呼ぶものは、大きな心に信号を送って繋がっている私たちの脳のことだ。見知らぬ男が庭に足を踏み入れた時すぐに彼が群れにとって危険だと分かったのは、脳が、観察できるデータを越える何かを利用している例と言える。それがどう働いているのか、私には分からない。推測することはできるけれど、どう働いているかは大切ではない。とはいえ、科学は、こうした類の神秘主義を許容できない。今日大きく広がっている前提は、物質的地平に関する事実を積み重ねること——知識——が、存在の深みを理解すること——知恵——よりも重要だというものだ。科学者にとって、私が言ってきたことはすべて純然たる信仰の問題（あるいは、科学者によれば、まったくの戯言）だ。しかし、信仰というのは、目に見えないものを推測したり信じたりすることではない。スピリットがリアルだと知ることはむずかしいことではなく、妥協なしに真実を見てみるだけでいい。実のところ、科学者も、まさしくそれこそ自分たちがしていることだと主張する。それでいて彼らは、内的世界を主観的なものとして切り捨て、無視している。しかし、スピリットとの繋がりは内的であり、もしもそこを見ることを拒否するなら、決して見ることはできない。どんな時でもいい、もしも、自分の心の中にあるものとの真の関係を吟味し、そのまま次の事柄に進むなら、すべての道が実在のスピリチュアルな性質について理解することに導いてくれる。真実であるものに従うことに、どんな見下げた点も、知性を侮辱する点もない。しかし、どこに連れて行かれようと、それと相携えて行かなければならない。野心や恐れによって動揺してはならない。信仰が試されるのは、スピリチュアルな地平があることを信じるかどうかではない。ひとたびそれを垣間見た時、その知識によって生きるかどうかということだ。

人間の能力と動物の能力の間には——明らかに——違いがある。しかし、どんな違いだろう？　純粋な意識は絶対的に平安で、恐れもない。しかし、脳の意識は、物質的な地平によって条件づけられてきた後の意識だ。生物学的な存在は、傷つくことや死や飢えを恐れ、嫉妬や怒りや貪欲を経験する。人びとが人間の本性について語る時、しばしば利己心に言及する。しかし、それは、人間の本性ではない。単なる利己主義で、利己主義は克服することができる。それが、本当の宗教の教えなのだ。心理学者が人間の精神について語る時、彼らは通常小さな心の神経症について語っている。利己的であることは、人を大きな心から引き離す。なぜなら、大きな心はすべてであるからだ。

私たちの真の性質は、思慮深い努力を通してのみ発見される。それが、動物の性質と人間の性質の間の本当の違いだと私は思う。私たちには、遥かに多くの自由意志がある。私たちは、自由意志を通してのみ、恐怖の向こう側に至り、意識の根をつかむことができる。これが、仏陀やキリストが成し遂げたことだった。自由に意志を用いる私たちの能力が、人間をほかの動物より優れたものにしている。ただし、そう言った途端、あらゆる誤解が生じてくる。私たちの優越性は、動物を価値のないものにしないし、優越性は彼らを搾取する特権を私たちに与えてくれるものではない。劣った者に尽くすのは、優越した者の義務だ。それが、スピリチュアルな理解だ。しかも、私たちが優越しているのは、単に自分の中の動物的な性質を超越する能力を持っていることによってではなく、実際にそれを越えることによってなのだ。

私がほとんど許容できないダーウィニズムのひとつの教義は、動物がするあらゆることは自分自身の生き残りのためであるという観念だった。これは、動物たち相互の明白な情愛や、彼らの遊びを無視している。私自身、オウムたちが互いに加える、特に病気の者に加える暴力についてたくさん書いてきたけれど、決して、それを、「弱い者を淘汰している」という風には思わなかった。どうしてそうするのか、確かなことは分からない。しかし、私が感じるのはこうだ。日々の多くの時間必死に食べ物を探し、ある時、彼らはいつもより神経質になって、お腹を空かせている。こんな凶暴な時間に、もしも弱い立場にいる鳥を見たら、それを攻撃する。単に背中を別の鳥に向けていたとか、身を屈めていたとかいうだけで鳥が咬まれるのを目にしたものだ。容易に咬まれる場所にいたから咬まれたのだ。なのに一方、群れの中の暴力性にもかかわらず、驚くほど多くの協力があった。私がある鳥を撫でているのを見つけると、ほかの鳥が守りにやって来た。異種間の支持の例さえ目にした。オウムを捕まえようとして、カケスに追いかけられた時のように。私たちは、自分が脆弱だと感じた時、ほかの人からの——友人や家族からさえ——攻撃にさらされやすくなることを知っている。これは、私たちの動物的な性質だ。私たちには、それをしないことを選ぶ自由意志がある。しかし、動物たちはより少ししか自分自身に対してコントロールが利かない。動物たちは、怒る時は一層衝動的だ。しかし、少なくとも、怒っているからといって大量殺戮者になることはない。

私に動物の中の意識の問題について真剣に考えさせたのは、自分がオウムたちを擬人化していることは分かっているとジョン・エイキンに話した時に感じた当惑だった。テュペロの死が、それを強めた。私は彼女に、自分が彼女を愛していることを告げたかった。そして、自分自身に対し、彼女は依然何らかの形で存在しているのかどうか問い続け、それがさらに、意識と死についてのもっと多くの疑問に導いた。死んだ後、パーソナリティーはどうなるのだろう？ 文化的主流は、ふたつのモデルを提供してくれる。ひとつは、私たち個々の魂が永遠の幸せな休息を過ごすとされる、天国という人気のある宗教の考え方。もうひとつは、感傷的ではない（あるいは、冷徹な）物質主義者の理解。「人は、ただ死ぬ。存在するのをやめる」。私は、どちらの考えにも与しない。個人のパーソナリティーの転生を信じているわけでもない。しかし、実際何が起こるのか？ 死ぬことは分かる。そのほか、何が分かるというのか。

『禅マインド　ビギナーズ・マインド』の中で鈴木老師は、ヨセミテ公園に旅行した時の話をしている。彼は、滝を見るため足を止めた。とても大きな滝のひとつで、水の落ち際で流れが崖に当たり、底までの間ひとつひとつの水滴に分かれることに気がついた。底に達すると、ひとつひとつの水滴はまた元の一本の流れに戻る。私はその物語を何度も読みながら、彼の言いたいことが分からないままだった。基本的なレベルで、それは極めて単純だ。崖にぶつかるまで一本の川があって、それが生命だ。一本の川がそこで多くの個々の生命存在——人間、動物、植物——に分かれ、また断崖の底にぶつかってもう一度ひとつの川になる。それぞれの水滴は、単一の水滴としてのアイデンティティを失うだけだ。といって、本当には、何も失われていない。私は何年間にも渡り、さまざまな違った形で何度もこの考えに出会ってきていた。それなのに、決してそれをつかみ取らなかった。それは初歩的な考え方で、理解するのはむずかしくない。私の問題は、それまで意識に関し、ひたすら人間の条件の中だけで考えてきていたことだった。オウムの心を考慮するようになって、やっと見通しが開けた。つまり、私の問題は擬人化にあったのではなく、むしろ、人類を宇宙の中心に据える人間中心主義にあったのだ。オウムはそうした迷妄を打ち壊した。オウムたちの眼の中を見ていて最終的に到達した理解は、彼らの意識が私の意識とひとつだということだった。私たちはみなひとつの意識で、各々の限りある存在はその小さな一片を体現している。これが、生きているものすべての貴さなのだ。

遅い巣立ち

ジュディーと私は、毎日夜明け前の暗闇の中を車でエル・コトに出かけた。少なくとも一羽の赤ん坊のギャーギャーくぐもった声が聞こえているけれど、一週間経っても、チラリとさえ姿を捉えることはできなかった。自然相手の撮影には、おおいなる辛抱強さが要求される。それから数日後、待っていることが退屈になってきた。私に分かるのは、その巣には赤ん坊がいて、一羽の巣立ちを撮影するチャンスは一回しかないということ。それがいつになるのか、まったく分からない。そのため、絶えず巣穴に注意を向けていなければならなかった。

見張りの期間中、コテージの内部を壊す建設会社の準備が整ったという伝言をもらった。間もなく終わりになるので、私はコテージで最後の餌やりをした。私を見送りに来たのは、オウムの大きな集団だった。少し涙が流れたけれど、彼らの方はみんな笑っている。スナイダーがいる枝に別のオウムが降り立つと、彼は脚をまっすぐ伸ばしてキックをお見舞いし、侵入者を追い払った。そのキックに私は腹を抱えて笑った。笑いはその場にふさわしい。笑い——喜び——が、私の体験の本質だった。餌やりの唯一寂しい部分は、コナーが陥っている状態を目にすることだった。彼は年老いて見え、再び刺毛で覆われている。何ヶ月も私が触るのを避けていたけれど、最後に胸を撫でることを許してくれた。数秒後、群れは突然飛び上がった。毎年タカがやって来る季節で、ここ数日、空には捕食者たちが満ちていた。オウムたちはタカに気がついたに違いない。彼らが北のフィッシャーマンズワーフの方角に飛んで行くのを、視界から消えるまで眺めていた。

私がどう感じていたか、ほかの人に説明するのはむずかしい。第一に、私は彼らから解放され、ホッとしていた。しかし、誰もそれを聞きたいとは思わないだろう。人びとが私とオウムに関して抱いていたイメージはとても人の胸を打つもので、それが終わってほしいとは思っていない。私にとって、それは戯れから始まり、真剣なものになり、遂にはそれに巻き込まれていった。彼らと一緒にいることを愛していたけれど、人生の永続的な営みとしては、その強度を維持することはできないし、すでに耐えられる限界のところまで来ている。私が鳥たちを懐かしく思うだろうことは確かだ——もっともむずかしい部分は、何が起こっているか毎日毎日の詳細を知らないことだろう——けれど、私の見方からするなら、彼らは神秘からやって来て、今またそこに戻って行くのだ。

その翌日、自分の持ち物を運び出した。みんな、私が勝ち得た世間的注目の結果、ひと財産できただろうと予想していた。しかし、私のことはすでに過去のニュースで、私の立場はたくさんのマスコミが注目する前とちっとも変わっていなかった。以前ハウスクリーニングをさせてもらっていた家の夫婦が、「巣立ちの誓い」が終わるまで私を置いてくれると申し出てくれた。しかし、その後どこに住むか、決まっていない。

ジュディーと私は巣立ちを待ち続け、順調に事が進めばそうなっただろうより二週間も遅い九月十七日、エリカとラッセルの巣の中の赤ん坊を初めてチラッと見ることができた。頭をもち上げて巣穴の入り口から突き出し、大きな声を上げはじめた。ジュディーと私はあたふた車から降り、撮影の準備をした。しかし、明らかにラッセルは、赤ん坊に準備ができたと信じていなかった。彼は近くの枝から飛び帰り、赤ん坊を穴の中に押し戻す。ジュディーと私は、その赤ん坊をドー（ドレミファのドーだ）と名づけることにした。ドーがその日巣立たないことがはっきりしたので、私はすぐ、何か起こっていないかウェンデルとスクラッパーの巣に走って見に行った。今では、彼らの赤ん坊も見ることができる。赤ん坊は二枚のヤシの葉の間にとまり、大きな、やさしそうな赤ん坊の眼で世界を見下ろしている。彼をエースと名づけた。ハイブリッドにも繁殖能力があるという証拠だ。

翌朝私たちは、今日こそ大切な日になるだろうと確信してエル・コトに着いた。ドーは何度かトンネルを登って巣穴の入り口に来るけれど、エリカとラッセルは、まだ彼が外に出るのを拒んでいる。私はいつも、赤ん坊はなだめすかされて外に出るのだろうと想像していた。しかし、そうではないらしい。両親が、積極的に道を塞いでいる。それで、ドーはその日も巣立ちをしなかった。そして、その次の日も。

九月二十一日の早朝、とうとうそれが起こった。エリカは巣の近くの枝にとまり、巣ではラッセルが忙しくドーを中に押し戻している。赤ん坊が強情に鳴き声を出し続けていると、ラッセルが突然巣を離れ、エリカがとまっている枝に行って彼女に加わった。その日は霧が深く、朝の光がぼんやりした中でカメラのファインダーを通してだけではすっかり様子を見ることができなかったので、私が、カメラを覗くジュディーの目にならなければならなかった。いつカメラをまわしはじめるか、ちょうどいい瞬間を決めるのは私の責任だ。彼女が使っているのは小さな手巻きのボーレックス高速撮影用カメラで、一巻きで八秒間しか撮影できない。あまり長く撮影開始を控えていると、巣立ちの瞬間を撮り損ねてしまう。もし、あまり早くはじめてしまうと、巻き戻している間に撮り損ねてしまう。ラッセルが巣を離れた時、私は躊躇した。合図の声をかけたのは、何とか巣穴が開くのに間に合うギリギリだった。ジュディーは、ドーが巣穴を飛び出したまさにその瞬間、ボタンを押した。ドーが飛び上がると、エリカとラッセルも飛び上がる。二羽の親が導き、ドーが大きく不格好な翼で後を追い、地面の上を小さく円を描いて飛ぶ。それから素早く、大きなユーカリの木の枝に戻った。ドーの生まれて初めての着地は、ほとんど失敗だった。あまり勢いよく飛んできて枝につかまったので、いかれた風車のように翼をぐるぐるまわし、やっと姿勢を起こして静かになることができた。ジュディーも私も有頂天だった。彼女はうまく撮影ができて。私は初めて巣立ちを目撃して。私たちは手の平をピシャリと打ち鳴らし、勝利の雄叫びを上げた。

次の日、そこに戻ると、ドーがユーカリの木にとまっていた。私はいつも、赤ん坊たちはただちにコテージにやって来るのだろうと思っていた。しかし今のところ、親についてもらいながら何度かエル・コトのまわりを短く飛んだだけだ。ドーを見ていた時、私たちの耳に、巣穴の中から別の赤ん坊の泣き声が聞こえてきた。私たちは、すぐにレーと名づけた。ドーのように、レーも盛んに巣立ちたがっている。しかし、こちらも、エリカとラッセルが抑えている。何日か経って、レーの鳴き声がますます大きくなってきた。レーは、ドーの四日後に巣立ちした。それは、何の予告もなしに起こった。レーは、ジュディーが撮影ボタンを押した時にはすでに外にいた。私に別の広角カメラを渡そうとしているところで、私も撮りはじめるのがわずかに遅かった。ふたりともレーが穴を離れる瞬間は撮り損ねたけれど、ジュディーは、その辺りを飛ぶレーの初めての飛行を追うことができた。エリカとラッセルの赤ん坊は二羽だけで、ドー、レーに続く、ミーの撮影はない。しかし、ジュディーには、自分の映画を構成するふたつの巣立ちの場面に十分の長さは撮影できたという自信があった。

三日後、ジュディーと私はもう一度エル・コトへ行った。今回の目的は、最後にもう一度見てまわり、あちこち漏れ落ちた部分を撮影することだ。しかし、予期していた以上の収穫があった。プーシュキンがヤシの葉にしがみついているのをジュディーが見つけ、その光景が気に入った。そこで、足を止めてカメラを向けた。ファインダーでプーシュキンを覗いていて、彼女は、プーシュキンとオリーブの赤ん坊の一羽が彼の背後で巣穴から頭を出しているのに気がついた。画面を定め、カメラをまわしはじめる。その途端、プーシュキンが空中に飛び立ち、赤ん坊がそれに続いた。何というすばらしい幸運な巡り合わせだろう。

もしも赤ん坊たちの巣立ちを見たかったというだけなら、オウムたちとの私の数年間を締めくくるすばらしいエンディングだったといえる。しかしその九月、別の事柄、到来など予見しなかった事柄が羽ばたいた。ジュディーと私が、恋に落ちたのだ。

人生が動きだす

私はいつも、恋がやって来る時は、雲間が開き、燃え立つような馬車が天から降りてくると想像していた。しかし、まったくそのようにではなかった。彼女には、過剰にセンチメンタルになることなく居心地よさを感じることができる若々しい心があった。際立って知的でタフだったけれど、笑うのが好きだった。ジュディーのやり方は、しばしば私とまったく違っている。私は、外を歩く時、考え事に夢中になってしまいがちだ。一方彼女は映画カメラマンの目を持っていて、まわりのあらゆるものに気がつく。あらゆるものが陰鬱だと私が思っている日、彼女は楽しげに霧の可愛らしさと繊細さを指摘してくれる。そう言われ、彼女が見ているように見てみようとすると、……ああ、本当に、なんて美しいのだろう。彼女には自信があり、自分のことを、自分が出会う誰とも平等だと見なしている。彼女が富や名声に感銘したのを見たことがない。私はいつも、彼女が見知らぬ人と出会う時の気安さに仰天した。私の場合、初めての人と会うと、居心地がよくなるまで時間がかかる。しかし、ジュディーはいつも、直ちに誰とでも打ち解ける。一度彼女に尋ねると、彼女は新しく会う人それぞれを、まだ知り合いになっていなかった友達と見なすのだと語ってくれた。彼女はその魔法を私にもかけた。映画のナレーションのために彼女がする私へのインタビューは、それまでなら抵抗していただろう形の中でなお、私を引き出してくれた。当座私は、それを自分の仕事だと考えていた。それなのに、あまりの居心地よさに、彼女に向かって易々と自分を開くことができた。何かを勝ち得ようとも望まなかったし、何かを失うことを恐れもしない。それは、私がほかの誰とも経験したことのない近しさへ導いてくれた。

しかし、私たちを一緒にしてくれたのは、群れのオウムたちだ。何時間も何時間も並んで彼らを眺め、彼らについて話した。彼女が一羽ずつを見分けるようになると、私は各々の鳥の物語を話した。群れについての知識を共有できる誰かがいることが、私には嬉しかった。どれほど彼らについて話そうと、彼女はもっと聞きたがる。次第に、彼女は私と同じほどオウムについて知るようになった。それが、私たちが恋に落ちた理由なのだ。

灼熱のロマンスと呼ばれるようなものではなかったけれど、私たちが一緒になったことにも、ドラマがなかったわけではない。ジュディーは、ほかの人間と暮らしていた。彼らの関係は、行き詰まってはいても、何年間も続いてきたものだ。ジュディーはその事実と直面するのを避け、いったん直視するようになっても、抜け出す道が見えなかった。彼らはアパートと事業を共同で所有していて、そのことが事態を苦痛なまでに複雑にした。私は、ふたりが住む場所を自分が提供できないことに自分の至らなさを感じた。私は今は再びホームレスで、しかも世界で一番お金がかかる都市のひとつに住んでいる。しかも、もはやサンフランシスコを離れたいとは思わない。そんな事情を受け入れることが、彼女にとっては簡単ではなかった。しかし、これまでのような生き方をなぜ私がしてきたのか、私の説明を理解してくれたし、私を見捨てなかった。ふたりとも、どうしていいか分からなかったけれど、辛抱強くこのままやってみて、行く末がどうなるか見てみることにしようと決心した。

エル・コトでの最後の撮影の五日後、ジュディーと私は古いコテージの残骸を撮影しに行った。グリニッチ階段の近くに車を停め、車から出ようとして、アカオノスリが近くの煙突にとまっているのを見つけた。タカのクローズアップが必要で、急いで車から機材を出してセットした。大きな猛禽が飛び去るのにぎりぎり間に合って、何とか撮影できた。

機材をまとめ、グリニッチ階段を引きずって行く。今やコテージで残っているものは、大きな瓦礫の山に取り囲まれた四つの壁だけだ。秋の低い太陽が、昔の住まいの残骸にことさらぞっとするような光を投げかけていた。ジュディーがカメラをセットする間、私は現実を飲み込もうと努力していた。ぐったりそんなことを考えていると、群れが近づいてくるのが聞こえた。彼らはちょうど、私たちが立っているすぐ横の何本かの木に降り立った。コナーはほんの数メートル先のスモモの木の中にいて、ジュディーも私も、自分たちが見たものに衝撃を受けた。彼は、最後の餌やり以降目立って状態が悪化している。弱々しく、消え入りそうで、ほとんど動かない。ジュディーはコナーをいくらか撮影し、一方私は、見分けられるほかの鳥たちがいないか電線や枝を探した。突然、ひどいパニックに陥って、みんな木から飛び立った。二羽のアカオノスリが見張りのオウムをすり抜け、低空で庭に入って来て群れを完全に驚かせた。タカがごく近くまで飛来して、群れ全体がバラバラにさせられ、オウムたちはてんでバラバラの方向に飛び立った。数秒後、ジュディーと私がその前に道で目にしたアカオノスリが攻撃に加わった。こんな光景を見るのは初めてだ。オウムたちが心配で、恐怖に捕らえられた私はカンカンになって三羽のタカを罵った。その間ジュディーは、ののしりながらもカメラをあちらに向け、こちらに向け、一部始終を追おうとしている。オウムたちはヒステリックに叫び、混乱して行ったり来たり飛びまわる。タカは、高音の気味悪い声を発している。幸いなことに、三羽とも手ぶらのままのタカを残し、オウムたちは脱出した。

オウムたちがいなくなって、すぐに私は丘の麓にコーヒーを買いに行った。フィルバート階段に住むジェイムズ・アトウッドが列の隣に並んでいて、私はたった今見たことを彼に話しはじめた。依然タカの攻撃の強烈さに動揺し、それについて話さずにいられなかったのだ。二時間後、ジェイムズはそれよりひどい攻撃を目撃することになる。

ちょうどサンフランシスコの中に居場所を確保でき

なくなってきた頃、路上生活時代の古い友人のガールフレンドにばったり会った。ジョーとリサに最後に会ってから、ほぼ十年も経っている。お互い、その後の状況をいろいろ尋ね合った。そしてその出会いが、信じられない幸運な巡り合わせとなった。スタジオを失いそうなことをリサに話すと、ピードモントにある、サンフランシスコ湾に面した彼らの家に来るよう誘ってくれたのだ。結局彼らは個室として使える部屋を提供してくれて、大歓迎するから、本を書き終えるまで好きなだけ長くいるようにと言ってくれた。

実質的にホームレスである人間にしては、私は途方もなくたくさん仕事をした。夜明け前に起き出し、昼まで書き、それから急いで地下鉄でサンフランシスコに行き、三十五時間分のフィルムをひとつひとつ詳細に記録していくジュディーの飽き飽きするほど退屈な仕事を手伝う。それは私たちにとって、一緒にいるための口実というだけではすまされない。私は鳥の一羽一羽を見分け、何が起こっているのか理解する唯一当てになる人間だった。六時に仕事をたたみ、私は湾の反対側まで戻り、そこでベッドに倒れ込む。それからまた、翌朝同じサイクルが始まる。

コテージの廃墟を撮影してから二、三週間後、ジュディーと私は手から餌を食べるオウムたちがとまっていたコプロスマの灌木が切り倒されるのを撮影しに、テレグラフヒルに行った。撮影の合間に丘を登って食料品店に向かい、そこで以前の隣人に出会った。その彼から、ジェイムズ・アトウッドが二回目のタカの攻撃を目撃した時のことを耳にした。その攻撃の時、一羽のオウムが殺されたという。私は急いで公衆電話のところに行き、詳しい話を聞こうとジェイムズに電話した。彼によると、実際のタカの攻撃の現場は見ていないけれど、煙突にとまったタカが嘴にオウムをくわえているのを見たという。その間、群れは円を描いて飛び、タカを非難していた。オウムはまだ生きていて、ピクピク動くのが見えた。しかし、群れがあまりにやかましくて、その鳥が声を出していたかどうかは分からない。ジェイムズは何枚か写真を撮ったので、いつでも見に来てくれと言った。それでも、写真ではあまりよく分からないかもしれないともつけ加えた。安いカメラを使っていたし、その場から遠く離れていたからだ。写真で分かるのは、オウムの体の緑色だけだ、と彼は言った。どこにも赤は見えない。とすれば、おそらく、赤ん坊のうちの一羽だろう。彼らはまだ、どうやってタカを避けたらいいのか知らない。ジェイムズの家に向かう途中、また別の古くからの隣人に出会った。そして彼の話が、私にまた別の考えを抱かせた。彼はフィルバート階段に住んでいて、何年間もオウムたちのためピーナッツを外に置いていた。タカの攻撃があった日以来、彼のところに一番よく来ていたオウムを見ていないという。頭が青いオウムだ。

ジェイムズは、六枚の写真を持っていた。一番はっきり写っている写真の中で、タカは勝利を示して翼を高く上げ、足にオウムをつかんでいる。いくらか青い色が見えるだけで、オウムの頭の部分のようでもあるけれど、確かなことは分からない。しかし、あの日あんなに弱っていたし、その攻撃以降姿を見ていないというのなら、それがコナーであることはほとんど疑いなかった。

グリニッチ階段に戻り、私が知ったことをジュディーに話した。そのニュースは彼女をひどく打ちのめした。コナーは、彼女のお気に入りだったからだ。彼は、ほとんどすべての人に気に入られていた。彼女は泣きはじめ、私は慰めようとした。しかし、同じように悲しみを感じてはいなかった。どうしてなのか、自分でも分からない。私は、初めて見た瞬間からコナーを愛していた。それなのに、どうしてだろう。自分の反応は、野生の鳥たちの生涯は相対的に短いという事実に馴れてきていたからだろうと解釈しそれで自分を納得させた。ジュディーに対しては、もしも悲劇的な面があるとしたら、それは彼の死ではなく、その生に関わっていると話した。彼はほかのブルークラウンたちと一緒にアルゼンチンの野生を離れ、そこには連れ合いもいたことだろう。それから、結局、挫折を味わい、孤独に陥った。自分は自然の道としてコナーの死を受け入れる。私はそう言った。しかし、何を言おうと彼女を満足させなかったし、実のところ、私自身を満足させなかった。その頃の私は、ドーゲンについて何か書こうとするたびに賢明に涙を抑えなければならなくなる、あるいは考えるだけでもそうなるという問題を抱えていたのだからなおさらだ。

それから数ヶ月、私とジュディーは、さらにオウムたちを撮影するため時々庭に戻った。それを口に出したのはジュディーが最初だったけれど、私もまた、ずっと気づいていたことがある。コナーの死以後、群れが違う存在であるように感じられたことだ。コナーは端っこに追いやられるばかりの孤独者だったけれど、何か——口に言い表わせない何か——があった。私たちふたりとも、その何かがないことを、非常にはっきり感じていた。

新たな世界へ

私がピードモントに引っ越して一年後、風の噂に、テレグラフヒルにあった古いコテージの隣の地所にある何棟かの建物を管理する管財人が私を捜しているという話を耳にした。そこの管理人になる興味があるかどうか、知りたかったのだ。提案は馴染みのものだ。誰かに母屋に住んでいてもらい、その間に弁護士に相談する。だから、そこに住むとしても長くはいられない。法的な問題が片付き、その場所が売れるまでの数ヶ月間だ。その話があった翌日、私はグリニッチ階段に戻っていた。

それは本当の家で、台所と寝室と居間に、手洗いがふたつ、洗濯機と乾燥機がある。以前のスタジオ同様、古くてボロボロだ。寝室の天井は雨漏りするし、建物が傾いていていくつかのドアは閉まらない。しかし、ものを書くのに必要な自分だけの場所と、静けさがあった。といって、実際いつも静かだったわけではない。

ほとんど毎日、オウムたちが家の玄関から六メートルしか離れていないカリフォルニアイトスギにやって来て、長々と叫び声を上げる。時にはあまりに騒がしく、彼らについて書くことに集中できなかった。群れは、思っていた通り、私がいなくてもうまくやっていた。私がいなくなった頃より、大きくなったようにさえ見える。誰がまだ生き残っているのかとても興味があったけれど、一羽ずつ見分けるには、彼らがいる木は高すぎた。私がいる家の敷地には、彼らを舞い降りてこさせる場所がない。しかし、いずれにせよ私は、餌やりを再開したいと思ってはいなかったと思う。

何ヶ月間かそこで暮らした後、法的手続きが泥沼に入り込み、すぐに立ち退かなくてもよさそうなことが明らかになった。住む場所があるということがひとつの可能性を生み出し、ジュディーはそれについて考えなければならなかった。今の自分の家での暮らしは立ち行かなくなっている。彼女もパートナーも、すでに長い間別々の方向に向かっていた。自分の両親の家を出た時の彼女の夢は、私と同じく、何か創造的な仕事をすることだった。しかし、二十年以上チームの一員として働いてきたことで、自分自身の未来像との結びつきを失ってしまっていた。パートナーとの関係もほとんどビジネス・パートナー以上のものではないものに落ち込み、彼女の目には、今後も変わるようには見えなかった。依然パートナーに対する好意は感じていて、何であれ、彼に苦痛を与えるということは想像するだけで嫌だった。しかし、ドアは開かれ、むずかしい選択を迫られている。どうするつもりなのか。開かれたドアに背を向け、人生の残りを決まりきった馴染みのやり方の方に留まるつもりか、偽りの、不満足な平和のために。あるいは、一か八か自分の心が求めるものを見つけ出す希望に賭け、その結果に耐えていくか。ジュディーは私とやっていく方を選んだ。

人間関係を断つことは、精神的な苦痛を強いる。自分たちと関わるすべての人びとの暮らしが、驚くほど多くの激動を経験する。しかし、時と共に事態は静まり、形を整えていく。ジュディーと私に、新しい世界が開けてきた。

彼女にとって、テレグラフヒルに住むことの最も大きな魅力のひとつは、その場所からサウスエンド漕艇クラブが近かったことだ。彼女は、何年もそこのメンバーだった。一八七三年に設立された西海岸で最も古いスポーツクラブで、真のサンフランシスコの一部になっている。その名前にもかかわらず、クラブは海岸通りの北側にあり、漕艇より水泳をする人の方が多い。ジュディーは湾の中で泳ぐ熱心なスイマーで、この関係に私も入り込んでみようと思ったら、少なくとも一度は試してみないわけにいかない。水温はめったに摂氏十五度以上に上がらないし、冬には十度以下にもなる。というわけで、気は進まなかった。水の中に足を踏み入れると、足の関節が痛くなり、とうとう水の中に身を沈めると息が苦しくて喘いでしまう。しかし、衝撃が消えると、私は塩水の滑らかさを楽しんでいる自分を発見した。アルカトラズ島とゴールデンゲイトに近いその場の舞台設定は、豪華だ。ジュディーが横を泳ぎ、波がどうなっているか教えてくれる。波は私が考えていた以上に強く、少し恐ろしくなった。海は最も原初的で、妥協しないグレートマザーだ。それでも私は、結局泳ぐのがとても好きになり、クラブに加わることにした。それまで泳ぎが好きだったことは一度もない。しかし私は、情熱的に取り組んだ。入り江では、アシカやゼニガタアザラシや、たくさんの種類の海鳥に出会う。私は、陸地に住む鳥以上に水鳥が好きになった。ジュディーが名前を教えてくれた。ウ、チャイロペリカン、アジサシ、シラサギ、ゴイサギ。

ある日、私に強い影響を与えてくれたゲーリー・スナイダーの一文をジュディーに読んで聞かせてやった。「都会も、田舎と同じほど自然だ。このことを忘れないようにしよう。定義上、宇宙には自然でないものはない。私が『亀の島』の中の一番好きな詩は『夜のサギ』で、それは、サンフランシスコの自然を詠っている」。彼女はその詩を読んでくれと言った。その詩がサンフランシスコのどこのことを詠っているのか私は知らなかったけれど、ジュディーにはすぐ分かった。アクアティックパークにある入り江で、私たちが泳いだ、まさにあの場所だ。ジュディーはゴイサギが塒にしている木を知っていて、ある日指差して教えてくれた。彼らはそこにいた。アメリカスズカケの木に、大きな黒と白の羽の鳥が何羽かとまっている。その場所で、彼らは何だか馬鹿げて見えた。その木にふさわしい種類の鳥のようには見えないのだ。きっと私は、何百回も彼らに気づかずその場所を通りかかったことがあったに違いない。それが、都会の住人の典型的な自然体験というものなのだろう。自然は私たちのまわり中にあり、しかし私たちはそれを見ていない。何年も前に初めてスナイダーの文章を読んでその土地の環境（エコロジー）について勉強しようと思った時、サンフランシスコ湾をその一部として考えることはなかった。私にとって、湾は常に、純粋に審美的なもの——見るのにふさわしい何か——だった。しかし、湾は、確かにそれ自身環境なのだ。あまりにボーッとしていて、自分の目の前に何があるのか見えていなかった。サンフランシスコに三十年近く住み、その期間ほとんどいつもそこを離れる時を待ち望んでいた後で、私はようやくその場所にたどり着いたのだ。

再会

ある朝、書き物をしていると、ジュディーがその日の私の予定を確認しにきた。会話の中ほど、彼女は黙って窓から外を眺めていた。すばらしい景色だ。何本かのカリフォルニアイトスギが手前にあり、その向こうにサンフランシスコ湾が広がっている。彼女が振り返ると、その目が輝いていた。

「ねえ、そうでしょう。あなたは、自分が欲しかったものを手に入れたのよ」

「どういう意味？」

「あなたの三つの願い。あなたは、三つとも全部手に入れた。ガールフレンド、自分が好きな仕事、そして、田舎の住まい」

彼女がナレーションのためのインタビューをしていた時、自分が満足するために必要だと決めた三つのものについて話したことがある。

「でも、ここは田舎じゃない」

「ある意味で、そうよ。あなたが想像していた場所は、森と川がある山の中。テレグラフヒルは、あなたの山。イトスギは、あなたの森。湾とその波、あれはあなたの川」

私は眉毛を上げて笑った。多分そうだ。でも、家は僕たちのものではない。そのことを、彼女に思い出させた。私は、まだホームレスだ。実のところ、今は私たちふたりともそうだ。

ある日、ドアをノックする音がして、行ってみると三人のビジネススーツを着た男がいた。彼らは本当の不動産屋で、その一角を売り出す準備のため家と土地を見に来たのだ。彼らが来ることを聞いていなかったので、私は動揺し、少し神経質になった。彼らは私に、自分が借家人ではなく、ただの管理人であると言わせようとしている。明らかに、私の立ち退きに際して問題が起こることを懸念しているのだ。ジュディーと私はこの日を恐れていて、彼らが立ち去るや否や、ジュディーの事務所に電話して彼女に何が起こったか話した。私は動転していた。着実に本の仕事を進めて来ていたし、その勢いを失いたくない。それでも、ジュディーは驚くほど冷静だった。

「そうね、それじゃ私たち、どこか住む場所を買わなければならないってことね」

そこの地所の不動産は、七つの別々の単位からなっている。崩れかけたコテージが何棟かあって、そのいくつかは私の昔のスタジオより前に建てられたものだ。ジュディーは以前、財産を共有していたことがあった。サンフランシスコではかなり普通なやり方で、何人かの人びとがいくつかのユニットからなる建物を共同で買ってそこに住む。彼女とパートナーはアパートを売ったところだったので、ジュディーにはいくらか現金があった。しかし、その計画のためには、それに乗ってくる誰かを探さなければならない。

ある日食堂でジュディーに電話をかけていた時、グリニッチ階段の電信柱のてっぺんにタカがいるのに気がついた。タカは異常に集中して、何かを引き裂こうとしている。カケスがタカからほんの一メートルほどのところにとまり、ヒステリックに叫んでいた。私は突然電話を切り、望遠鏡を探して家中駆けまわった。見つけられなかったので、カメラをつかみ、ズームレンズをつけて外に走り出た。レンズで見るまでもなく、それがオウムの一羽であることは明らかだ。どうすることもできず、絶望と不信にとらえられて叫んでいた。

タカは獲物を庭に持って来て、そこでもオウムは絶望的な、悲嘆にくれた声を上げ続けていた。私は駆け下りて見に行った。攻撃を止めたくても、木の高いところにいる。オウムは死ぬしかない。家に戻っても、まだおどろおどろしい叫びが聞こえていた。その声で私は震え出した。そして、その時、コナーもこうだったに違いないことに気がついた。タカを恨むことはできない。しかし、もし私がコナーの死を目撃していたら、それは自然のあり方だと自分に言い聞かせることができただろうか。それは、到底むずかしかったに違いない。

思い返してみると、私が彼の死の現実を把握するのにそんなに時間がかかったのには、おそらくふたつの理由がある。ひとつは、飾り気のない彼の態度で、それが感傷を打ち砕いた。もうひとつは、彼が死んだ時、私は人生の大きな流れの中にあって、群れから離れていく途中だった。

コナーの死の現実は、タカがオウムを殺すのを見てほどなくしてから、再び私を打った。ジュディーの映画のため、作曲家クリス・ミッチーがコナーのために書いた音楽を聴いていた時だ。その作品を聴きながら、年老いて孤独なコナーの姿を思い浮かべた。彼のいることがどんなものだったか——彼は、何と高貴で優しかっただろう——思い出した。そしてとうとう、私の親友が本当に死んだということが理解され、私は泣いた。

ジュディーが買い手のグループを集めるため連日こまごました事柄を処理している間、私は本の仕事を続けていた。ある日、休憩の途中表に出ると、群れが寝室のすぐ横のサクラの木にとまっていた。木の枝が平らな寝室の屋根の上にしなだれ掛かっていて、その屋根が餌やりに完璧な足場であることはすぐ分かった。最後に餌をやってから一年半経っている。彼らは依然私のことを覚えているだろうか、好奇心が湧いて来た。

翌朝、種を一袋買った。望んだ通り、群れはサクラの木でしばし羽を休めた。彼らが来たのが聞こえたので、私は外に出て屋根に上った。ゆっくり、注意深く近づいて行く。すべての眼が私に集中し、近づくと、危険を発見した時に出す神経質そうな声を上げはじめた。彼らを落ち着かせようと、いったん停止する。彼らを見まわしてみたけれど、知っている顔はただの一羽も見つけられなかった。一分後、彼らは落ち着きを取り戻し、私は再び彼らの方に動きはじめた。まだ不安げにしていたけれど、私が一メートル以内のところまで行くのを許してくれた。ゆっくりと、種を持った手を一番近くにいる鳥の方に伸ばす。誰も動かない。突然、一羽のオウムが上の枝からサッと舞い降りて、私の右腕にとまった。パトリックだ！　以前餌を食べていた時とまったく同じ場所に行く。パトリックに続いてボーが近くの枝にやって来て、種を取りはじめた。そして、それから、水門が開き、ギブソン、オリーブ、プーシュキン、マイルズ、スクラッパー、それにウェンデルがやって来た。エリカもだ！　エリカは生きていた。それから、ソフィーの姿も見え、そのことは私を驚かせもしたし、嬉しがらせもした。もしもオウムのうちの誰かが私の手渡しと保護に依存している鳥がいるとしたら、それはソフィーだろうと思っていた。彼女の動きは私が去った当時と同じくぎこちなかったけれど、しかし、ハンディキャップにもかかわらず、まだその辺りに留まっていたのだ。私がいなくなった後に生まれた鳥は、一羽も餌を食べにこなかった。しかし、昔私の手から食べていた連中は、自由に、何の恐れもなく食べている。餌やりは、昔とどこも違わなかった。鳥たちは場所を争って私の体じゅうにとまり、その間私は笑いに笑っていた。若い鳥たちにとっては、不思議な光景だったに違いない。

それからの数日、私は餌をやり続けた。年上の鳥たちが自由に手から餌を食べているのを見て、若い鳥たちの何羽かが恐れを克服し、新しい友達ができはじめた。元のように群れと一緒になったことを楽しむのと同時に、一方で私は、毎日は餌をやらないことに決めた。餌をやる日でも、一日一回だけというルールも決めた。繋がりは保ちたかったけれど、関わりは中程度に留めておきたかったのだ。自分の人生の残り、彼らを見ていられるし、引き続き何が起こっているか知ることができるという考えが気に入った。すでに、何年にも渡る行動パターンが幾分変わってきていることに気がついていた。彼らはもはや、全体がひとつの集団になることはめったにない。おそらく、今では、全体を統率するには多すぎるのだろう。ある日、私は、少なくとも八十五羽いるのを数えた。彼らはまた、活動範囲を若干広げ、ウォルトン・スクウェアを越えた海岸線沿いの公園まで南側に移動していた。一番大きな変化のひとつは、ハイブリッドの程度が進んだことだ。オリーブと彼女の子どもたちは、巣の中で大成功を収めた。しかし、もしも生涯にわたる研究としてこれを続けていこうと思うなら、家を買わなければならない。ジュディーは、ことをまとめるのに苦労していた。

私たちの競争相手はわずかだった――あまりに荒れていたし、交通の便が悪かったので、人びとはその地所を敬遠したからだ。しかし、ジュディーの協力体制作りはうまくいかなかった。それは、極めて込み入っている。彼女はとうとうグループをまとめあげ買い取りを申し出たけれど、その時には、もっと多くの資金を持った開発業者が参入してきていた。そちらの申し出が受け入れられ、ジュディーと私は退去通知を受け取った。

私たちのグループの申し出が断られたことで、ふたりは錐揉み状態で落下した。二ヶ月間、最終通告を執行する法の執行官を待ちながら、私たちは戦々恐々と暮らした。しかし、最後の最後になって開発業者の計画が頓挫し、立ち退きが撤回された。そして、十五ヶ月間と三度に渡る試みの末、結局その土地は私たちのものになった。

何年間も、私は自分が果てしない砂漠を越えて行く死の行進の途上にあるかのように感じてきた。そして、結局自分が求めていたすべてを受け取った。といっても今は、人生とは自分が欲するものを得るかどうかの問題ではないことを知っている。人は、間違ったものを望むかもしれない。かつて私は、自分には似つかわしくないもの――ミュージシャン――になることに全精力を傾けていた。そのおかげで、長い間自分の道を見失ってしまっていた。私たちそれぞれは本当の性質、私たちの存在の真の法則を持っていて、私たちが自分自身に正直である限り、その内的性質は、常に、それに適ったものを受け取るに至るだろう。

もしも都会にいようと思うなら、私が暮らしたいと思う界隈は、実際のところここ以外にない。北西部太平洋岸を離れる以前から、サンフランシスコの最も魔術的な場所として、テレグラフヒルに惹かれていた。人生において、何ごとも永遠ではないことは分かっている。にもかかわらず、家を持つことは私にとって大きな変化だった。今私は、以前とは違うようにものごとを感じる。私には場所があり、なすべき仕事がある。そして、愛すべき誰かを見つけたのだ。


「自分の場所を見つけた時、修行が始まる」

道元

訳者あとがき

この書はマーク・ビトナー著『The Wild Parrots of Telegraph Hill（原題 テレグラフヒルの野生のオウムたち）』（初版 Harmony Books, 2004）の全訳で、底本にはThree Rivers Press 発行のペーパーバック版（2004）を用いた。ただし、読みやすさを考え、編集部が章をいくつかの節に区切り、新たに小見出しを付けた。もうひとつ、原著では本文の後にＡＢＣ順でオウムたちが短く紹介されている。本文との重複も多いのでそれを削除し、命名の由来など興味深い部分を適宜本文に挿入した。

オウムの呼称についてひとこと。ここに登場してくる主要な二種のオウムの和名はオナガアカボウシインコとトガリオインコで、しかもチェリーヘッドは英語名としても正式なものではない。しかし、文中にも断られているように、著者自身敢えてチェリーヘッドという俗名を用いていることと、赤と青との視覚的対照を生かすため、チェリーヘッド（サクランボの頭）、ブルークラウン（青い冠）という英語の表記をそのままカタカナに置き換えて用いた。

私がこの本を知ったのは、家内がアメリカ北東部メイン州の小都市ウォーターヴィルで毎夏催される国際映画祭で本と同名のドキュメンタリー映画を観、監督のジュディー・アービンさんの話を聞いたのがきっかけだった。本文にも示されている通り、映画作りは本の執筆と並行して進められ、床を歩き回るドーゲン、ドーの巣立ちなど、ああ、これがあの場面、とまるで懐かしくさえ感じるようなシーンが次々に出てくる。美しい映像は著者とオウムたちとの交流を生き生きと伝えていて、まさしく本と一対の作品といっていい。

この本の面白さには、相互に絡み合う三つの話題があると思う。ひとつは、今までほとんど知らなかった、あるいは普段思い描いていたのとは随分違う、意外なオウムたちの姿。何と個性溢れる、愉快で、奇妙な鳥たちなのだろう。騒がしさ喧嘩と苛めと妬みに呆れながら、剽軽な活発さと感情表現の直截さ、互いの絆の深さに惹かれずにいられなかった。しかもその舞台がサンフランシスコという、多くの日本人が毎年訪れる都会のまっただ中だというのだから驚いてしまう。

二つ目は、ビートニク・ヒッピー世代のその後の生活と彼を取り囲む人間模様の面白さ。六十年代最後に大学生活を送り、ある面で同じような空気を吸って生きていただろう私にとっても懐かしい名前が次々に登場し、頷いたり、思わず微笑んでしまう場面もしばしばだった。確かに、こんなナイーヴさと真剣さの共存が、あの時代の人間にはあったと思う。自ら路上にさまよい出るところまでいった者はごくごく少数でも、実際には海外旅行さえままならなかったあの時代、心だけは太平洋の向こう側にも飛んでいたし、人間を越えた自然の世界にも向かっていた。

そして三つ目は、もちろん、この書の最も核心というべき、その両者の結びつき。おずおずと、しかもなお旺盛な好奇心と憧れに後押しされながら野生の鳥と人間との距離が一歩一歩縮められていくようすは、記述の響きから伺われる以上に希有な出来事だったに違いない。オウムと人間という一見どこにでもありそうな関係が、しかしここでは、通常とは違う眼差しの中で、違った形で形づくられていく。著者自身十分批判を意識しながら、しかしなお自らの心に映る風景や出来事を積極的に受け入れ肯定していく、まさしくこれは、心の交流と自己発見の物語でもある。

私が初めてサンフランシスコを訪れたのは、一九七三年の夏だった。著者がシアトルからバークレーに移り、いよいよノースビーチで暮らし始めたのと同じ年だ。その後何度か街を訪問しているから、ひょっとしてノースビーチやテレグラフヒル界隈のどこかですれ違ったことだってあるかもしれない、などと考えたり。

すでにカウンターカルチャーも峠を越え、フラワーチルドレンたちの姿も表舞台からは消えていた。それでも、ふと街のどこかで何となく線香の香りが漂っているのを感じたり、書店にはホールアースカタログやカスタネダの本が並んでいたり、そこここに時代の残り香は漂っていた。ギンズバーグの詩集やケルアックの本が並ぶシティ・ライツ書店も印象深かった。今も書店は健在で、街の史跡に指定され、店内の壁にはビートニク詩人や作家たちの足跡を辿るウォーキングツアーの案内などが貼られていたりする。訪問のたびにテレグラフヒルやコイトタワーにも行ったけれど、その東斜面を歩いたことはあまりなかったように思う。オウムに気づいたこともなく、それだけに、『テレグラフヒルの野生のオウムたち』という原題を目にしたときは奇妙な感じがした。

著者のマーク・ビトナーは、本の最後に出てくるテレグラフヒルの家に今も暮らしている。http://www.markbittner.net/ のホームページを開くと、Views from a Hill という通信で、本書に対する反応、著者とオウムとのその後の関わり、Street Song という新著の進捗状況、最近の出来事に対する著者の思いなどを読むことができる。差し上げたメールへの返事では、オウムの群れは今では二百羽以上にふくらみ、活動範囲をサンフランシスコの南ブリスベーンにまで広げ、以前より頻繁に街中あちこち違う場所で見られるようになったという。今も毎日通りかかるし、姿を見ることができる。といっても、すでにたまにしかしなくなっていた手からの餌やりも、思うところあって二〇〇六年を最後にやめてしまったとのことだった。

おそらくこの本の読者の中にも、人間とオウムとの希有な繋がりはそれとして、それが野生の鳥たちへの餌やりによって達成されたという点に引っかかりを感じた方がいらっしゃるに違いない。私自身野生動物に対する餌やりに断固反対する原則主義に与するつもりはないけれど、野生動物への餌やりがさまざま複雑な問題を孕んでいることは事実だと思う。実際本の出版と映画の評判がサンフランシスコのオウムたちに対する広範な関心を引き起こし、その結果公園や路上で餌をやろうとする人が一気に多くなった。次第にそれは観光客や子どもたちを巻き込み、ある日フェリー・パークを訪れた著者は、人々の体のあちこちにオウムがとまり、中には地上を歩き回るオウムさえいることに大きな衝撃を受ける。それほど気軽な、度を超えた接触を目にするようになって大きな危惧の念を抱いたのは、著者だけではなかった。怪我や病気は人間と鳥双方にとって脅威だし、そうした事故を契機にオウム全体が排除されてしまう可能性だってあるだろう。事実、アメリカのいくつかの州では、オウムは害鳥として駆除の対象になっている。また、中にはオウムを捕まえて持ち帰ろうとする人もいるだろうし、何より、過度の接触によってオウムたちの行動パターンが変わり、人間が与える餌への依存が行き過ぎれば、そもそも鳥たちの自由さえなし崩し的に失われていきかねない。そうした懸念がオウムへの餌やりそのものの禁止を求める動きを生み、しかも著者自身、その条例の制定を強く働きかけた当事者のひとりだった。その結果二〇〇七年に条例が制定され、今ではサンフランシスコの公園や街路で野生のオウム（実際に条文に記載されているのはオナガアカボウシインコ）に手から餌を与えること自体禁止されている。

そこに至る過程には、インターネットを通しての激しい議論もあった。さんざん自分だけ楽しんでおきながら特権を独占しようとしているといった誹謗中傷もなかったわけではなく、著者自身新しい事態に関わっていくには大きな躊躇もあったという。それでもなお、ある意味ヒッピー世代の心情とは矛盾する法律による禁止という形をとってまでオウムとの直接の接触をやめさせなければならないと思ったのはなぜなのか、その間の事情に関しては、インターネットに掲載されている「野生のオウムへの餌やり禁止条例」（The Ordinance to Ban the Feeding of the Wild Parrots）という著者自身の文章をお読みいただきたい。

わたしたちにとっては「籠の中の鳥」でしかないオ

ウムを「野生の鳥」として認識することのむずかしさは、著者がしばしば指摘する通りだと思う。繰り返し触れられているように、オウムの群れの第一世代の鳥たちはそもそも「野生」で捕らえられ、人の手を離れて以来異国の環境に適応して暮らし、今ではたいていの鳥がそこで生まれ育ったものたちだ。決して人の手によって飼い馴らされた「ペット」の鳥ではない。その彼らをいかに「野生」として認識することができるか、そうした眼差しの有無が、鳥たちの「自由」をどれほど当然のあり方として受け入れられるかどうかの分かれ目になるのは確かだ。

ちなみに、文中に出てくる幼いオウムたちを襲う奇病について、今ではアライグマ回虫（*Baylisascaris procyoni*）が原因で、糞便の中の卵がオウムの体内にとり込まれ、体内で孵化した幼虫が脊柱や脳に入り込んで引き起こされると考えられているという。時には人間にも感染し、特に幼児の場合脳や目に障害を及ぼすこともある。どうやら、同じ回虫は、日本国内でも確認されているらしい。

ところで、文中にはわたしたちには奇妙とも思える「大乗仏教」談義が出てくるけれど、本の中に出てくる「仏教」の教えは、鈴木大拙や、スナイダーやギンズバーグを通して六十年代以降のアメリカの若者たちに影響を与えた仏教、特に禅仏教の姿を反映し、欧米における東洋宗教の受容として読むとそれなりに興味深い。一方、この中の進化論の理解は、アメリカにおける「反ダーウィニズム」の潮流と軸を共にしていて、決して正しいとはいえない。「自然選択」を「弱肉強食」や「生存競争」という言葉が示す闘争のイメージで理解する誤りは、ダーウィンの思想というより、そうしたキャッチコピーを生みだしたスペンサーによって広められた通俗的な進化論理解に基づく誤解と言っていい。特にアメリカでは、宗教的な保守層を中心に確かに「反ダーウィニズム」の潮流は根強い。それほど極端ではなくとも、「闘争」の図式で理解されるダーウィニズムに対する反発は大きい。もちろんそこにはそれなりの事情もあって、二十世紀前半、急速な工業化に伴う経済格差の拡大や労働環境、生活環境の悪化、さらには「人種偏見」をさえ「客観的に」正当化する裏付けとなったのが「適者生存」を旨とする「通俗進化論」であったという面は否定できないからだ。もっとも日本における進化論理解とて大同小異で、「進化」は決して「進歩」のことではないし、「進化」のプロセスは個々人の闘争や生き残りといったレベルで実現されるわけではない。ここにも言葉が出てくる「利他主義」は、確かに長いあいだ進化論によってうまく説明できない難題であったけれど、今やそれが「進化」の原則と矛盾しないことは明らかになっている。というより、そもそも「利己主義」といった言葉で人間の倫理的な態度が問題にされる位相は、進化における適応といった議論とはまったくレベルを異にしている。

最初に言及した映画のＤＶＤは、地域コードの違いがあって日本で容易に観ることができない。著者自身国外での販売を模索しているとのことで、誰か日本版を作ってくれる人はいないだろうか。映画を制作したジュディー・アービンさんはその後サンフランシスコのペリカンを描いた「Pelican Dreams」を完成させ、この十月に劇場公開されたとのことだった。ここでも野生のペリカンとサンフランシスコの街との関わりが描かれていて、それを観るのが楽しみだ。

『狼が語る』に続き、築地書館からの出版はこれが二冊目になる。今回も、編集を担当してくださった北村緑さんが丁寧に訳文を読み、言葉遣いなどたくさんの指摘をしてくださった。土井二郎さん、北村さんのお二人に、改めてお礼申し上げたい。

二〇一四年十一月

小林正佳

【著者紹介】

マーク・ビトナー（Mark Bittner）

1951年、バンクーバーに生まれる。高校卒業後4ヶ月間ヒッチハイクと汽車でヨーロッパを旅行し、帰国後シアトルに移ってミュージシャンの活動を開始。1973年バークレーに移り、挫折を経験し、西海岸を旅した後、サンフランシスコのノースビーチでホームレスの暮らしに入る。その後15年間転々と住まいを変えながらその日暮らしの生活を送り、その間に東洋の宗教やゲーリー・スナイダーの詩などに関心を抱くようになった。1988年雑用係の仕事を得てテレグラフヒルのコテージに住み込み、2年後、そこで4羽の野生のオウムに遭遇。群れは次第に大きくなり、その後6年間にわたり餌やりなどを通してオウムたちと交わり、鳥たちについて学んだ。1996年オウムについての本を書き始め、2004年に出版。その間にオウムとの交流がドキュメンタリー映画化され、監督のジュディー・アービンと結婚。現在もテレグラフヒルに住み、路上生活者時代の経験を描いた次作『ストリート・ソング』の執筆に取り組んでいる。

【訳者紹介】

小林正佳（こばやし・まさよし）

1946年、北海道札幌市生まれ。

国際基督教大学教養学部、東京大学大学院博士課程（宗教学）を修了。

1970年以来日本民俗舞踊研究会に所属して須藤武子師に舞踊を師事。

1978年福井県織田町（現越前町）の五島哲氏に陶芸を師事し、1981年織田町上戸に開窯。

1988年から現在まで天理大学に奉職。その間、1996〜1998年トロント大学訪問教授、セント・メリーズ大学訪問研究員としてカナダに滞在。

2000〜2002年、2010〜2011年中国文化大学交換教授として台湾に滞在。現在は、天理大学総合教育研究センター特別嘱託教授。

民俗舞踊を鏡に、宗教体験と結ぶ舞踊体験、踊る身体のあり方を探ってきた。民俗と創造、自然を見つめる眼ざしといったテーマにも関心がある。

著書に『踊りと身体の回路』『舞踊論の視角』（共に青弓社）、訳書にヒューストン著『北極で暮らした日々』、ロックウェル著『クマとアメリカ・インディアンの暮らし』（共にどうぶつ社）、モウェット著『狼が語る』（築地書館）など。

都会の野生オウム観察記

お見合い・リハビリ・個体識別

2015年1月20日　初版発行

著者　マーク・ビトナー
訳者　小林正佳
発行者　土井二郎
発行所　築地書館株式会社
東京都中央区築地7-4-4-201　〒104-0045
TEL 03-3542-3731 FAX 03-3541-5799
http://www.tsukiji-shokan.co.jp/
振替 00110-5-19057
印刷・製本　シナノ印刷株式会社
装丁　吉野　愛

ISBN 978-4-8067-1487-3 C0045